Technologieorientierte Außenbeziehungen im betrieblichen Innovationsmanagement

Wirtschaftswissenschaftliche Beiträge

Band 1: Christof Aignesberger
Die Innovationsbörse als Instrument zur Risikokapitalversorgung innovativer mittelständischer Unternehmen
1987. 326 Seiten. Brosch. DM 69,-
ISBN 3-7908-0384-7

Band 2: Ulrike Neuerburg
Werbung im Privatfernsehen
1988. 302 Seiten. Brosch. DM 69,-
ISBN 3-7908-0391-X

Band 3: Joachim Peters
Entwicklungsländerorientierte Internationalisierung von Industrieunternehmen
1988. 165 Seiten. Brosch. DM 49,-
ISBN 3-7908-0397-9

Band 4: Günther Chaloupek
Joachim Lamel und Josef Richter (Hrsg.)
Bevölkerungsrückgang und Wirtschaft
1988. 478 Seiten. Brosch. DM 98,-
ISBN 3-7908-0400-2

Band 5: Paul J. J. Welfens und
Leszek Balcerowicz (Hrsg.)
Innovationsdynamik im Systemvergleich
1988. 466 Seiten. Brosch. DM 90,-
ISBN 3-7908-0402-9

Band 6: Klaus Fischer
Oligopolistische Marktprozesse
1988. 169 Seiten. Brosch. DM 55,-
ISBN 3-7908-0403-7

Band 7: Michael Laker
Das Mehrproduktunternehmen in einer sich ändernden unsicheren Umwelt
1988. 209 Seiten. Brosch. DM 58,-
ISBN 3-7908-0413-4

Band 8: Irmela von Bülow
Systemgrenzen im Management von Institutionen
1989. 278 Seiten. Brosch. DM 69,-
ISBN 3-7908-0416-9

Band 9: Heinz Neubauer
Lebenswegorientierte Planung technischer Systeme
1989. 183 Seiten. Brosch. DM 55,-
ISBN 3-7908-0422-3

Band 10: Peter Michael Sälter
Externe Effekte: „Marktversagen" oder Systemmerkmal?
1989. 196 Seiten. Brosch. DM 59,-
ISBN 3-7908-0423-1

Band 11: Peter Ockenfels
Informationsbeschaffung auf homogenen Oligopolmärkten
1989. 163 Seiten. Brosch. DM 58,-
ISBN 3-7908-0424-X

Band 12: Olaf Jacob
Aufgabenintegrierte Büroinformationssysteme
1989. 177 Seiten. Brosch. DM 55,-
ISBN 3-7908-0430-4

Band 13: Johann Walter
Innovationsorientierte Umweltpolitik bei komplexen Umweltproblemen
1989. 208 Seiten. Brosch. DM 59,-
ISBN 3-7908-0433-9

Band 14: Detlev Bonneval
Kostenoptimale Verfahren in der statistischen Prozeßkontrolle
1989. 180 Seiten. Brosch. DM 55,-
ISBN 3-7908-0440-1

Band 15: Thomas Rüdel
Kointegration und Fehlerkorrekturmodelle
1989. 138 Seiten. Brosch. DM 49,-
ISBN 3-7908-0441-X

Band 16: Konrad Rentrup
Heinrich von Storch, das „Handbuch der Nationalwirthschaftslehre" und die Konzeption der „inneren Güter"
1989. 146 Seiten. Brosch. DM 55,-
ISBN 3-7908-0445-2

Band 17: Manfred A. Schöner
Überbetriebliche Vermögensbeteiligung
1989. 417 Seiten. DM 98,-
ISBN 3-7908-0446-0

Band 18: Paulo Haufs
DV-Controlling
1989. 166 Seiten. DM 55,-
ISBN 3-7908-0447-9

Band 19: Rainer Völker
Innovationsentscheidungen und Marktstruktur
1989. 221 Seiten. Brosch. DM 65,-
ISBN 3-7908-0452-5

Band 20: Petra Bollmann
Technischer Fortschritt und wirtschaftlicher Wandel
1989. 184 Seiten. Brosch. DM 59,-
ISBN 3-7908-0453-3

Band 21: Franz Hörmann
Das Automatisierte, Integrierte Rechnungswesen
1989. 408 Seiten. Brosch. DM 89,-
ISBN 3-7908-0454-1

Band 22: Winfried Böing
Interne Budgetierung im Krankenhaus
1990. 274 Seiten. Brosch. DM 69,-
ISBN 3-7908-0456-8

Band 23: Gholamreza
Nakhaeizadeh und
Karl-Heinz Vollmer (Hrsg.)
Neuere Entwicklungen in der Angewandten Ökonometrie
1990. 248 Seiten. Brosch. DM 68,-
ISBN 3-7908-0457-6

Band 24: Thomas Braun
Hedging mit fixen Termingeschäften und Optionen
1990. 167 Seiten. Brosch. DM 55,-
ISBN 3-7908-0459-2

Band 25: Georg Inderst,
Peter Mooslechner
und Brigitte Unger (Hrsg.)
Das System der Sparförderung in Österreich
1990. 126 Seiten. Brosch. DM 55,-
ISBN 3-7908-0461-4

Band 26: Thomas Apolte und
Martin Kessler (Hrsg.)
Regulierung und Deregulierung im Systemvergleich
1990. 313 Seiten. Brosch. DM 79,-
ISBN 3-7908-0462-2

Band 27: Joachim Lamel/Michael
Mesch/Jiři Skolka (Hrsg.)
Österreichs Außenhandel mit Dienstleistungen
1990. 335 Seiten. Brosch. DM 79,-
ISBN 3-7908-0467-3

Fortsetzung auf Seite 266

Rainer Herden

Technologieorientierte Außenbeziehungen im betrieblichen Innovationsmanagement

Ergebnisse einer empirischen Untersuchung

Mit 19 Abbildungen

Physica-Verlag Heidelberg

Ein Unternehmen des Springer-Verlags

Reihenherausgeber
Werner A. Müller

Autor
Dr. Rainer Herden
Fraunhofer-Institut für Systemtechnik
und Innovationsforschung (ISI)
Breslauer Straße 48
D-7500 Karlsruhe

ISBN-13: 978-3-7908-0610-6   e-ISBN-13: 978-3-642-46932-9
DOI: 10.1007/978-3-642-46932-9

CIP-Titelaufnahme der Deutschen Bibliothek
Herden, Rainer:
Technologieorientierte Aussenbeziehungen im betrieblichen
Innovationsmanagement: Ergebnisse einer empirischen
Untersuchung / Rainer Herden. – Heidelberg Physica-Verlag
1992
(Wirtschaftswissenschaftliche Beiträge; 65)

NE: GT

Vorwort

Die Entwicklung technischer Innovationen ist eine von mehreren erfolgverspre-
chenden Strategien, mit deren Hilfe sich die Unternehmen aus dem Verarbeitenden Gewerbe dem internationalen Wettbewerb stellen. Gerade im Hinblick
auf die in den vergangenen Jahren zu beobachtende rasche Veränderung technologischer und wettbewerblicher Rahmenbedingungen kommt jedoch der Fähigkeit, neue Produkte und Fertigungsverfahren zeit- und bedarfsgerecht entwikkeln, adaptieren oder verbessern zu können, wachsende Bedeutung zu.

Technische Innovationen entstehen nur in seltenen Fällen ausschließlich im "stil-
len Kämmerlein" betrieblicher Forschungs- und Entwicklungsabteilungen. Die
Zusammenarbeit mit Kunden, Zulieferern, Ingenieurbüros, (Fach-)Hochschulen
und Forschungseinrichtungen, in spezifischen Situationen aber auch mit Wettbewerbern und Konkurrenten, bietet den Unternehmen die Möglichkeit, ihre
internen Potentiale zu erweitern und zu ergänzen. Entwicklungsprozesse können
damit beschleunigt, Risiken für die Beteiligten vermindert und bestehende Syn-
ergiepotentiale erschlossen werden.

Im Zuge wachsender Komplexität von Produkt- ebenso wie von Fertigungstechnologien entwickeln sich deshalb der Aufbau und die effiziente Nutzung externer
Potentiale zu wichtigen Faktoren im Rahmen des betrieblichen Innovationsmanagements.

In der wirtschaftswissenschaftlichen Literatur wird diesem Gesichtspunkt erst in
jüngerer Zeit verstärkt Beachtung geschenkt. Dabei konzentrieren sich die einzelnen Arbeiten häufig auf die Betrachtung spezifischer Teilaspekte der Zusammenarbeit im Rahmen von Innovationsprozessen, ein geschlossener Ansatz wurde
bisher jedoch weder in theoretischer noch in empirischer Hinsicht entwickelt. Die
vorliegende Arbeit greift deshalb einige aus Sicht des Verfassers zentrale, in der
relevanten Literatur aber nur unzureichend thematisierte Fragestellungen auf, um
damit einen weiteren Baustein auf dem Weg zu einem geschlossenen Konzept der
zwischen- und überbetrieblichen Arbeitsteilung im Rahmen von Innovationsprozessen zu liefern.

Zusammenarbeit bei der Entwicklung von Innovationen - dieser Gedanke war nicht nur <u>Gegenstand,</u> sondern auch eine <u>entscheidende Voraussetzung für das Entstehen</u> der vorliegenden Arbeit. Ich möchte mich deshalb an dieser Stelle bei all den Personen bedanken, ohne deren Hilfe dieses Buch nicht zustande gekommen wäre.

Besonders herzlich bedanke ich mich bei meinem akademischen Lehrer, Herrn Prof. Dr. Hans Georg Gemünden. Er hat die Entwicklung meiner Arbeit tatkräftig begleitet und dabei trotz erheblicher eigener Arbeitsbelastung stets die Zeit gefunden, mir mit neuen Anregungen hilfreich zur Seite zu stehen.

Das im empirischen Teil der Arbeit verwendete Untersuchungskonzept entstand im Verlauf zahlloser Diskussionen mit Freunden und Kollegen am Fraunhofer-Institut für Systemtechnik und Innovationsforschung in Karlsruhe. Herr Dipl.-Volkswirt Gerhard Bräunling hat nicht nur mein Interesse an diesem Forschungsgebiet geweckt, sondern war mir in vielen Gesprächen ein besonders kreativer und kritischer "Sparringspartner". Stellvertretend für alle Kollegen am FhG-ISI möchte ich mich außerdem bei Herrn Betriebswirt Uwe Kuntze, Herrn Dipl.-Kaufmann Peter Heydebreck und Herrn Dipl.-Volkswirt Wolfgang Weibert bedanken.

Teile des in der vorliegenden Arbeit verwendeten empirischen Datenmaterials stammen aus einer Untersuchung, die das Fraunhofer-Institut für Systemtechnik und Innovationsforschung (FhG-ISI) in den Jahren 1990 und 1991 im Auftrag des Ministeriums für Wirtschaft, Mittelstand und Technologie des Landes Baden-Württemberg durchgeführt hat.

Für die Unterstützung des Ministeriums möchte ich mich insbesondere bei Herrn MinDir Munz, Herrn MinR Dr. Tschermak von Seysenegg und Frau ORR Mundkowski-Bek recht herzlich bedanken.

Wichtige Gedanken und kritische Hinweise verdanke ich Herrn Professor Dr. Werner Rothengatter und Herrn Professor Dr. Günter Liesegang. Dem Leiter des FhG-ISI, Herrn Dr. habil. Frieder Meyer-Krahmer danke ich ganz besonders dafür, daß es ihm gelungen ist, mich durch seine konstruktive Kritik in der Endphase der Arbeit noch zu einigen wichtigen Verbesserungen zu motivieren.

Mit Herrn Dipl. Volkswirt Erik Reinhard verbindet mich seit meiner Studienzeit eine herzliche Freundschaft. Auf seinen Rat und seine Hilfe konnte ich mich damals wie heute verlassen.

Frau Hildegard Eberle hat die Pflicht auf sich genommen, meine mangelhaften Kenntnisse der Textverarbeitung zu beheben. Daß die Arbeit trotz erheblichen Zeitdruckes rechtzeitig und in ansprechender Form fertiggestellt wurde, ist allein ihr Verdienst.

Wenn jemand im vergangenen Jahr besonders darunter zu leiden hatte, daß ich häufig "genervt" war und viel zu selten Zeit für sie hatte, dann war dies meine Frau Marion. Ihr danke ich, daß sie mich in dieser Zeit geduldig ertragen und trotzdem lieb behalten hat. Für die Zukunft verspreche ich ihr, mich zu bessern.

Gewidmet ist diese Arbeit den beiden Menschen, denen ich am meisten zu danken habe,

meinen Eltern.

Inhaltsverzeichnis

Tabellenverzeichnis

Abbildungsverzeichnis

1. Problemstellung

Seit dem Beginn der siebziger Jahre werden die Unternehmen aus westlichen Industrienationen in zunehmendem Maße mit einer Reihe von Entwicklungstendenzen konfrontiert, die üblicherweise unter dem Begriff "Strukturwandel" zusammengefaßt werden. Dieser Strukturwandel beeinflußt sowohl den technischen Fortschritt als auch die Wettbewerbsintensität von Branchen und Industriezweigen. Folgende Tendenzen lassen sich (mit unterschiedlicher Bedeutung für die einzelnen Branchen des Verarbeitenden Gewerbes) feststellen:

Der internationale Wettbewerb hat sich - vor allem durch das Auftreten ost- und südostasiatischer Anbieter - deutlich verschärft. Der zunehmende Konkurrenzdruck betrifft dabei nicht nur die unteren und mittleren, sondern in manchen Fällen auch die gehobenen Preissegmente. Gerade auf den Märkten für standardisierte Güter der unteren und mittleren Preissegmente ist die Konkurrenzfähigkeit der Unternehmen aus westlichen Industrienationen zunehmend gefährdet[1].

In diesem Zusammenhang werden die Strukturkrisen, die derzeit die Volkswirtschaften der westlichen Welt erschüttern, von manchen Autoren auch als "Krise der Massenproduktion" interpretiert[2].

Neben dem wachsenden Angebotsdruck wird die Wettbewerbssituation zahlreicher Unternehmen durch einen Rückgang der Nachfragebedürfnisse zusätzlich verschärft. Angesichts der hohen Ausstattungsgrade, die in den Industrienationen bei vielen Gebrauchsgütern erreicht sind, und angesichts rückläufiger Ausgaben für dauerhafte Gebrauchs- und Investitionsgüter lassen sich auf vielen Märkten Sättigungstendenzen erkennen[3]. Diese Sättigungstendenzen werden in entsprechenden Untersuchungen auf ein Abklingen des Nachholbedarfes und der Ersatzbeschaffungen nach dem Ende des Zweiten Weltkrieges, auf ein geringes relatives

---

[1] Vgl. hierzu auch Porter, M.E., 1985 : 371f; Gerstenberger, W. et al., 1988 : 154ff; Donges, J.B. / Schmidt, K.-D., 1988 : 20f; Servatius, H.-G., 1985 : 18ff.

[2] Siehe Piore, M.J. / Sabel, Ch.F., 1985.

[3] Vgl. hierzu beispielsweise RWI (Hrsg.), 1987 : 69ff.

Wachstum der Realeinkommen in den achtziger Jahren und auf die demographische Bevölkerungsentwicklung der siebziger und achtziger Jahre zurückgeführt[4].

In einigen Branchen werden darüber hinaus durch die Entwicklung substitutiver Güter die Absatzmöglichkeiten für die eigenen Produkte weiter eingeschränkt (zu denken wäre in diesem Zusammenhang beispielsweise an die zunehmende Verwendung von Kunststoffen in der Verpackungsindustrie, die die traditionellen Verpackungsmittel Glas, Holz und Papier in den vergangenen Jahren immer mehr ersetzt haben).

Vom wachsenden Wettbewerbsdruck sind Verbrauchs- und Investitionsgüterindustrien gleichermaßen betroffen. Dennoch lassen sich starke Disparitäten bei der Entwicklung einzelner Branchen erkennen. Während z.B. seit Beginn der achtziger Jahre die Käufe von elektrotechnischen, feinmechanischen und optischen Gebrauchsgütern stagnieren und bei Möbeln, Heimtextilien ebenso wie bei Auslandsreisen zurückgehen, steigen die Ausgaben für Automobile und Mieten weiter an. In einer Untersuchung des RWI wird festgestellt, daß sich dieser Umstand kaum mit der Stagnation der Realeinkommen erklären läßt, da sich die Einkommenselastizitäten der Nachfrage nach diesen Gütern im Zeitverlauf nicht wesentlich verändert haben. Entscheidend, so das Ergebnis der Untersuchung des RWI, ist vielmehr die Tatsache, daß es bei Automobilen ebenso wie bei Mietwohnungen gelungen ist, trotz Erreichens von Sättigungsgrenzen und stagnierendem Mengenabsatz den Umsatz durch Befriedigung von Differenzierungs-Bedürfnissen der Nachfrage zu steigern[5].

Dieses Differenzierungsbedürfnis[6] kann sich in vielen Dimensionen äußern (technische Leistungsfähigkeit, Design, Service, Präzision etc.). Entscheidend ist, daß die konsequente Umsetzung der Differenzierungstendenzen im Rahmen entsprechender Wettbewerbsstrategien den Unternehmen westlicher Industrienationen

---

[4] Vgl. hierzu RWI (Hrsg.), 1987 : 56ff und 70ff; Gerstenberger, W., 1988 : 104ff; Härtel, H.-H. et al., 1988 : 45ff, DIW (Hrsg.), 1988 : 115ff.

[5] Vgl. hierzu Härtel, H.-H. et al., 1988 : 185ff.

[6] Zur Theorie der Präferenzenvielfalt siehe beispielsweise Maizels, A., 1963.

die Chance bietet, den Gefahren von Preiswettbewerb und Marktsättigung erfolgreich zu begegnen[7].

Die Absatzmärkte werden also in vielen Fällen sowohl von der Angebotsseite (wachsende internationale Konkurrenz) als auch von der Nachfrageseite her (Marktsättigung, Substitutionseffekte, Differenzierung) "enger". Als Beispiele für von solchen Entwicklungen betroffenen Branchen sei auf die Montanindustrie[8], die Textilindustrie[9], die Bekleidungsindustrie[10], die Foto- und Videotechnische Industrie oder die Augenoptische Industrie[11] verwiesen. Diese Liste ließe sich nahezu beliebig verlängern.

Die Anforderungen an die Wettbewerbsfähigkeit der betroffenen Unternehmen sind somit gewachsen. Ein entscheidendes Instrument zum Erhalt und zum Ausbau dieser Wettbewerbsfähigkeit ist das **Innovationspotential** der Unternehmen, d.h. deren Fähigkeit, neue Produkte und Fertigungsverfahren entwickeln, adaptieren und/oder übernehmen zu können[12]. Doch auch von dieser Seite wächst der "Druck", dem die Unternehmen ausgesetzt sind.

Wie die Produktzyklus-Theorie[13] zeigt, findet ein permanenter Diffusionsprozeß innovativer Technologien nicht nur **innerhalb** einer Volkswirtschaft, sondern auch **zwischen** einzelnen Volkswirtschaften statt[14]. Angesichts verbesserter Informations- und Kommunikationstechnologien und wachsender Kapitalmobilität

---

[7]   Siehe auch Allesch, J. / Brodde, D., 1986 : 13ff.

[8]   Vgl. GEWOS / GfAH / WSI (Hrsg.), 1988.

[9]   Vgl. Breitenacher, M., 1981.

[10]   Vgl. Adler, U. / Breitenacher, M., 1984.

[11]   Zum Strukturwandel in der feinmechanischen und optischen Industrie vgl. Berger, M., 1989.

[12]   Vgl. hierzu auch Brockhoff, K., 1987 : 56ff und 1989 : 12ff.

[13]   Vgl. hierzu beispielsweise Bender, D., 1984.

[14]   Ein Überblick über die Implikationen internationaler Technologie-Diffusion für die internationale Wettbewerbsfähigkeit aus der Sicht unterschiedlicher außenhandelstheoretischer Ansätze bieten beispielsweise Dosi, G. / Soete, L., 1988 : 401ff oder Reinhard, R., 1990 : 10ff.

gelangen Produkt- und Prozeßinnovationen heute schneller in den Bereich von Ländern, die gegenüber westlichen Industrienationen Lohnkostenvorteile besitzen. Dies führt in einer Reihe von Branchen zu immer kürzeren Innovationszyklen und zu einer immer höheren Entwicklungsdynamik innerhalb der einzelnen Technologiefelder[15].

Abb. 1:   Produkt-Lebensspanne verschiedener Branchen (vor 50 Jahren gegenüber heute)

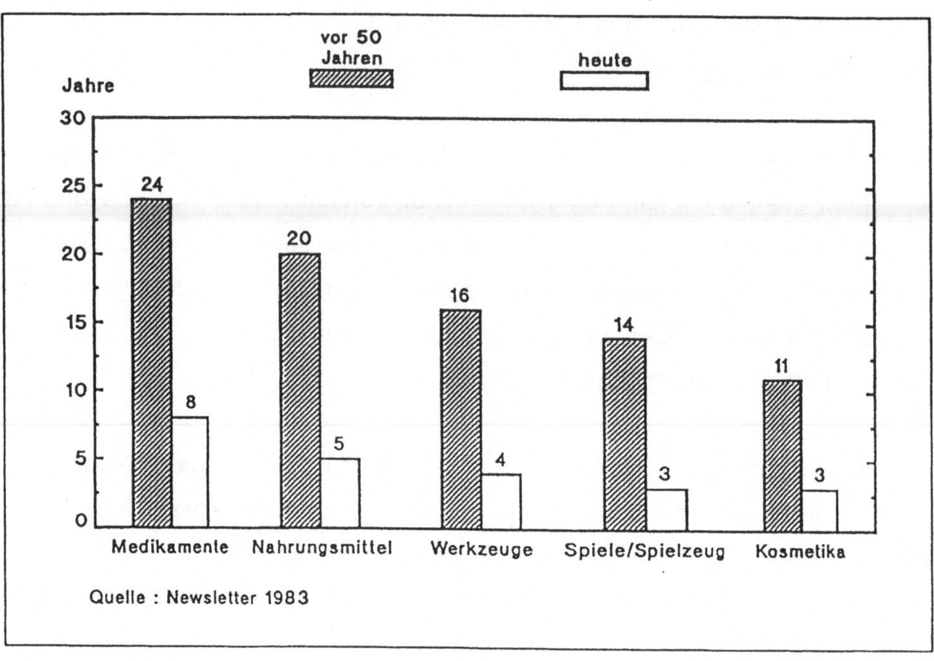

Um trotz wachsender Kosten für Forschung und Entwicklung technische Spitzenprodukte in immer kürzer werdenden Zeitspannen entwickeln und auf dem Markt einführen zu können[16], sind viele Unternehmen heute gezwungen, sich auf bestimmte Technologiegebiete zu konzentrieren. Die (Weiter-)Entwicklung aller für die Produktpalette einer Unternehmung relevanten Technologiefelder durch aus-

---

[15] Vgl. hierzu auch Brockhoff, K., 1987 : 57f.

[16] Rammert spricht in diesem Zusammenhang von einem "Innovationsdilemma" (vgl. Rammert, W., 1988).

schließlich interne Ressourcen wird angesichts steigender Kosten für Forschung und Entwicklung zunehmend problematisch.

Doch nicht nur auf den traditionell beherrschten Technologiefeldern werden die Entwicklungskapazitäten der Unternehmen immer stärker beansprucht. Die Integration neuer "Basistechnologien", wie etwa der Mikroelektronik, der Sensorik, der Biotechnologie oder der Informations- und Kommunikationstechnologien erfordert von den Unternehmen Spezialkenntnisse auf Gebieten, die bisher völlig außerhalb der eigenen Entwicklungsanstrengungen lagen und für deren Aufbau kurz- und mittelfristig (gerade für kleine und mittlere Unternehmen auch langfristig) keine eigenen Ressourcen vorhanden sind[17]. Dennoch muß die Übernahme solcher neuen Technologien häufig innerhalb sehr kurzer Zeiträume erfolgen. Gelingt dies nicht, dann droht nicht nur einzelnen Unternehmen sondern ganzen Industriezweigen der Entzug der Existenzgrundlage. Beispielhaft sei hier nur an das Schicksal der Unternehmen der deutschen Uhrenindustrie erinnert, bei denen die Umstellung von der Feinmechanik auf die Quarztechnik in sehr vielen Fällen nicht oder aber zu spät erfolgte.

Die Unternehmen reagieren auf den wachsenden Innovations- und Wettbewerbsdruck durch einen verstärkten Ausbau der **internen** Forschungs- und Entwicklungskapazitäten[18].

---

[17] Vgl. hierzu auch Allesch, J. / Brodde, D., 1986 : 109.

[18] Vgl. zur Entwicklung der Innovationsaufwendungen im Verarbeitenden Gewerbe der Bundesrepublik Deutschland beispielsweise auch Penzkofer, H. / Schmalholz, H., 1990 : 19.

Abb. 2:   Interne und externe FuE-Aufwendungen der Unternehmen 1975 - 1985

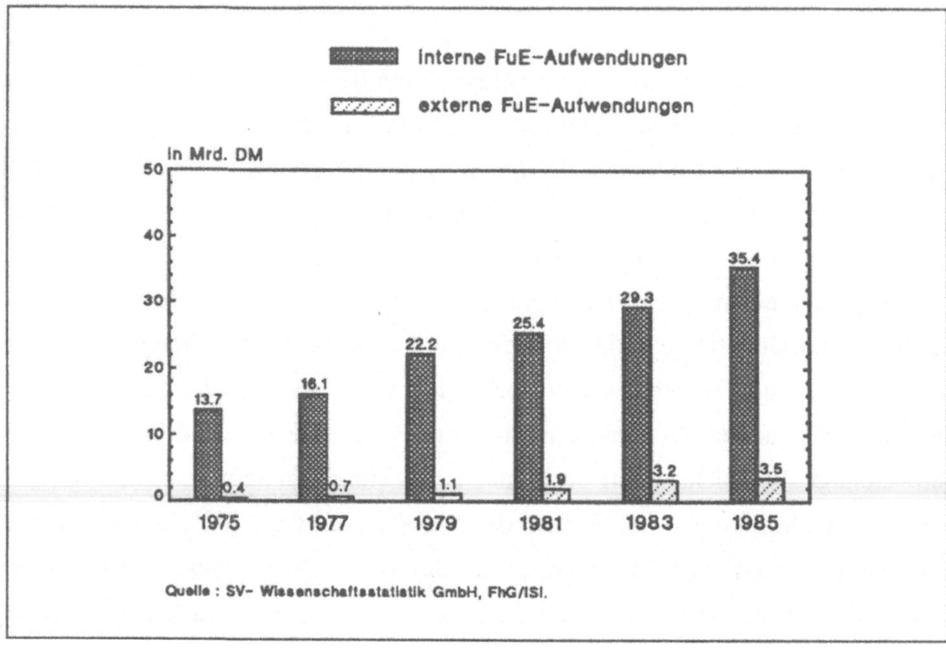

Wie Abbildung 2 zeigt, gewinnt jedoch auch die Integration unternehmens**externer** Forschungs- und Entwicklungsressourcen im Rahmen betrieblicher Innovationsprozesse zunehmend an Bedeutung. Ausbau oder Erhalt der zur Bewältigung des Strukturwandels notwendigen technologischen Kompetenz ist heute mit ausschließlich unternehmensinternen Mitteln kaum noch möglich[19]. Welchen Anteil externe Forschungs- und Entwicklungsleistungen relativ zu den internen Aufwendungen in einzelnen Branchen erreicht haben, zeigt die folgende Abbildung:

---

[19] Vgl. hierzu auch Bleicher, K., 1986 : 213ff; Allesch, J. / Brodde, D., 1986 : 11ff oder Zörgiebel, W., 1983 : 1f.

Abb. 3: Anteil der externen FuE-Aufwendungen an den FuE-Gesamtaufwendungen des Verarbeitenden Gewerbes nach Wirtschaftsunterabteilungen (1985)

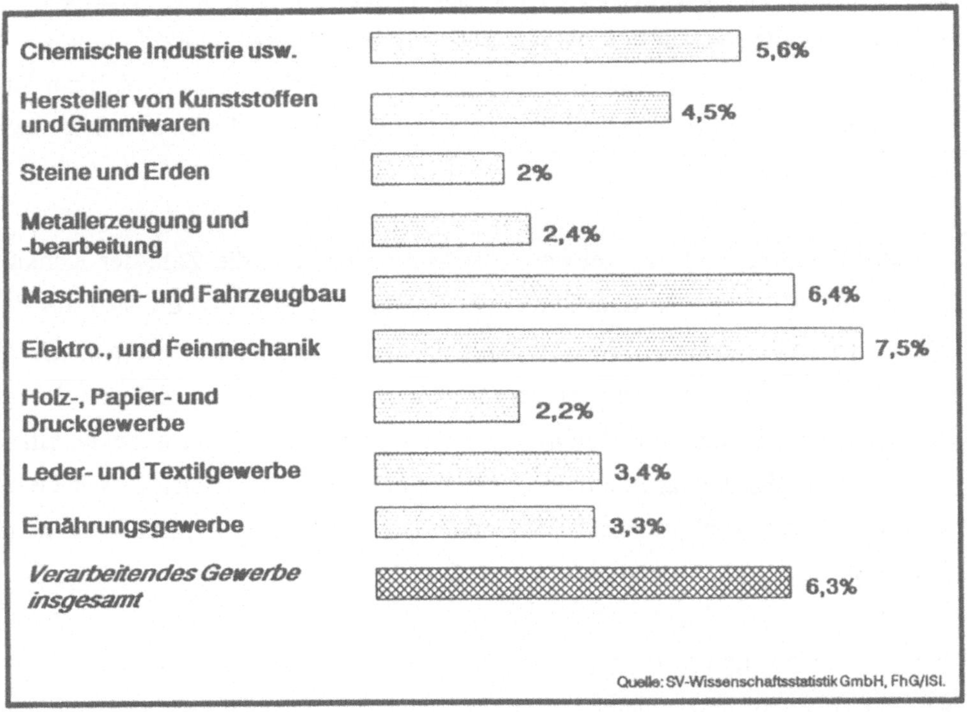

Die Frage, in welcher Form und in welchem Ausmaß externe FuE-Potentiale in den internen Innovationsprozeß eingebunden werden (müssen), kann nicht pauschal und nicht für alle Unternehmen gleichermaßen zutreffend beantwortet werden. Eine Vielzahl unternehmensinterner und unternehmensexterner Faktoren und Determinanten hemmen oder fördern die Nutzung externer FuE-Potentiale. Manche dieser Faktoren lassen sich durch das einzelne Unternehmen beeinflussen, viele jedoch müssen als exogene Variablen akzeptiert und als Rahmenbedingungen des strategischen Managements berücksichtigt werden.

Interne Faktoren sind beispielsweise das Alter und die Größe des Unternehmens, der Industriezweig in dem das Unternehmen tätig ist, die Stellung, die das Unternehmen innerhalb der Wertschöpfungskette inne hat, die Art der verwendeten Fertigungsverfahren, die gegenwärtigen Lebenszyklusphasen der Hauptprodukte, die Fertigungstiefe, der Reifegrad der Technologiegebiete, auf denen das Unternehmen tätig ist und die Breite der Palette unterschiedlicher Technologiegebiete, die zur Herstellung der angebotenen Produkte beherrscht werden müssen. Wichtig ist auch, welchen "Know-how-stock" das Unternehmen in der Vergangenheit aufbauen konnte. Neben den ökonomischen Daten können soziale Faktoren wie etwa die Unternehmens- bzw. die Management-"Kultur" die Bereitschaft zur Zusammenarbeit und die Effizienz bei der Nutzung externer FuE-Potentiale maßgeblich beeinflussen.

Externe Faktoren sind beispielsweise die Marktform, d.h. die Zahl der Konkurrenten und Abnehmer in dem betrachteten Marktsegment und die sich aus der **Marktstruktur** ergebende **Machtstruktur** der sich das Unternehmen gegenübersieht. Ein externer Faktor ist auch der Grad der (rechtlichen und wirtschaftlichen) Abhängigkeit von anderen Akteuren und damit der Grad der Entscheidungsfreiheit, über die das Management der Unternehmung verfügt. Extern ist schließlich auch das Angebot öffentlicher Fördermittel und die (regionale) Dienstleistungsinfrastruktur des Unternehmensstandortes.

Externe wie interne Faktoren determinieren gleichermaßen die Rahmenbedingungen, unter denen betriebliche Kooperationsstrategien entwickelt und implementiert werden.

2. Ziele der Arbeit

Vor dem Hintergrund der eingangs geschilderten Entwicklungen befaßt sich die vorliegende Arbeit mit der Funktion externer Wissenspotentiale im Rahmen des betrieblichen Innovationsmanagements. Dabei werden solche externen Wissenspotentiale, über die das einzelne Unternehmen frei und kostenlos verfügen kann (sog. "Öffentliche Güter"[20]; beispielsweise Ergebnisse aus der Grundlagenforschung staatlicher Institutionen, die in Form von Publikationen frei zugänglich gemacht werden), aus der Betrachtung ausgeklammert. Untersucht werden sollen ausschließlich Potentiale, denen übertragbare Eigentumsrechte zuzuordnen sind. In diesem Bereich konzentriert sich die Arbeit auf **fünf zentrale Fragestellungen**, die bisher aus Sicht des Verfassers in der relevanten Literatur nicht - oder aber nur unzureichend - thematisiert wurden:

1. Greifen Unternehmen, die mit Problemen des Strukturwandels konfrontiert sind und dabei zunehmend an die Grenzen eines weiteren Ausbaus ihrer internen Forschungs- und Entwicklungskapazitäten stoßen, bei betrieblichen Innovationsvorhaben verstärkt auf externe Know-how-Potentiale zurück?

Das Thema Strukturwandel wurde in den vergangenen Jahren in einer Vielzahl von Publikationen aus unterschiedlichsten Blickwinkeln dargestellt und untersucht[21]. Eine Analyse der Implikationen dieser Entwicklungstendenzen für die zwischen- und überbetriebliche Arbeitsteilung bei Forschung und Entwicklung (FuE) wurde dagegen bisher nur ansatzweise vorgenommen[22]. Insbesondere empirische Untersuchungen, die auf breiter Basis einen Zusammenhang zwischen

---

[20] Zur Theorie der Öffentlichen Güter vgl. beispielsweise Geyer, H., 1980 sowie die in diesem Beitrag zitierte Literatur.

[21] Vgl. beispielsweise Beckmann, M. J., 1977; Berger, M., 1989; Breitenacher, M., 1981; Oppenländer, K. H., 1983.

[22] Die Bedeutung einer verstärkten zwischenbetrieblichen Kooperation bei der Überwindung von Strukturproblemen untersucht beispielsweise Eickhof (vgl. Eickhof, N., 1982). Er konzentriert sich dabei jedoch weitgehend auf wettbewerbspolitische Gesichtspunkte.

Strukturproblemen und Grenzen beim Ausbau der internen FuE-Kapazitäten einerseits und der verstärkten Nutzung externer Ressourcen bei der Durchführung berieblicher Innovationsvorhaben andererseits zum Inhalt haben, fehlen bisher völlig.

Eines der Ziele der vorliegenden Arbeit ist es deshalb, mit Hilfe einer empirischen Untersuchung die **Relevanz unterschiedlicher Strukturprobleme** im Verarbeitenden Gewerbe aufzuzeigen, **bestehenden Hemmnissen beim Auf- bzw. Ausbau der internen FuE-Potentiale** nachzugehen und den **Zusammenhang** beider Problemkreise mit einer **verstärkten Nutzung externer Innovationspotentiale** aus Sicht der betroffenen Unternehmen zu überprüfen.

2. Welche Kriterien entscheiden über die Effizienz der Optionen Eigenentwicklung, kooperative Entwicklung oder Fremdbezug innovativer Technologien?

Wenn sich die Annahme bestätigt, daß Strukturwandel und Probleme beim Ausbau der internen FuE-Kapazitäten die Unternehmen zwingen, bei der Entwicklung innovativer Technologien verstärkt mit anderen Akteuren zusammenzuarbeiten, stellt sich die Frage, durch welche Eigenschaften sich Technologien, die betriebsintern (weiter-)entwickelt werden, von solchen Technologien unterscheiden, die kooperativ entwickelt oder fremdbezogen werden.

Um diese Frage beantworten zu können, ist zunächst zu prüfen, welchen Beitrag hier die verschiedenen Ansätze der "traditionellen" Make-or-Buy-Literatur liefern. Es wird sich jedoch zeigen, daß gerade bezüglich der (Weiter-)Entwicklung innovativer Technologien reine Kostenvergleiche kein ausreichendes Entscheidungskriterium bei der Wahl der effizientesten Form der Entwicklung sein können. Eine Betrachtung derjenigen Kosten- und Erlöspotentiale, die neben den eigentlichen Entwicklungskosten bei Kooperation oder Fremdbezug - also bei der Interaktion zwischen zwei oder mehr Partnern - entstehen, ist gerade in dem sensiblen Bereich der Entwicklung innovativer Technologien besonders wichtig.

Zur Analyse dieses Themenbereiches wird deshalb ein organisationstheoretischer

Ansatz herangezogen, der sich explizit mit den Kosten der Zusammenarbeit zwischen einzelnen Akteuren beschäftigt: **der Transaktionskostenansatz.**

Mit Hilfe dieses Transaktionskostenansatzes sollen Thesen zur Effizienz der Optionen Eigenentwicklung, Kooperation oder Fremdbezug innovativer Technologien gebildet werden. Diese sind im empirischen Teil der Arbeit zu überprüfen.

3. Welche Bedeutung haben einzelne Formen technologieorientierter Außenbeziehungen heute? Welchen relativen Stellenwert hat dabei aus Sicht der Unternehmen die Kooperation im Vergleich zu Eigenentwicklung und Fremdbezug innovativer Technologien?

Bedeutung, Struktur und Umfang technologieorientierter Außenbeziehungen in der betrieblichen Praxis sind in bezug auf ihre empirische Relevanz bisher nur **unzureichend untersucht** worden. Dieses Defizit läßt sich auf folgende Ursachen zurückführen:

- Obwohl im Rahmen der Kooperations- wie auch der Technologietransferforschung mittlerweile eine sehr umfangreiche Literatur existiert[23], liegen bisher nur wenige Arbeiten vor, die auf eine breite empirische Basis zurückgreifen können.

- Innerhalb der Kooperationsforschung nimmt das Thema FuE-Kooperation einen vergleichsweise geringen Raum ein. In der Mehrzahl der entsprechenden Publikationen wird dieses Thema nicht oder nur als ein Kooperationsgebiet unter vielen anderen behandelt[24]. Um fundierte und ausreichend differenzierte Aussagen über Bedeutung, Struktur und Umfang von FuE-Kooperationen (und anderen Formen technologieorientierter Außenbeziehungen) treffen zu können,

---

[23] Vgl. hierzu etwa Abels, H.W., 1980; Benisch, W., 1973; Binnenbruck, H.-H. / Ibielski, D. /Poeche, J., 1978; Gerth, E., 1971; Koehn, G., 1973; Meyerhöfer, W., 1980; Robra, R., 1976; Schneider, D., 1973; Staub, K., 1976; Straube, M., 1972.

[24] Beispielhaft für die wenigen Ausnahmen sei hier verwiesen auf Boehme, J., 1986, Eickhof, N., 1982 und Rotering, C., 1990.

ist jedoch eine Konzentration auf diesen Bereich notwendig.

- In den relativ wenigen empirischen Arbeiten zum Thema technologieorientierte Außenbeziehungen werden jeweils nur ausgewählte Teilaspekte analysiert, andere, möglicherweise ebenso relevante Gesichtspunkte jedoch aus der Betrachtung ausgeschlossen. So erfolgt in einigen Fällen eine Konzentration auf die Außenbeziehungen von Großunternehmen, kleine und mittlere Unternehmen werden dagegen nicht betrachtet[25]. Andere Untersuchungen beschränken sich ganz auf die Beziehungen zwischen Unternehmen, die Beziehungen zu anderen Akteuren (beispielsweise Hochschulen und Forschungseinrichtungen) werden dagegen vernachlässigt[26]. Schließlich wird häufig nur eine einzige Form der Verflechtung betrachtet (beispielsweise nur Kooperationsbeziehungen, nur Informationsbeziehungen oder nur Lizenzaustausch)[27].

Aufgrund der genannten Defizite besteht **Bedarf an einer empirischen Untersuchung**, die sich auf die technologiebezogenen Aspekte der Außenbeziehungen von Unternehmen konzentriert und dabei versucht, einen möglichst **vollständigen Überblick über die Relevanz einzelner Formen und Partner** zu gewinnen.

Nur mit Hilfe dieses relativ umfassenden Ansatzes ist es möglich, eine **weitere** Lücke in der empirischen Forschung im Bereich technologieorientierter Außenbeziehungen zu schließen: Durch einen Vergleich mit den **betriebsinternen Entwicklungsleistungen** und dem **Fremdbezug** innovativer Technologien wird es möglich sein, eine Einschätzung der **relativen Bedeutung kooperativer Entwicklung** aus dem Blickwinkel der Unternehmen zu gewinnen.

---

[25] Vgl. etwa Rotering, C., 1990.

[26] Siehe z.B. Boehme, J., 1986 : 24 oder Rotering, C., 1990 : 44ff.

[27] Vgl. etwa Vanberg, V., 1976; Naujoks, W. / Pausch, R., 1977; Urban, S. / Vendemini, S., 1986 und 1988; Rohe, C., 1980; Mittag, H., 1985; Rogers, E. M. / Kincaid, D. L., 1981.

4. Welche Determinanten beeinflussen Struktur und Intensität technologieorientierter Außenbeziehungen?

Welche "Unternehmenstypen" nutzen technologieorientierte Außenbeziehungen? Welche Rahmenbedingungen begünstigen oder hemmen den Einsatz externen Know-hows bei innerbetrieblichen Innovationsprojekten? Auch in diesem Themenbereich werfen die bisher vorliegenden Erkenntnisse noch zahlreiche offene Fragen auf.

Grundlage der in den sechziger und siebziger Jahren einsetzenden wirtschaftswissenschaftlichen Diskussion zum Thema Kooperation (die schließlich zur zweiten Kartellgesetznovelle von 1973 führte) war das Konzept der **optimalen Unternehmensgröße**. Die Überlegungen, die damals im Vordergrund der Debatte standen und auch in der entsprechenden Kooperationsliteratur immer wieder aufgegriffen wurden[28], faßt beispielsweise das Wirtschaftsministerium in einer 1976 veröffentlichten Publikation folgendermaßen zusammen:[29]

"Die leistungssteigernde Kooperation zwischen kleinen und mittleren Unternehmen ist ein wichtiges Mittel zur Eindämmung eines wettbewerbsschädlichen Konzentrationsprozesses. Das wettbewerbspolitische Leitbild für die Kooperation wird daher vor allem auch durch den Gedanken des "strukturellen Nachteilsausgleiches" für kleine und mittlere Unternehmen, d.h. des Ausgleichs von Vorteilen, die große Unternehmen nur kraft ihrer Größe besitzen, bestimmt.

Die Erfahrungen haben gezeigt, daß kleine und mittlere Unternehmen im Wettbewerb mit großen Konkurrenten durchaus bestehen können. Dies setzt jedoch voraus, daß kleine und mittlere Unternehmen die Möglichkeit erhalten, durch zwischenbetriebliche Zusammenarbeit Wettbewerbsnachteile gegenüber Großunternehmen auszugleichen".

Die Kooperation wurde damals als ein Instrument begriffen, mit dem kleinere Unternehmen die größenspezifischen Nachteile gegenüber leistungsstärkeren

---

[28] Vgl. beispielsweise Koehn, G., 1973; Abels, H.-W., 1980 oder Boehme, J., 1986.

[29] Siehe BMWI (Hrsg), 1976 : 5f.

Großunternehmen kompensieren könnten[30].

Die empirischen Untersuchungen zum Thema Kooperation haben jedoch mittlerweile gezeigt[31], daß große Unternehmen in allen Funktionsbereichen, insbesondere aber auch im Bereich Forschung und Entwicklung (FuE), häufiger kooperieren als kleine und mittlere Unternehmen (KMU), ohne daß es deshalb zu einem "Massensterben" kleinerer Unternehmen gekommen wäre. Das Modell der optimalen Unternehmensgröße ist also als Erklärung für die zwischen- und überbetriebliche Kooperation bei der Entwicklung innovativer Produkte und Fertigungsverfahren unzureichend.

Wie bereits in der Darstellung des zweiten Themenbereiches der Arbeit kurz angesprochen, konzentrieren sich die folgenden Überlegungen zur Effizienz der Optionen Eigenentwicklung, Kooperation oder Fremdbezug weniger auf Entwicklungskostenvergleiche, als vielmehr auf die Analyse von Transaktionskostenstrukturen. Die Höhe der situationsspezifischen Transaktionskosten ist abhängig von bestimmten Merkmalen der jeweils relevanten Technologie. Diese Merkmale sind jedoch nicht statisch, sondern verändern sich im Zeitablauf. War es gestern sinnvoll, eine Technologie intern zu entwickeln, kann es heute effizient sein, diese Technologie kooperativ weiterzuentwickeln oder ausschließlich von anderen Akteuren entwickeln zu lassen. Die Effizienz kooperativer Entwicklung ist damit keine Frage der **optimalen Unternehmensgröße,** sondern eine Frage der **optimalen Unternehmensgrenze,** einer Grenze, die sich aus Sicht des Unternehmens für jede einzelne Technologie im Zeitablauf verändern kann.

Die Unternehmensgröße ist nur eine unter einer Vielzahl anderer unternehmensinterner und -externer Determinanten technologieorientierter Außenbeziehungen. Ein umfassendes und vollständiges Modell dieser Determinanten wurde bisher nicht entwickelt. In den wenigen empirischen Arbeiten zu diesem Thema erfolgte

---

[30] Die in dieser Zeit einsetzende "Kooperationseuphorie" verstummte unter dem Eindruck der nicht immer positiven Erfahrungen aus der industriellen Praxis allerdings rasch (Staudt, E., 1989: 9).

[31] Siehe etwa Vanberg, V., 1976; Naujoks, W. / Pausch, R., 1977; Urban, S. / Vendemini, S., 1986 und 1988; Becher, G. et al., 1989.

lediglich eine Überprüfung von Zusammenhängen zwischen einzelnen Verflechtungsvariablen und einigen wenigen ausgewählten Kontextvariablen (z.B. Unternehmensgröße, Branchenzugehörigkeit, interne FuE-Intensität der Unternehmen). Bei der Auswahl dieser Kontextvariablen zeigen sich darüber hinaus kaum nennenswerte Unterschiede zwischen den einzelnen Untersuchungen[32].

Es ist deshalb ein Ziel der vorliegenden Arbeit, ein **eigenes Modell der Determinanten technologieorientierter Außenbeziehungen zu entwickeln.** Aufgrund der Vielzahl denkbarer Determinanten muß dabei auch an dieser Stelle eine Konzentration auf einige ausgewählte Variablen erfolgen. Ein Anspruch auf Vollständigkeit kann und soll deshalb auch hier nicht erhoben werden. Es ist jedoch beabsichtigt, bestehende Ansätze um einige entscheidende und bisher wenig beachtete Determinanten zu erweitern und zu vervollständigen.

Die genannten empirischen Ansätze zur Bestimmung von Determinanten technologieorientierter Außenbeziehungen beschränkten sich bisher vorwiegend auf bivariate Analyseverfahren (Kreuztabellen). Um der dabei bestehenden Gefahr zu begegnen, daß einzelne Zusammenhänge durch andere Korrelationen überlagert, verstärkt oder verdrängt werden, kommt im der vorliegenden Arbeit **ein multivariates Analyseverfahren bei der Untersuchung der Determinanten technologieorientierter Außenbeziehungen** zur Anwendung.

5. Sind Unternehmen, die technologieorientierte Außenbeziehungen nutzen, erfolgreicher als vergleichbare Unternehmen ohne entsprechende Beziehungen?

Der letzte Themenbereich, der in der vorliegenden Arbeit untersucht wird, befaßt sich mit der Frage nach der Effizienz technologieorientierter Außenbeziehungen. Auch hier besteht aus Sicht des Verfassers innerhalb der relevanten Literatur ein **Defizit,** das durch eine **eigene empirische Untersuchung verringert werden soll.**

---

[32] Vgl. etwa Naujoks, W. / Pausch, R., 1977; Urban, S. / Vendemini, S., 1988; Becher, G. et al., 1989 oder Rotering, C., 1990.

In einer Reihe von Analysen konnte mittlerweile gezeigt werden, daß die zeitgerechte Einbindung externer Innovationspotentiale in die innerbetrieblichen Entwicklungsprojekte eines der wichtigsten Merkmale ist, das erfolgreiche von erfolglosen Innovationsvorhaben unterscheidet[33]. Diese Untersuchungen basieren auf fallstudienorientierten Vergleichen einzelner Innovationsprojekte. Was bisher nicht vorliegt, ist ein auf einer **breiten empirischen Basis beruhender Beleg** für den Zusammenhang zwischen dem Innovationsverhalten der Unternehmen und der Nutzung technologieorientierter Außenbeziehungen.

In der vorliegenden Arbeit werden deshalb die wichtigsten Erkenntnisse der Innovationsforschung zu bekannten Hemmnissen und Problemen bei der Durchführung von Innovationsprojekten referiert und der Beitrag, den unterschiedliche Formen technologieorientierter Außenbeziehungen zur Überwindung dieser Probleme leisten können, diskutiert. Weiter wird unterstellt, daß nicht allein die Tatsache, technologieorientierte Außenbeziehungen zu nutzen, die Erfolgswahrscheinlichkeit von Innovationsvorhaben erhöht, sondern daß die **Qualität dieser Beziehungen** maßgeblichen Einfluß auf die Effizienz kooperativ durchgeführter Entwicklungen hat.

Der vor allem im skandinavischen Raum entwickelte **Netzwerkansatz**[34] greift diesen Gedanken auf. Die Einbindung in solche industriellen Netzwerke reduziert für die Beteiligten die situationsspezifischen Transaktionskosten und kann dadurch einen wichtigen Beitrag für die Innovationsfähigkeit der einzelnen Unternehmen leisten. Unter bestimmten Voraussetzungen kann sich dieser Vorteil jedoch auch in einen gravierenden Nachteil verwandeln. Gelingt es einem Unternehmen nicht, sich rechtzeitig aus seinem alten Netzwerk zu lösen und in neue Beziehungssysteme zu integrieren, kann eine erfolgreiche Diversifikation in neue

---

[33] Vgl. hierzu beispielsweise Jewkes, J. / Sawers, D. / Stillerman, R., 1962; Freeman, C., 1982; v. Hippel, E., 1976, 1977(a), 1986, 1988; Rothwell, R., 1974 und 1987; Rothwell, R. / Beesley, W., 1988. Einen Überblick zu diesem Thema bieten beispielsweise Dosi, G., 1988 : 221ff oder Maas, C., 1990 : 39ff.

[34] Vgl. hierzu etwa Axelsson, B., 1988; Håkansson, H., 1982, 1987, 1989; Håkansson, H. / Johanson, J., 1984; Håkansson, H. / Laage-Hellman, J., 1984; Hägg, I. / Wiedersheim-Paul, F., 1984; Hellgren, B. / Stjernberg, T., 1987; Johanson, J., 1989; Johanson, J. / Mattsson, L.-G., 1985; Laage-Hellman, J., 1989; Lundvall, B.A., 1988; Mattsson, L.-G., 1985.

Marktsegmente erschwert oder gar verhindert werden.

Ein **weiteres Ziel** der Arbeit ist es deshalb, Thesen zur Effizienz technologieorientierter Außenbeziehungen und zur Effizienz solcher Beziehungen im Rahmen industrieller Netzwerke zu entwickeln und mit Hilfe eines multivariaten Verfahrens auf breiter empirischer Basis zu prüfen.

Mit den fünf hier vorab kurz diskutierten Themenbereichen soll in der vorliegenden Arbeit ein Beitrag zur Beseitigung von Erkenntnisdefiziten aus einem breiten Spektrum unterschiedlicher Fragestellungen geleistet werden. Dabei kann bei der Entwicklung eines geeigneten Untersuchungsmodells nur in Teilbereichen auf bereits bestehende Theorien und Ansätze zurückgegriffen werden. Es ist deshalb nicht möglich, alle denkbaren Aspekte aus dem Kontext der Analyse externer Innovationspotentiale im Rahmen dieser Arbeit zu thematisieren.

So wurde der Beitrag Spieltheoretischer Ansätze[35] (die sich insbesondere mit der Frage nach der Effizienz unterschiedlicher Strategien und Verhaltensweisen bei der Durchführung kooperativer Entwicklungsprojekte und bei der Verteilung von Innovationsgewinnen befassen) ebenso aus der Betrachtung ausgeklammert wie Ansätze aus dem Bereich "Strategischer Allianzen"[36], die sich auf das Management von Außenbeziehungen aus dem Blickwinkel multinational arbeitender Großunternehmen konzentrieren. Vernachlässigt wurden schließlich auch Ansätze aus der Kooperationsforschung, die sich mit wettbewerbspolitischen Fragestellungen auseinandersetzen[37].

---

[35] Vgl. etwa Axelrod, R., 1987; Fleischmann, G. et al., 1972; Gerth, E., 1971; Schneider, D., 1973; Weder, R., 1990.

[36] Vgl. etwa Contractor, F. J. / Lorange, P., 1988; Gerlach, M., 1987; Harrigan, K. R., 1988; Lyles, M. A., 1988; Porter, M. E. / Fuller, M. B., 1986.

[37] Vgl. etwa Eickhof, N., 1982; Grossekettler, H., 1978; Kranüchel, R., 1986.

3. Definition der wichtigsten Begriffe

3.1 Technologieorientierte Außenbeziehungen

Gegenstand der vorliegenden Untersuchung sind die **technologieorientierten Außenbeziehungen** von Unternehmen. Unter diesem Begriff wird im folgenden **die Gesamtheit aller Beziehungen zusammengefaßt, die ein Unternehmen zu anderen Akteuren mit dem Ziel unterhält, das Entstehen, die Entwicklung, die Einführung, die Adaption oder die Vermarktung innovativer Produkte und Fertigungsverfahren zu ermöglichen, zu unterstützen oder zu fördern.**

Diese Beziehungen lassen sich differenzieren in

- **kooperative Beziehungen**, d.h. Beziehungen, die auf einem gegenseitigen Austausch von Informationen, Gütern und Dienstleistungen basieren und in

- **Marktbeziehungen**, d.h. Beziehungen, deren Inhalt der einseitige Bezug von Informationen, Gütern oder Dienstleistungen im Tausch gegen Geld ist.

Bezogen auf die Inhalte dieser Beziehungen ist ferner zu differenzieren zwischen:

- Tausch oder Kauf von **Informationen**

- Tausch oder Kauf von **(FuE-)Dienstleistungen** und

- Tausch oder Kauf von bereits **bestehendem innovativen technologischen Know-how**[38].

Die folgende Matrix gibt einen Überblick über die im Rahmen der Untersuchung erfaßten Varianten technologieorientierter Außenbeziehungen:

---

[38] Der Begriff "Innovation" bezeichnet in der vorliegenden Untersuchung neues technologisches Wissen <u>aus der Sicht des einzelnen Unternehmens</u> und nicht aus gesamtwirtschaftlicher Sicht.

Abb. 4: Formen technologieorientierter Außenbeziehungen

	Informationen	(FuE-) Dienst- leistungen	bestehende technische Innovationen
Tausch	Informationsaus- tausch	FuE-Kooperation (vertraglich geregelt, vertraglich nicht geregelt)	cross-licensing
Kauf	(Innovations-) Beratung	- Auftragsforschung - Auftragsentwick- lung - Aus- und Weiter- bildung von FuE- Personal	- Lizenznahme - Kauf innovativer Fertigungs-/ Datenverarbei- tungsanlagen

3.2 Kooperation

Die Versuche, den Begriff Kooperation zu definieren, sind mittlerweile fast ebenso zahlreich wie die entsprechende Literatur selbst. Diese Definitionen unterscheiden sich teilweise deutlich hinsichtlich der Kriterien, die für die einzelnen
Autoren erfüllt sein müssen, um von einer Kooperation sprechen zu können.

Eine Reihe von Autoren beschränkt den Begriff Kooperation auf die zwischenbetriebliche Zusammenarbeit, d.h. auf die Zusammenarbeit zwischen einzelnen
Betrieben oder Unternehmen[39]. Diese Einschränkung soll für die vorliegende
Arbeit nicht übernommen werden. Untersuchungsgegenstand sind nicht nur zwischenbetriebliche Kooperationen, sondern auch Kooperationen zwischen Unternehmen und Forschungseinrichtungen, (Fach-)Hochschule, Verbandsinstituten
oder Ingenieurbüros.

---

[39] Siehe etwa Sölter, A., 1966 : 236; Bidlingmeier, J., 1967 : 358; Naujoks, W. / Pausch, R., 1977 :
4f; Staub, K., 1976 : 15; Böhme, J., 1986 : 24.

Eine Reihe weiterer in der Literatur aufgeführte Merkmale sind zwar für eine Vielzahl von Kooperationen charakteristisch, jedoch nicht unabdingbar. Dazu gehören etwa die unbestimmte Zahl von Geschäftsvorfällen, der partnerschaftliche Geist, die Steigerung der Leistungsfähigkeit bzw. der Wettbewerbsfähigkeit der Beteiligten oder der gesamtwirtschaftliche Nutzen der Kooperation. Diese Merkmale sind nach Ansicht des Verfassers nicht konstitutiv und deshalb auch nicht Bestandteil der Definition des Begriffes Kooperation für die folgende Untersuchung.

Die hier gültige Definition bezieht sich vielmehr auf Benisch, für den lediglich zwei Kriterien erfüllt sein müssen[40]:

- **Die wechselseitige Selbstständigkeit der Beteiligten und die einseitige Kündbarkeit der Zusammenarbeit.** Selbstständigkeit ist dabei sowohl im wirtschaftlichen als auch im rechtlichen Sinne zu verstehen, wobei rechtliche Selbstständigkeit mit dem Fehlen einer (Mehrheits-)Beteiligung zwischen den Partnern gleichgesetzt wird.

- **Bewußte Koordination von Funktionen.** Diese Koordination kann sowohl durch Verhaltensabstimmung innerhalb der beteiligten Institutionen als auch durch Ausgliederung und Übertragung auf eine gemeinschaftliche Einrichtung erfolgen. Sie kann sich auf eine einzelne Funktion (Einkauf, Vertrieb, Produktion, FuE, Verwaltung etc.), auf eine Reihe von Funktionen oder auf alle Funktionen (z.B. für ein bestimmtes Erzeugnis) beziehen.

Neben der Selbstständigkeit der Beteiligten und der Koordination von Funktionen wird häufig die Freiwilligkeit der Zusammenarbeit als weiteres konstitutives Kriterium genannt. Benisch schreibt dazu[41]: "Freiwilligkeit der Kooperation entspricht dem Normal- und Idealfall. Aber man wird eine Zusammenarbeit, die sich zwangsläufig daraus ergibt, daß ein Auftraggeber nur für den Fall einer Kooperation den Auftrag gibt, nicht deshalb aus den Kooperationsbegriff ausschließen

---

[40] Siehe Benisch, W., 1969 : 61ff.

[41] Siehe Benisch, W., 1973 : 69.

können." Freiwilligkeit kann also nicht in jedem Fall vorausgesetzt werden. Sie ist deshalb auch kein Bestandteil der hier verwendeten Definition.

Die bisher zur Begriffsbestimmung herangezogenen Merkmale lassen einen breiten Interpretationsspielraum für den Begriff Kooperation zu. Sie dienen im wesentlichen dazu, die Kooperation gegenüber der Konzentration und der einfachen Marktbeziehung (im neoklassischen Sinne) abzugrenzen. Für die folgende Analyse ist jedoch eine engere Spezifizierung des Untersuchungsgegenstandes notwendig. Diese Eingrenzung soll anhand der folgenden kooperationsspezifischen Merkmale vorgenommen werden[42]:

a) Bereich

b) Ziel

c) Richtung

d) Art der Bindung

a) Bereich: In Anlehnung an die Differenzierung betriebswirtschaftlicher Funktionen kann zwischen folgenden Bereichen unterschieden werden:
- Beschaffung
- FuE
- Produktion
- Vertrieb
- Finanzierung
- Verwaltung

Untersuchungsgegenstand der vorliegenden Arbeit sind Kooperationen im Unternehmensbereich FuE.

b) Ziel: Das Ziel einer Kooperation kann objektbezogen (z.B. auf ein konkretes Produkt) oder funktional definiert werden. Hier findet die funktionale Variante ihre Verwendung. **Untersucht werden Kooperationen, deren Ziel die Generierung technischer Innovationen ist.**

---

[42] Vgl. hierzu Böhme, J., 1986 : 31ff.

c) Richtung: Grundsätzlich kann hier unterschieden werden zwischen

- vertikalen Kooperationen, d.h. zwischen Partnern unterschiedlicher Marktstufen (Kunden, Zulieferern) und

- horizontalen Kooperationen, d.h. zwischen Partnern der gleichen Marktstufe (Wettbewerber, Unternehmen aus dem gleichen oder einem kompementären Technologiebereich). Kooperationen mit Forschungseinrichtungen, (Fach-) Hochschulen oder Ingenieurbüros sind zwar keine horizontalen Kooperationen im engeren Sinne, sie werden hier aber mit erfaßt.

Untersuchungsgegenstand sind sowohl horizontale als auch vertikale Kooperationen.

d) Art der Bindung: Eine Kooperation kann auf der Basis nicht-vertraglicher oder vertraglicher Abmachungen basieren. **Untersuchungsgegenstand sind sowohl vertraglich geregelte als auch nicht-vertraglich geregelte Kooperationen.**

Unter dem Begriff FuE-Kooperation wird im folgenden **die bewußte Ressourcen-Koordination von zwei oder mehr rechtlich und wirtschaftlich voneinander unabhängigen Akteuren mit dem Ziel der Generierung technischer Innovationen bezeichnet. Die Koordination findet im Bereich FuE statt, wobei mindestens ein Arbeitsschritt (siehe Definition FuE) gemeinsam durchgeführt wird. FuE-Kooperationen können sowohl in horizontaler, als auch in vertikaler Richtung stattfinden. Sie können vertraglich geregelt oder nicht-vertraglich geregelt sein.**

3.3 Innovation

Der Begriff Innovation leitet sich von dem lateinischen Wort "novare" ab, was wörtlich übersetzt soviel bedeutet wie "erneuern" oder "verändern". Eine Innovation ist also eine Neuerung, ist etwas, was es vorher noch nicht gab. Schumpeter, dessen Modell des zyklischen Verlaufs des technischen Wandels die Innovationsforschung nachhaltig beeinflußt hat, unterscheidet in seiner Definition des Innovationsbegriffes zwischen der Entwicklung neuer Produkte und der Veränderung bzw. Verbesserung von Verfahren bei der Herstellung oder der Vermarktung bekannter Produkte[43]. Differenziert er in seinen frühen Arbeiten zunächst nicht zwischen neuen materiellen Instrumenten im gesamtwirtschaftlichen Arbeitsprozeß (also technischen Innovationen) und der Entwicklung neuer Sozialtechniken (wie beispielsweise neue Organisations- und Managementtechniken), so konzentriert er sich in späteren Arbeiten zunehmend auf die Untersuchung technischer Innovationen[44]. Dieser Beschränkung auf technische Innovationen, die sich in weiten Teilen der Innovationsforschung fortgesetzt hat[45] schließt sich die vorliegende Arbeit an. Nach dem **Gegenstand der Innovation** wird unterschieden zwischen Produktinnovationen und Prozeßinnovationen.

Ein weiterer Schritt bei der Definition des Begriffes Innovation ist eine Unterscheidung hinsichtlich der **Qualität der Innovation**. Ein Konzept, diese unterschiedlichen Qualitäten zu berücksichtigen, ist die Trennung in Basisinnovationen und Verbesserungsinnovationen[46]. Unter Basisinnovationen versteht man grundlegend neue Technologien, dagegen sind Verbesserungsinnovationen lediglich Ausdifferenzierungen bekannter Technologien.

Grundlage der Innovation ist die Invention (Erfindung). Ist diese Invention Ergebnis zielgerichteter FuE-Aktivitäten, spricht man von einer geplanten Invention. Ist die Erfindung dagegen (beispielsweise bei Laborversuchen) zufälliger Natur, spricht man von ungeplanten Inventionen (sog. Serendipitäts-Effekt)[47].

---

[43] Vgl. hierzu Schumpeter, J.A., 1928.

[44] Vgl. hierzu Schumpeter, J.A., 1942.

[45] Als eine der wenigen Ausnahmen sei hier auf Nelson und Winter verwiesen, die in ihren Arbeiten eine evolutionäre Theorie ökonomischer Entwicklung auf der Basis eines Innovationsbegriffes entwickelt haben, mit dem jede Abweichung vom Routineverhalten als Innovation definiert wird (Siehe Nelson, R. / Winter, S.G., 1983).

[46] Siehe hierzu Mensch, G., 1975.

[47] Siehe Brockhoff, K., 1989 : 18.

Wie an der Entwicklungsgeschichte zahlreicher Technologien gezeigt werden kann, ist die Einführung neuer Technologien in einer Volkswirtschaft keineswegs ein einmaliges, abgrenzbares Ereignis, sondern eine Kette zahlreicher inkrementaler Veränderungen und Anpassungen an die jeweiligen Einsatzbedingungen[48]. Die Verbreitung neuer Technologien beinhaltet also immer auch das Element der (Verbesserungs-)Innovation. Im Hinblick auf die **zeitliche Dimension** ist deshalb zu unterscheiden zwischen der aktiven Diffusion, d.h. der Verbreitung einer neuen Technologie durch Weiterentwicklung (Innovation) und der passiven Diffusion, also der Übernahme neuer Technologien durch den Einkauf technisch verbesserter Produktionsanlagen, durch Lizenznahme etc. (Adoption) bzw. durch Kopie der Innovation ohne eigene technische Weiterentwicklung (Imitation)[49].

Der gesamte **Innovationsprozeß** gliedert sich also (idealtypisch) in folgende Einzelschritte[50]:

- Problemsuche
- Forschung und Entwicklung
- Markteinführung

Ein Grundproblem empirischer Innovationsforschung besteht in der Bewertung des mit dem Beriff Innovation verbundenen Kriteriums "Neuheit". Ist die Anwendung einer Technologie, deren Grundprinzipien allgemein bekannt sind, in einem neuen Einsatzbereich eine Innovation? Bedeutet "neu", daß der entsprechende Innovationsschritt weltweit noch nicht vollzogen wurde - und wer sollte dies beurteilen[51]? Aus pragmatischen Erwägungen heraus findet deshalb in der vorliegenden Arbeit der sogenannte **"subjektive Innovationsbegriff "**[52] seine Anwen-

---

[48] Vgl. hierzu etwa Freeman, C. / Clark, J. / Soete, L., 1982.

[49] Siehe hierzu auch Meyer-Krahmer, F. / Gielow, G. / Kuntze, U., 1984 : 55f.

[50] Vgl. hierzu etwa Brockhoff, K., 1989 : 20f.

[51] Daß innovierende Unternehmen nur einen begrenzten Überblick über den technologischen Stand ihrer (insbesondere ausländischen) Konkurrenzunternehmen haben, macht beispielsweise Uhlmann deutlich (vgl. Uhlmann, L., 1978).

[52] Siehe zu diesem Begriff Rogers, E.M. / Shoemaker, F.F., 1971.

dung. "Subjektiv" bedeutet hier, daß als Innovation bezeichnet wird, was für den jeweiligen Innovator zum entsprechenden Zeitpunkt neu war.

Zusammenfassend: der Beriff "Innovation" bezeichnet in der folgenden Untersuchung alle aus Sicht des betrachteten Unternehmens technisch neuen oder verbesserten Produkte und Prozesse, sofern diese Veränderungen auf Entwicklungstätigkeiten zurückgeführt werden können, die ausschließlich oder wenigstens partiell innerhalb dieser Unternehmung durchgeführt wurden. Nicht unter den Begriff Innovation fällt dagegen die Übernahme technischer Neuerungen durch den Einkauf von Maschinen bzw. durch Lizenznahme (Adoption) oder durch einfache Übernahme (Imitation).

3.4 Technologie

Der Begriff "Technologie" ist in vielfältiger Weise definiert worden. Die vorliegende Arbeit schließt sich einer Definition von Friedrich Rapp an, die durch ihre prägnante Kürze besticht: **"Technologie ist schöpferische Fähigkeit: sie manifestiert sich in Artefakten deren Zweck es ist, die menschlichen Fertigkeiten zu erweitern"**[53].

Das Konzept der "schöpferischen Fähigkeit" , das hierbei Verwendung findet, meint, daß Technologie kein freies Gut, keine naturgegebene Sache ist, sondern Resultat menschlicher Schöpfung. Unter Artefakten sind sowohl Maschinen als auch Werkzeuge, Geräte und Verfahren zu verstehen.

Zu einer weiterführenden Differenzierung des Begriffs Artefakt schlägt van Wyk unter Bezugnahme auf Rapp folgende Dimensionen vor[54]:

- technologische Funktion,
- Grad der Aufgabenerfüllung,

---

[53] Siehe Rapp, F., 1981 : 33.

[54] Siehe van Wyk, R.J., 1988 : 343f.

- physikalisches Prinzip, das Anwendung findet,
- Material,
- Größe,
- Struktur.

Der Begriff "technologische Funktion des Artefakts" muß näher erläutert werden. Er bezieht sich auf das Objekt und die Manipulation, der dieses Objekt unterworfen wird. Bei dem Objekt handelt es sich entweder um Materie, um Energie oder um Information. Manipulation differenziert sich in Bearbeitung, Transport und Speicherung. Die Beispiele in der folgenden Matrix verdeutlichen den Zusammenhang:

Abb. 5: Technologische Funktionen eines Artefaktes

Objekt \ Art der Manipulation	Bearbeitung	Transport	Speicherung
Materie	Zementofen	LKW	Silo
Energie	Kraftwerk	Kupferkabel	Batterie
Information	Computer	Glasfaser-kabel	Diskette

Quelle : Van Wyk, R.; 1988 : 345

Innovation richtet sich entweder auf die Entwicklung völlig neuer Technologien oder auf die Veränderung bereits bestehender Technologien. Ziel ist es in beiden Fällen, eine oder mehrere der gegenwärtig bestehenden technologischen Grenzen zu verschieben. Diese technologischen Grenzen lassen sich in folgenden Dimensionen unterscheiden[55]:

- Effizienz,

- Kapazität,

- Kompaktheit,

- Präzision,

- Wirkungsbereich,

- Komplexität.

3.5 Forschung und Entwicklung

Der Begriff Forschung und Entwicklung wird im folgenden im Sinne der international angewandten OECD-Definition ("Frascati-Handbuch")[56] verwendet[57]. Diese Definition orientiert sich an einem idealisierten Prozeß mit zeitlich aufeinander folgenden Arbeitsschritten[58]. Man unterscheidet zwischen:

- Problemdefinition,

- Suche nach Lösungsmöglichkeiten,

- Problemlösung (Invention)

- Entwurf und Konstruktion,

- Prototypenbau,

- Anpassungsentwicklung,

- zusätzliche Entwicklungsarbeiten nach Aufnahme der Produktion und

- Patent- bzw. Lizenzarbeiten.

---

[55] vgl. hierzu van Wyk, R.J., 1988 : 345.

[56] Siehe OECD (Hrsg.), 1976.

[57] Zu einer ausführlichen Diskussion der "Frascati-Definition" siehe beispielsweise Meyer-Krahmer, F. / Gielow, G. / Kuntze, U., 1984 : 202ff.

[58] Vgl. hierzu auch Brockhoff, K., 1989 :18ff.

Diese hier unterstellte Linearität ist in der Praxis selbstverständlich nur selten anzutreffen. FuE ist hier vielmehr als iterativer Prozeß zu verstehen. Der Ablauf der "Einzelschritte" ist nicht konsekutiv, sondern erfolgt in mehreren Etappen, die immer wieder durch Rückkoppelungen (etwa von der Entwicklung zurück in die Problemdefinition oder von der Anpassungsentwicklung zurück in die Konstruktion) unterbrochen werden[59].

---

[59] So fassen beispielsweise Jewkes, Sawers und Stillerman die Erfahrungen aus der Untersuchung von 50 Erfindungen folgendermaßen zusammen: "There is, for instance, a strong propensity to simplify and to idealise stories, to present them as a steady and logical march towards a final goal, to interpret them as a result of deliberate planning. Whereas the reality is more often a series of stops and starts, of desperate frustrations and back-trackings, of logical steps intermixed with blind shots and of final success when it seems the most unlikely and the least hoped for" (siehe Jewkes, J. / Sawers, D. / Stillerman, R., 1962 : 80).

4. Eigenentwicklung, kooperative Entwicklung oder Fremdbezug innovativer Technologien - der Beitrag traditioneller Make-or-Buy-Ansätze

4.1 Produktionskostenorientierte Ansätze

In der traditionellen Make-or-Buy-Analyse sind Produktionskostenvergleiche das dominierende Instrument[60]. Mit Hilfe möglichst einfacher Rechenverfahren sollen Vor- und Nachteile von Eigenfertigung und Fremdbezug quantifiziert und damit die entsprechende Entscheidung auf einer rationalen Grundlage getroffen werden. Die kostenrechnerischen Verfahren stellen dabei "grundsätzlich einen statischen Kostenvergleich zwischen Vollkosten des Fremdbezuges und im Einzelfall besonders abzugrenzenden, entscheidungsrelevanten Kosten der Eigenfertigung dar"[61]. Die Ermittlung der Fremdbezugskosten wird im Rahmen dieser Vergleichsberechnungen als unproblematisch angesehen und deshalb üblicherweise auch kaum diskutiert[62]. Die Make-or-Buy-Analysen konzentrieren sich deshalb im wesentlichen auf die Ermittlung der jeweils entscheidungsrelevanten Kosten der Eigenfertigung. Nach der Fristigkeit der Entscheidung und der Auslastung der internen Fertigungskapazitäten kann zwischen folgenden Situationen unterschieden werden[63]:

Bei kurzfrisigen Entscheidungen wird eine gegebene Fertigungskapazität unterstellt. Diese Fertigungskapazität (und damit auch die Fixkosten) steht im Rahmen der Make-or-Buy-Entscheidung nicht zur Disposition. Als Kosten der Eigenfertigung werden deshalb nur die zusätzlich entstehenden variablen Kosten angesetzt. Sind die Produktionskapazitäten zudem bereits ausgelastet, muß also bei Aufnahme der Eigenfertigung die Produktion anderer Güter eingeschränkt oder gar eingestellt werden, dann sind engpaßbezogene Mehrkosten in die Kostenver-

---

[60] Vgl. Männel, W., 1983 : 301; Picot, A. / Reichwald, R. /Schönecker, H.-G., 1985(a): 820; Schneider, D., 1989 : 153.

[61] Siehe Baur, C., 1990 : 13.

[62] Vgl. beispielsweise Männel, W., 1981.

[63] Vgl. Baur., C., 1990 : 14ff.

gleichsberechnungen einzubeziehen.

Bei langfristigen Entscheidungen sind neben den variablen auch die kurzfristig fixen, längerfristig jedoch zu beeinflussenden Kosten in die Vergleichsberechnungen einzubeziehen. Da ggf. aber lediglich ein Teil der gesamten Fixkosten auf den von der Make-or-buy-Entscheidung betroffenen Unternehmensteil zurechenbar ist, kann auch hier nicht in jedem Fall von einer Vollkostenkalkulation gesprochen werden[64].

Erfordert die Entscheidung zur Eigenfertigung die Durchführung von Investitionen über einen längeren Zeitraum, sind dynamische Vergleichsverfahren den oben genannten statischen Verfahren vorzuziehen, da diese den zeitlich unterschiedlichen Anfall der Kosten vernachlässigen[65]. Ein Instrument der dynamischen Kostenvergleichsrechnung ist die interne Zinsfußmethode. Der interne Zinsfuß berechnet sich dabei aus dem Saldo zwischen variablen Kosten der Eigenfertigung und Vollkosten des Fremdbezugs. Erreicht dieser Saldo eine individuell vorgegebene Renditeschwelle, ist die erforderliche Investition rentabel, die Eigenfertigung dem Fremdbezug vorzuziehen[66].

4.2 Andere Ansätze

Neben den kostenorientierten Ansätzen, die ausschließlich auf einen Vergleich quantifizierbarer Größen zielen, sind im Rahmen der Make-or-Buy-Literatur in jüngerer Zeit eine Reihe von Ansätzen zu verzeichnen, die sich mit den nicht - oder nur sehr schwer - quantifizierbaren Einflußgrößen befassen[67].

Zu diesen Ansätzen sind eine Reihe von Analysen zu rechnen, die Vor- und

---

[64] Vgl. Männel, W., 1983 : 304.

[65] Vgl. Männel, W., 1983 : 305.

[66] Vgl. Baur, C., 1990 : 15f.

[67] Siehe beispielsweise Schneider, D., 1989 oder Hess, W. / Tschirky, H. / Lang, P. (Hrsg.), 1989.

Nachteile vertikaler Integration einander gegenüberstellen[68]. An Vorteilen vertikaler Integration (und damit verstärkter Eigenfertigung) werden unter anderem genannt:

- Kosteneinsparungen durch den Wegfall von Vertriebs-, Werbe- und Marktforschungskosten,

- höheres unternehmensinternes technologisches Know-how-Potential und damit eventuell auch höheres (technisches) Vertriebs-Know-how,

- bessere Kontrolle über die Produktqualität, höhere Sicherheit bei Beschaffungs- und Absatzwegen.

Als Nachteile einer relativ hohen vertikalen Integration (und damit als Argumente für verstärkten Fremdbezug) werden dagegen genannt:

- eine geringere Flexibilität bei der Anpassung an sich schnell verändernde technologische und/oder wirtschaftliche Rahmenbedingungen,

- mögliche Kapazitätsabstimmungsprobleme sowie

- der mangelnde Zugang zum Entwicklungs- und Fertigungs-Know-how der Zulieferer.

Wie bereits dieser kurze Überblick deutlich macht, kann aus einer Gegenüberstellung der Vor- und Nachteile von Eigenfertigung und Fremdbezug keine allgemein gültige Entscheidungsregel abgeleitet werden. Überwiegt der Vorteil einer hohen Stabilität der Absatz- und Beschaffungswege den Nachteil verringerter Flexibilität? Ist der Vorteil einer größeren internen FuE-Kapazität höher zu bewerten als der Nachteil einer geringeren Nutzung des Know-how-Potentials der Zulieferer?

---

[68] Vgl. beispielsweise Buzzell, R. D., 1983; Kumpe, T. / Bolwijn, P. T., 1988; Harrigan, K. R., 1986.

Ein Vergleich der Ergebnisse verschiedener empirischer Untersuchungen zeigt, daß sich keine dieser Fragen eindeutig beantworten läßt. So stellt beispielsweise Hübner[69] fest, daß bei den 15 von ihm untersuchten Automobilunternehmen ein signifikant positiver Zusammenhang zwischen vertikalem Integrationsgrad und Rentabilität besteht. Burgess[70] weist dagegen am Beispiel der petrochemischen Industrie einen negativen Zusammenhang zwischen Fertigungstiefe und Rentabilität nach. Buzzell und Gale[71], die sich auf die branchenübergreifenden Angaben von etwa 3.000 Strategischen Geschäftseinheiten im Rahmen der sogenannten "PIMS-Datenbank"[72] beziehen, stellen dagegen einen nicht-linearen (V-förmigen) Zusammenhang zwischen Rentabilität und vertikalem Integrationsgrad fest. Die Effizienz von Eigenfertigung oder Fremdbezug kann also offensichtlich nur situationsspezifisch bewertet werden.

Eine solche situationsspezifische Bewertung der nicht in Geldeinheiten quantifizierbaren Vorteile der Eigenfertigung nimmt beispielsweise Männel[73] in einer Nebenrechnung vor. Diese Nebenrechnung erfolgt in Form einer 12 Punkte Rating-Skala. Die Addition der einzelnen Einflußgrößen zu einer Gesamtpunktzahl ergibt anschließend eine Kennzahl für die Vorteilhaftigkeit der Eigenfertigung. Eine Integration dieser Kennziffer in die kostenrechnerischen Ergebnisse einer Make-or-Buy-Analyse lehnt Männel allerdings mit dem Hinweis ab, daß damit objektive Kosteninformationen und subjektive Einschätzungen vermischt würden.

Auf produktionskostenorientierte Vergleichsrechnung verzichten Pfeiffer und

---

[69] Siehe Hübner, T., 1987 : 188ff.

[70] Vgl. Burgess, A. R., 1984 : 54ff.

[71] Siehe Buzzell, R.D. / Gale, B.T., 1989 : 137ff.

[72] Das PIMS (Profit Impact of Market Strategies) - Forschungsprogramm wurde 1972 an der Harvard Business School mit dem Ziel ins Leben gerufen, den Einfluß verschiedener strategischer Schlüsselgrößen auf Rentabilität und Unternehmenswachstum zu analysieren. zu diesem Zweck erfolgte der Aufbau einer umfangreichen Datenbank. 1975 wurde das PIMS-Programm an das gemeinnützige Strategic Planning Institute übertragen. 1978 erfolgte schließlich der Aufbau eines eigenständigen Beratungsservice für die Mitgliedsunternehmen (vgl. Buzzell, R. D. / Gale, B. T., 1989 : 3ff).

[73] Siehe Männel, W., 1983 : 305ff.

Dögl[74] in ihrer auf dem Technologie-Portfolio-Ansatz basierenden Make-or-Buy-Analyse völlig. Sie konzentrieren sich ausschließlich auf die nicht eindeutig quantifizierbaren Aspekte der Eigenfertigungs- oder Fremdbezugs-Entscheidung. Mit der situationsspezifischen Position innerhalb einer Matrix, die durch die Dimensionen "Technologieattraktivität" und "Ressourcenstärke" aufgespannt wird, kann entschieden werden, wann Eigenfertigung und wann Fremdbezug effizient sind. Unter "Ressourcenstärke" verstehen die Autoren dabei die technische und wirtschaftliche Wettbewerbslage eines Unternehmens in bezug auf eine Technologie. Die "Technologieattraktivität" umfaßt dagegen die Anwendungsbreite und das Weiterentwicklungspotential dieser Technologie. Ein Unternehmen verhält sich nach diesem Ansatz dann effizient, wenn es sich bei der Eigenfertigung auf Technologien konzentriert, die sich noch im Anfangsstadium der Entwicklung befinden und für die ständig neue Anwendungsgebiete entdeckt werden. Der Fremdbezug empfiehlt sich dagegen bei "ausgereiften" Produkt- und Fertigungstechnologien. Eine fundierte theoretische Erklärung dieser Zusammenhänge wird in der Untersuchung allerdings nicht gegeben.

Eric v. Hippel untersucht in seinen Arbeiten die Bedingungen, unter denen jeweils die Hersteller, die Verwender oder die Zulieferer der Hersteller Innovationsprozesse initiieren. Er erweitert dabei in seinen Ex-post-Analysen einzelner Produkt- und Prozeßinnovationen die Entwicklungs**kosten**-Betrachtung um eine Abschätzung der (zu erwartenden) **Erlöspotentiale**. Diese Erlöspotentiale einer Innovation ergeben sich für die einzelnen Akteure aus ihrer (zu erwartenden) Marktstellung (besitzt der innovierende Akteur eine Monopolstellung und kann er diese Stellung durch die Anmeldung von Patenten sichern?) sowie aus den durch die Innovation zu erwartenden Umsatz- bzw Outputmengenveränderungen bei Hersteller, Verwender oder Zulieferer. Die Kosten der Innovation ergeben sich für die Akteure aus deren relativ zu leistendem Innovationsinput, der im wesentlichen durch den jeweiligen Stand der Vorkenntnisse auf den relevanten Technologiegebieten determiniert wird.

Anhand einer Abschätzung der Kosten- und Erlöspotentiale der einzelnen Akteu-

---

[74] Siehe Pfeiffer, W. / Dögl, R., 1986.

re zeigt v. Hippel, daß der maßgebliche Antrieb zu einer Erfindung jeweils von dem Akteur ausging, der erwarten konnte, die höchste Innovationsrente ("appropriability of innovation benefit") abschöpfen zu können[75].

4.3 Kritik an den traditionellen Make-or-Buy-Ansätzen

Mit der obigen Darstellung einiger ausgewählter Make-or-Buy-Ansätze konnte und sollte lediglich ein kurzer Einblick in einige generelle Denkrichtungen innerhalb dieses Forschungsgebietes gegeben werden. Jedoch wird in bezug auf die Ziele der vorliegenden Untersuchung auch aus dieser relativ kurzen Darstellung deutlich, daß die traditionellen Ansätze nur begrenzt zur Beantwortung der Frage beitragen, welche Technologiegebiete ausschließlich unternehmensintern (weiter)entwickelt werden sollten und wann auf unternehmensexterne Ressourcen zurückgegriffen werden kann.

Der unzureichende Beitrag dieser traditionellen Ansätze kann auf folgende Ursachen zurückgeführt werden:

1. Sowohl die rein auf Kostenvergleichsberechnungen basierenden Ansätze, als auch die Ansätze, die teilweise oder ausschließlich die nicht quantifizierbaren Einflußgrößen thematisieren, beziehen die Kooperation als eine eigenständige dritte Variante der Make-or-Buy-Entscheidung nur selten in ihre Analysen mit ein.

2. Die scheinbare Objektivität von Verfahren, die sich ausschließlich auf kostenrechnerische Vergleiche stützen, relativiert sich, wenn man bedenkt, welche Einflußmöglichkeiten sich bei der Abgrenzung der "relevanten" Kosten der Eigenfertigung ergeben. Die teilweise oder gar völlige Vernachlässigung von Fixkosten kann möglicherweise zu einem Vergleich zwischen Vollkosten (bei Fremdbezug) und Teilkosten (bei Eigenfertigung) führen. Eine Orientierung an zu kurzfristigen Planungsaspekten beinhaltet deshalb potentiell die Gefahr

---

[75] Vgl. v. Hippel, E., 1988 : 57ff.

einer Überbetonung des Eigenfertigungsanteiles.

3. Eigenentwicklung innovativer Technologien bedeutet nicht notwendigerweise, daß die auf der Basis dieser Technologien entstehenden Produkte oder Fertigungsverfahren anschließend auch im Unternehmen produziert werden müssen. Umgekehrt können fremdbezogene Innovationen unternehmensintern produziert werden. In Bezug auf die Frage, ob, und welche Technologien intern entwickelt oder extern bezogen werden sollen, ist deshalb klar zu trennen zwischen Produktions- und Entwicklungskosten[76]. Ein Entwicklungskostenvergleich auf objektiver Basis ist jedoch nur in seltenen Fällen möglich, da die Kosten der Eigenentwicklung zum Zeitpunkt der Entscheidung lediglich (mehr oder minder genau) geschätzt werden können und die Kosten des Fremdbezuges (der Entwicklungsleistung) nur dann bekannt sind, wenn eine Lizenz offeriert wird, oder bei einer Auftragsentwicklung der Auftragnehmer bereit ist, sich auf einen fest vorgegebenen Kostenrahmen verpflichten zu lassen.

4. Da der Beitrag klassischer Kostenvergleichsrechnungen bei der Beantwortung der Frage nach Eigenentwicklung oder Fremdbezug innovativer Technologien also tendentiell geringer ist als bei Make-or-Buy-Entscheidungen im Produktionsbereich, kommt der Berücksichtigung von nicht quantifizierbaren Einflußgrößen besondere Bedeutung zu. Die Ansätze, die sich mit diesen Einflußgrößen befassen, zeichnen sich jedoch durch eine mehr oder weniger zufällige Betonung einzelner Teilaspekte dieses komplexen Bereiches aus[77]. Dies kann auf das Fehlen einer soliden theoretischen Fundierung zurückgeführt werden[78].

Im folgenden Abschnitt der vorliegenden Arbeit wird deshalb ein Ansatz vorgestellt, der sich explizit mit der Analyse derjenigen Kosten befaßt, die bei der In-

---

[76] Eine solche Trennung zwischen Entwicklungs- und Produktionskosten wäre Ex-ante nur dann möglich, wenn sich im Verlauf der Produktion kein Bedarf für Zusatz- bzw. Folgeentwicklungen ergäbe. Dies kann jedoch nicht a priori ausgeschlossen werden.

[77] Vgl. hierzu auch Kappich, L., 1989 : 28.

[78] Vgl. Baur, C., 1990 : 37f.

teraktion zwischen einzelnen Akteuren entstehen: der Transaktionskostenansatz.

Mit Hilfe dieses Ansatzes wird es möglich sein, diejenigen Faktoren zu identifizieren und zu systematisieren, die die Höhe und Struktur der Kosten (und teilweise auch der Erlöse) für die kooperative Entwicklung oder den Fremdbezug innovativer Technologien maßgeblich beeinflussen.

5. Der Transaktionskostenansatz

Ein in theoretischer Hinsicht befriedigendes Modell zur Erklärung des Phäno-
mens "Kooperation" ist in der wirtschaftswissenschaftlichen Literatur bisher allenfalls ansatzweise vorhanden. Insbesondere mit dem Instrumentarium der Neoklassik ist diese besondere Form der Allokation von Ressourcen unter Umgehung des
Preismechanismus nicht erklärbar. Es ist deshalb notwendig, an dieser Stelle einen
bereits zu Beginn dieses Jahrhunderts entwickelten, aber erst in jüngerer Zeit
stärker beachteten organisationstheoretischen Ansatz vorzustellen und dessen
Implikationen für das Phänomen "Kooperation" zu verdeutlichen: den Transaktionskostenansatz. Dieser Transaktionskostenansatz ist nicht als Substitut, sondern
als Ergänzung der Neoklassischen Theorie zu interpretieren.

In einer Marktwirtschaft steuern Preise die angebotenen Mengen sowohl auf
Güter- als auch auf Faktormärkten. Die von Konsumenten und Produzenten
zunächst individuell aufgestellten Konsum- und Produktionspläne werden auf
"dem Markt" koordiniert. Als Koordinationsinstrument dient der Preis. Ein Ange-
botsüberschuß führt zu Preissenkungen, ein Nachfrageüberschuß zu Preiserhöhun-
gen. Diese Preisänderungen bewirken solange eine Modifikation der Angebots-
und Nachfragedispositionen, bis ein Gleichgewichtspreis erreicht wird, der die
Übereinstimmung von angebotenen und nachgefragten Güter- bzw. Faktormen-
gen auf dem betreffenden Markt herstellt. In der so erreichten Gleichgewichts-
situation werden die vorhandenen Ressourcen den verschiedenen Produktions-
zweigen und Produktionsprozessen in eindeutiger Weise zugeordnet.

Den Akteuren, die durch ihre Entscheidungen die Faktorallokation herbeiführen,
wird im Rahmen der neoklassischen Theorie allerdings relativ wenig Beachtung
geschenkt. Es sind "Marktteilnehmer", "Wirtschaftseinheiten", oder allenfalls
"Haushalte" und "Unternehmungen". Dabei tritt eine wichtige Tatsache in den
Hintergrund des Interesses: Auch innerhalb von solchen "Wirtschaftseinheiten"
findet eine Allokation von Ressourcen statt; auch innerhalb von Unternehmen
werden Ressourcen einzelnen Produktionsprozessen zugeordnet, werden Einzel-
aktivitäten koordiniert und gesteuert. Der entscheidende Unterschied zwischen
beiden Allokationssystemen besteht darin, daß innerhalb der Unternehmung Fak-

torallokationen nicht als Reaktionen auf Marktpreise entstehen, sondern auf Grund von Anweisungen der zuständigen Instanzen der Unternehmensorganisation gesteuert werden. Es bestehen innerhalb der Marktwirtschaft also **mindestens zwei** verschiedene Institutionen und zwei Mechanismen der Faktorallokation und der ökonomischen Koordination von Ressourcen: Märkte und Preise einerseits, Unternehmungen und Anweisungen andererseits[79].

Vor diesem Hintergrund stellen sich folgende Fragen:

Weshalb gibt es überhaupt preisdeterminierte Austauschbeziehungen zwischen wirtschaftlichen Akteuren und nicht nur eine einzige große Unternehmung in der sich Produktion und Distribution von Gütern und Dienstleistungen vollziehen?

Oder anders gefragt, weshalb gibt es in einer hinreichend differenzierten Marktwirtschaft überhaupt Unternehmungen und nicht nur marktliche Austauschbeziehungen zwischen einzelnen Individuen?

Solche Fragen wurden nicht nur in der neoklassischen Theorie, sondern auch innerhalb der Betriebswirtschaftslehre allenfalls am Rande diskutiert. Die Existenz des Erkenntnisobjektes "Unternehmen" als solches wurde auch in der Betriebswirtschaftslehre weitgehend als "exogenes Datum" hingenommen, "das keiner besonderen kausalen Analyse bedarf"[80].

Seit etwa Mitte der sechziger Jahre begannen einzelne Wirtschaftstheoretiker, teilweise unter Einbeziehung früherer Überlegungen (z.B. von Roscher, Hildebrand, Schmoller, Commons, Coase), sich intensiver mit der Analyse von Institutionen zu befassen. Die Vertreter dieses, unter dem Begriff "moderne Institutionenökonomik"[81] zusammengefaßten Ansatzes stützen sich auf neoklassische Hy-

---

[79] Vgl. hierzu Bössmann, E. ,1983 : 105ff.

[80] Siehe Picot, A., 1982 : 267.

[81] Innerhalb der "modernen Institutionenökonomik" lassen sich vier Gruppen bzw. "Schulen" unterscheiden:
1. die neue politische Ökonomie;

pothesen (wie etwa die Annahme der Existenz konsistenter und stabiler individueller Nutzenfunktionen, die Annahme ökonomisch-zweckrationalen Verhaltens im
Sinne individueller Nutzenmaximierung unter Nebenbedingungen etc.), ergänzen
diese jedoch durch einige weitere Hypothesen, wovon insbesondere das Konzept
der **Transaktionskosten** für die Problemstellung der vorliegenden Arbeit von
besonderer Bedeutung ist[82].

Der Transaktionskostenansatz läßt sich auf Überlegungen zurückführen, die Ronald H. Coase 1937 in dem Aufsatz "The Nature of the Firm" erstmals formulier-
te[83].

5.1 Warum gibt es Unternehmungen - Transaktionskosten als Erklärungsansatz

In der neoklassischen Theorie sind Marktpreise Daten, über die alle Marktteilnehmer immer und vollständig informiert sind, so daß zu jeder Zeit bei allen
Akteuren vollständige Informationen über die jeweiligen relativen Knappheits-
verhältnisse aller relevanten Ressourcen vorliegen. Würde diese Annahme zutref-
fen, wäre die Existenz einer Institution wie der Unternehmung, in der Produk-
tionsmittel und Dienstleistungen auf einen relativ langen Zeitraum hin zusammengefaßt und mit Hilfe von Anweisungen koordiniert werden, kaum zu erklären.
Vielmehr wäre es ökonomisch sinnvoller, die zur Erstellung einer bestimmten
Gütermenge notwendigen Arbeitskräfte, Dienstleistungen, Transportmittel, Finan-
zierungsmittel und Rohstoffe permanent (etwa jede Woche oder jeden Monat)
neu und zu den jeweils aktuellen Faktorpreisen auf den entsprechenden Märkten
nachzufragen.

---

2. die Neue Institutionenökonomik;
3. die ökonomische Analyse des Rechts;
4. die Neue Österreichische Schule.
Zu einer detaillierteren Darstellung der einzelnen Denkansätze vgl. etwa Richter, R., 1987 :
68ff.

[82] Vgl. hierzu Richter, R., 1987 : 68.

[83] Vgl. Coase, R. H., 1937.

Der Grund, warum dies (wenigstens im Regelfall) nicht geschieht, liegt für Coase in der Tatsache begründet, daß die Nutzung des Informationsträgers "Preis" entgegen den Annahmen der Neoklassik mit Kosten verbunden ist. Die Entstehung von Kosten beim Gebrauch des "Preismechanismus" und insbesondere die Möglichkeit, diese Kosten durch eine Faktorallokation **innerhalb** von Unternehmungen zu vermeiden, erklären für Coase die Existenz der Institution "Unternehmung". "The main reason why it is profitable to establish a firm would seem to be that there is a cost of using the price mechanism"[84]. Folgende Ursachen sind für das Entstehen von Transaktionskosten (also der Kosten, die bei der Nutzung des Koordinationsinstrumentes "Markt" entstehen)[85][86] zu nennen[87]:

1. Den Akteuren sind die relevanten Marktpartner und die relevanten Marktpreise nicht a priori bekannt. Dadurch entstehen **Such- und Informationskosten.**

2. **Das Aushandeln, der Abschluß und die Kontrolle von Verträgen sind mit Kosten verbunden.** Zwar muß der Einsatz und die Koordination von Ressour-

---

[84] Siehe Coase, R. H., 1937 : 390.

[85] Der Begriff "Transaktionskosten" wird in der entsprechenden Literatur nicht einheitlich verwendet. R. H. Coase und O. E. Williamson bleiben in ihren Veröffentlichungen eine klare Definition dieses Begriffes schuldig. R. Richter definiert Transaktionskosten als "diejenigen Kosten, die bei der Übertragung und bei der Nutzung von Verfügungsrechten auftreten". Er faßt darunter
- Kosten der Marktbenutzung,
- Kosten der Dispositionsnutzung in Unternehmungen,
- Kosten der Bereitstellung der Organisation einer elementaren (staatlichen) Gemeinschaft (siehe Richter, R., 1987 : 72).
A. Picot und E. Bössmann fassen unter den Begriff der Transaktionskosten dagegen lediglich die Kosten der Marktbenutzung (siehe Picot, A., 1982 : 270 und Bössmann, E., 1983 : 108). Dieser Definition der Transaktionskosten im engeren Sinne schließt sich die vorliegende Arbeit an.

[86] Relative Einigkeit besteht bei allen Autoren hinsichtlich der Abgrenzung der Transaktionskosten von den Produktionskosten (einschließlich der Transportkosten). "Erstere sind durch die in einer bestimmten Volkswirtschaft jeweils realisierte Form der Organisation ökonomischer Aktivitäten bedingt, letztere durch den jeweiligen Stand der Produktionstechnologie" (siehe Bössmann, E., 1983 : 108; Arrow, K. J., 1969 : 60. Zu einer ausführlicheren Darstellung des Abgrenzungsproblems siehe Michaelis, E., 1985 : 82ff).

[87] Vgl. hierzu Coase, R. H., 1937 : 390ff.

cen auch innerhalb einer Unternehmung durch Verträge geregelt werden, doch besteht in stärkerem Maße als bei Marktverträgen die Möglichkeit, Individualverträge durch Standardverträge zu ersetzen, so daß das gegebenenfalls täglich neue Aushandeln von Konditionen, Aufgaben und Fristigkeiten weitgehend entfällt.

3. Die zur Durchführung der Produktion häufig notwendige längerfristige Bindung der Produktionsfaktoren erfordert bei der Inanspruchnahme des Marktmechanismus den Abschluß langfristig bindender Verträge. Da über zukünftige Entwicklungen nur unvollständige Informationen vorliegen, kann der Vertragsinhalt nur relativ allgemein formuliert werden, während der Käufer daran interessiert ist, die vom Verkäufer zu erbringenden Leistungen situationsspezifisch festlegen zu können. Auch die sich aus der **Diskrepanz zwischen Vertragsinhalt und im Zeitverlauf tatsächlich vorhandenen Bedürfnissen ergebenden Kosten** sind unter die Transaktionskosten zu fassen. Diese Kosten werden erwartungsgemäß umso höher sein, je längerfristig der betreffende Vertrag abgeschlossen wurde. Bei einer Zusammenfassung von Produktionsmitteln innerhalb einer Unternehmung kann dagegen von einer insgesamt höheren Flexibilität bei der Anpassung auf veränderte Umweltsituationen ausgegangen werden.

4. Als letzter kostenerhöhender Faktor ist schließlich der **Einfluß von staatlichen Aktivitäten** zu nennen. So werden beispielsweise Markttransaktionen gegenüber unternehmensinterner Ressourcenallokation durch die Erhebung von Steuern (z.B. Umsatzsteuer) belastet.

Faßt man alle diese Punkte zusammen, erscheint eine Koordination von Ressourcen über Markttransaktionen in jedem Falle weitaus kostenintensiver als eine rein unternehmensinterne Ressourcenallokation. Weshalb gibt es dann aber die Institution "Markt"? Weshalb gibt es nicht eine einzige große Unternehmung innerhalb derer sämtliche Güter und Dienstleistungen einer Volkswirtschaft (bzw. der gesamten Weltwirtschaft) erzeugt werden?

Coase begründet die Existenz von Märkten mit der Annahme wachsender Grenzkosten der unternehmensinternen Organisation bei zunehmender Übernahme von Koordinationsfunktionen. Für diese Annahme werden folgende Argumente angeführt[88]:

1. Die Zunahme von Koordinationsfunktionen innerhalb einer Unternehmung ist mit sinkenden Grenzerträgen verbunden (bedingt etwa durch eine wachsende räumliche Ausdehnung der Unternehmung, durch den Grad der Verschiedenheit von zu koordinierenden Aktivitäten oder durch die wachsende Wahrscheinlichkeit unternehmerischer Fehlentscheidungen, die zu ineffizienten Ressourcenallokationen führen).

2. Unternehmenswachstum kann möglicherweise zu steigenden Faktorkosten führen (wenn die Anbieter von Ressourcen die Beschäftigung in kleineren Unternehmenseinheiten vorziehen und größere Unternehmen diese Präferenzen durch höhere Faktorentlohnung ausgleichen müssen)[89].

Von der Verteilung der relativen Kostenstruktur im Hinblick auf die Organisationskosten (bei unternehmensinterner Koordination) einerseits und die Transaktionskosten (bei Koordination über "den Markt") andererseits hängt es also letztlich ab, welche ökonomischen Aktivitäten (und wie viele) innerhalb der Unternehmen über Anweisungen und welche auf Märkten über den Preismechanismus koordiniert werden[90]. Die unternehmerische Entscheidung zwischen Eigen-

---

[88] Vgl. hierzu Coase, R. H., 1937 : 394ff.

[89] Diese These scheint auf den ersten Blick kaum haltbar, widerspricht sie doch jenen betriebswirtschaftlichen Erkenntnissen, die besagen, daß mit wachsender Unternehmensgröße (und damit ceteris paribus auch größerer Nachfrage- bzw. Absatzmenge) die Verhandlungsmacht gegenüber den Vertragspartnern steigt und damit größere Unternehmen tendenziell eher geringere Faktorpreise zu entrichten haben (vgl. zu dieser Problematik beispielsweise Kumpe, T. / Bolwijn, P. T., 1989; Semmlinger, K., 1989 und 1990; o.V., 1990). Andererseits ist die These gerade bei der Entlohnung des Produktionsfaktors "Arbeit" nicht ganz von der Hand zu weisen, insbesondere dann, wenn man neben den Gehältern Zusatzleistungen wie etwa betriebliche Altersversorgung, Ausgabe von Vorzugsaktien etc. mit berücksichtigt. Die Hypothese, daß große Unternehmen gleiche Qualifikation höher entlohnen, wurde mittlerweile von einer Reihe empirischer Untersuchungen belegt (ein Überblick zu diesen Untersuchungen findet sich bei Gerlach, K. / Schmidt, E.M., 1989 : 355ff).

[90] Vgl. hierzu Coase, R. H., 1937 : 397f und Bössmann, E., 1981 : 669f.

leistung und Fremdbezug (Make-or-Buy) ist neben der Betrachtung der Produktionskostenstruktur um die beiden Faktoren **Organisationskosten** und **Transaktionskosten** zu erweitern[91].

5.2 Der Ansatz von O. E. Williamson - die Determinanten der Transaktionskosten

Die von R. H. Coase formulierten Überlegungen aufgreifend entwickelte O. E. Williamson in einer Reihe von Publikationen Kriterien zur Operationalisierung der Transaktionskosten[92]. Er stützt sich dabei auf folgende Verhaltensannahmen:

1. Das Konzept der begrenzten Rationalität ("bounded rationality") aufgrund menschlicher und sprachlicher Unzulänglichkeiten[93].

2. Das Konzept des die Schwächen und Unsicherheit anderer ausnutzenden Verhaltens ("opportunism"). Diese Annahme opportunistischen Verhaltens impliziert, daß Informationen unter strategischen Gesichtspunkten ausgetauscht werden, d.h. in ihrer Wirkung auf das Verhalten anderer Akteure gezielt zur eigenen Nutzenmaximierung eingesetzt werden[94].

Unter Berücksichtigung dieser beiden Annahmen wird die Höhe der Transaktionskosten (und damit implizit auch die Make-or-Buy-Entscheidung) von fol-

---

[91] Vgl. hierzu insbesondere Picot, A. / Reichwald, R. / Schönecker, H. G., 1985a und 1985b.

[92] Siehe Williamson, O. E., 1974, 1975, 1979, 1981, 1985, 1986.

[93] "Bounded rationality involves neurophysiological limits on the one hand and language limits on the other. The physical limits take the form of rate and storage limits on the powers of individuals to receive, store, retrieve, and process information without error" (siehe Williamson, O. E., 1975 : 21).

[94] "Opportunistic behaviour (...) involves making false or empty, that is, self-disbelieved, threats and promises in the expectation that individual advantage will thereby be realized" (siehe Williamson, O. E., 1975 : 26).

genden Variablen beeinflußt[95]:

5.2.1 Mehrdeutigkeit der Transaktionssituation

Hierunter sind Probleme bei der Einschätzung des Wertes der fraglichen Güter oder Dienstleistungen zu verstehen, die aufgrund unvollkommener Informationen im Rahmen einer Transaktion entstehen (beispielsweise aufgrund mangelnder Vergleichs- oder Meßmöglichkeiten). Folgende Faktoren können zu diesem Problem führen:

- Zur Durchführung der Transaktion sind spezifische Investitionen zu tätigen. Gibt es für diese Investitionen keine oder kaum alternative Verwendungsmöglichkeiten, so wird einerseits die Leistungsbewertung erschwert (da entsprechende Vergleichsmöglichkeiten fehlen) und es besteht andererseits die Gefahr, sich durch diese spezifische Investition in die Abhängigkeit des Transaktionspartners zu begeben. Beide Faktoren führen zu erhöhten Kosten bei Formulierung und Abschluß von Verträgen.

- Es gibt nur eine kleine Zahl alternativ verfügbarer Transaktionspartner. Liegt eine solche Situation vor, entstehen relativ höhere Kosten bei der Suche nach geeigneten Transaktionspartnern. Ferner besteht auch hier die Gefahr der Abhängigkeit, insbesondere in Verbindung mit transaktionsspezifischen Investitionen. Denkbar ist hier etwa ein Fall, bei dem ein Produzent seinen Produktionsprozeß vollständig auf die Bedürfnisse seines wichtigsten Kunden abgestellt hat. Dieser Kunde hat ceteris paribus die Möglichkeit, eine "Quasi-Rente"[96] in Höhe der Umstellungskosten des Produzenten abzuschöpfen[97]. Je höher die Ressourcenspezifität und je geringer die Zahl alternativer Transaktionspartner, desto höher ist das Risiko, dem opportunistischen Verhalten des Partners ausgesetzt zu sein und desto höher sind die Aufwendungen, sich im Rahmen von Ver-

---

[95] Vgl. hierzu Williamson, O. E., 1985 : 52ff.

[96] Vgl. zum Begriff der "Quasirente" beispielsweise Alchian, A. A., 1984 : 37.

[97] Vorausgesetzt, er befindet sich nicht ebenfalls in einer Abhängigkeitssituation von diesem Produzenten.

trägen gegen dieses opportunistische Verhalten des Vertragspartners zu schützen.

- Die Informationen über die Qualität des Transaktionsobjektes sind asymmetrisch verteilt. Das Problem der asymmetrischen Verteilung von Informationen taucht insbesondere bei solchen Gütern und Dienstleistungen auf, deren Qualitätsmerkmale vor dem Kauf durch bloße Inspektion nicht sicher erkannt werden können. P. Nelson unterscheidet zwischen "search" bzw. "inspection goods" (also Gütern, deren Qualitätsmerkmale vor dem Kauf festzustellen sind) und "experience goods" (d.h. Gütern, deren Qualitätsmerkmale erst durch Erfahrung beim Gebrauch erfaßt werden können)[98].

Liegt bei "experience goods" eine asymmetrische Informationsverteilung in dem Sinne vor, daß der Verkäufer, nicht aber der Käufer über die Qualität des Gutes oder der Dienstleistung informiert ist, so ist der Käufer dem opportunistischen Verhalten des Verkäufers weitgehend "ausgeliefert", wenigstens aber muß er damit rechnen, vom Verkäufer unrichtige Angaben über die Qualität des betreffenden Gutes zu erhalten. Welche Auswirkungen eine asymmetrischen Informationsverteilung auf das Marktgleichgewicht haben kann, hat G.A. Akerlof am Beispiel des Handels mit Gebrauchtwagen ("Lemon"-Fall) untersucht. Seine Analyse ergibt, daß unter bestimmten Voraussetzungen eine solche Situation zu Marktversagen führen kann[99]:

Im Gebrauchtwagenhandel verfügt in der Regel der Verkäufer über solidere Qualitätsinformationen als die potentiellen Käufer. Sind diese nicht in der Lage, vor dem Kauf zwischen guter und schlechter Qualität zu unterscheiden, bildet sich für alle Gebrauchtwagen unterschiedlicher Qualitäten ein einheitlicher mittlerer Preis. Da somit das Angebot überdurchschnittlicher Qualität mit Verlusten für die Anbieter verbunden ist, unterbleibt es. Das Absinken der durchschnittlichen Qualität führt nach entsprechenden Erfahrungen der Käufer zu einem

---

[98] Vgl. hierzu Nelson, P., 1970, 1974, 1981 und Hirshleifer, J., 1973.

[99] Vgl. hierzu Akerlof, G. A., 1970.

weiteren Absinken des Preises (Akerlof-Prozeß)[100]. Gute Qualität wird so zunehmend von schlechter Qualität verdrängt; der Markt versagt[101][102].

Zur Determinante "Mehrdeutigkeit der Transaktionssituation" läßt sich zusammenfassend folgendes festhalten: Je spezifischer die für eine Transaktion notwendigen Investitionen, je geringer die Zahl alternativer Transaktionspartner und je asymmetrischer die Informationsverteilung über die Qualität des Transaktionsobjektes, desto höher sind die Suchkosten bezüglich geeigneter Transaktionspartner, desto höher sind die Kosten, sich in Form detaillierter Verträge gegen das mögliche opportunistische Verhalten des Transaktionspartners zu schützen, desto höher sind die Kosten die für eine Überwachung der Vertragstreue des Transaktionspartners aufzuwenden sind und damit desto höher die Transaktionskosten.

5.2.2 Unsicherheit der Umwelt

Als weitere Determinante führt Williamson den Begriff der Unsicherheit ein. Er meint damit insbesondere die Unsicherheit über die zukünftigen Umweltzustände, unter denen vertraglich vereinbarte Leistungen zu erbringen und zu verwenden sind. Werden mögliche alternative Umweltzustände bei Abschluß von Verträgen in Form bedingter Alternativvereinbarungen berücksichtigt, so komplizieren sie den Einigungsprozeß erheblich. Die Kosten für die Vereinbarung, die Fixierung

---

[100] Vgl. hierzu auch Kunz, H., 1985 : 46ff.

[101] Akerlof verweist allerdings darauf, daß durch die Übernahme von Garantie-Verpflichtungen einzelner Anbieter der Zusammenbruch des Marktes verhindert wird.

[102] Das Transaktionsobjekt "Information" ist ein weiteres Beispiel für die Problematik der asymmetrischen Verteilung von Informationen. Der Wert einer Information kann vom Käufer erst beurteilt werden, wenn sie für ihn verfügbar, d.h. deren Inhalt für ihn bereits bekannt ist. Er kann deshalb allenfalls ex post ermitteln, ob die Nachfrage nach Informationen aus seiner Sicht (im Sinne einer Grenzkosten-Grenznutzen-Analyse) optimal war oder nicht. Verfügt er aber über den Inhalt der Information, besteht für ihn kein Grund mehr, seine Präferenzen wahrheitsgemäß zu offenbaren und einen dem Nutzen der Information adäquaten Preis zu bezahlen ("Informations-Paradoxon"). In der betrieblichen Entscheidungssituation entzieht sich also das Informationsverhalten weitgehend einer rationalen Kalkulation, es ist vielmehr subjektiven, durch Erfahrungen gestützten Erwägungen unterworfen (vgl. hierzu etwa Picot, A., 1982 : 272).

und die Kontrolle von Verträgen, aber auch die Anpassungskosten (beispielsweise die Vorhaltung von Flexibilitätsreserven) steigen. Versucht man sich dagegen erst nach dem Eintreten veränderter Umweltbedingungen mit dem Vertragspartner auf neue Konditionen zu einigen, besteht Ungewißheit, ob und in welchem Ausmaß der Partner bereit und in der Lage ist, Anpassungen der ursprünglich vereinbarten Leistungen an geänderte Daten vorzunehmen. Auch in diesem Fall sind wahrscheinlich hohe Anpassungskosten in Kauf zu nehmen. Erhöhte Umweltunsicherheit führt also (insbesondere bei langfristigen Vereinbarungen) zu erhöhten Vertrags- und Anpassungskosten und damit zu erhöhten Transaktionskosten.

5.2.3 Häufigkeit der Transaktion

Neben der Mehrdeutigkeit und der Unsicherheit wird von Williamson die Häufigkeit von Transaktionen als die Höhe der Transaktionskosten beeinflussendes Kriterium genannt. Dahinter verbirgt sich die Überlegung, daß mit zunehmender Häufigkeit gleicher oder ähnlicher Transaktionen die Wahrscheinlichkeit einer "Fixkostendegression" besteht, etwa, indem hohe Kosten der Erstvereinbarung auf eine wachsende Zahl von Transaktionen umgerechnet werden können. Weiterhin ist unter Umständen mit Lerneffekten (beispielsweise durch das Entdecken vereinfachter Abwicklungsverfahren) und mit economies of scale (etwa durch die Spezialisierung der Partner auf bestimmte Transaktionsprobleme) zu rechnen. Bei zunehmender Häufigkeit ist also mit einer Abnahme der Durchschnittskosten pro einzelner Transaktion zu rechnen[103].

Bezogen auf die bereits erwähnte Make-or-Buy-Entscheidung führen unterschiedliche Ausprägungen der oben genannten Determinanten, gleiche Produktionskostenstrukturen (incl. Transportkosten) vorausgesetzt, zu folgenden Ergebnissen:

- Sind zur effizienten Nutzung des fraglichen Gutes keine oder nur unwesentliche spezifische Investitionen zu tätigen, ist die Zahl der möglichen Transaktionspartner hoch, besteht keine asymmetrische Verteilung von Informationen be-

---

[103] Vgl. hierzu Picot, A., 1982 : 272.

züglich der Qualitätsmerkmale des Gutes, ist die Unsicherheit bezüglich zukünftiger Rahmenbedingungen gering und die Zahl zu erwartender Transaktionen hoch, dann ist der Bezug der betreffenden Ressource über eine Markttransaktion die effizientere Lösung. Diese Voraussetzungen sind insbesondere bei standardisierten und weitgehend ausgereiften Vorprodukten gegeben. Zu denken wäre hier beispielsweise an die Entwicklung im Industriebereich Druck und Papier. Hier bestünde, wenigstens für sehr große Druckereien, die Möglichkeit, das von ihnen benötigte Papier selbst erzeugen. Dies ist jedoch nicht der Fall[104]. Spezifische Investitionen für eine Verarbeitung des Produktes Papier sind im Druckereigewerbe erwartungsgemäß nicht (mehr) zu tätigen. Die Zahl der Anbieter von Papier ist relativ groß, die Gefahr einer Abhängigkeit also relativ gering. Die Qualität des Papiers ist dem Käufer (weitgehend) bereits vor dem Kauf bekannt. Unsicherheiten über zukünftige Entwicklungen bestehen zwar, sind jedoch relativ gering (so ist kaum damit zu rechnen, daß in absehbarer Zeit neue und wesentlich kostengünstigere Methoden zur Papierherstellung entwickelt werden. Auch die Entdeckung bis jetzt noch nicht bekannter Datenträger, die das Medium Papier in absehbarer Zeit völlig ersetzen könnten ist zwar nicht auszuschließen, insgesamt jedoch relativ gering). Die Zahl der Transaktionen, also der Kauf bestimmter Papiermengen, ist erwartungsgemäß hoch, die Möglichkeit, die Durchschnittskosten pro Transaktion z. B. durch eine zunehmende Standardisierung der Verträge zu senken, also gegeben.

- Sind dagegen zur Nutzung des Gutes erhebliche und spezifische Investitionen zu tätigen, ist die Zahl möglicher Transaktionspartner gering, sind die Informationen über die Qualität des fraglichen Gutes asymmetrisch verteilt, besteht eine hohe Unsicherheit bezüglich zukünftiger Entwicklungen und ist die Zahl zu erwartender Transaktionen gering, dann ist eine Eigenerstellung die effizienteste Lösung. Zu denken wäre hier beispielsweise an die Praxis größerer Unternehmen und Banken, ihren Führungsnachwuchs im eigenen Hause bzw. in eigens dafür geschaffenen Akademien auszubilden. Es ist kaum anzunehmen, daß diese Institutionen a priori über "Produktionskostenvorteile" bei der Ausbildung von Personal verfügen. Bei einer reinen "Produktionskosten"-Betrachtung des Aus-

---

[104] Vgl. hierzu Grefermann, K., 1980 und 1986.

bildungsproblems von qualifiziertem Nachwuchs spricht also zunächst nichts für eine unternehmensinterne Lösung. Unter Berücksichtigung der Transaktionskosten ergibt sich jedoch ein modifiziertes Bild. Die Investitionen in die Ausbildung dieses Führungsnachwuchses sind in hohem Maße unternehmens- und aufgabenspezifisch, die Zahl geeigneter Institutionen eher gering, so daß die Gefahr einer Abhängigkeit von einer solchen Ausbildungsinstitution sehr hoch wäre. Gleichzeitig sind die Informationen über die Qualität der Ausbildung in hohem Maße asymmetrisch verteilt. Der Arbeitgeber kann erst nach einer längeren Erfahrungszeit die Qualifikation des neuen Mitarbeiters auch nur annähernd abschätzen (daran ändern auch die diversen Einstellungstests nur wenig). Über den zukünftigen Bedarf an entsprechend qualifizierten Mitarbeitern besteht relativ hohe Unsicherheit, d.h. es ist sinnvoll, das Angebot frühzeitig selbst steuern zu können. Die Einbeziehung der Transaktionskosten in die "Make-or-Buy-Entscheidung" macht die Tendenz großer Unternehmen und Banken verständlich, qualifizierten Führungsnachwuchs im eigenen Hause auszubilden.

5.3 Implikationen einer dynamischen Betrachtungsweise des Transaktionskostenansatzes

Neben der statischen Analyse von "Make-or-Buy-Entscheidungen" unter Berücksichtigung der Transaktions- und der Organisationskosten sind in der entsprechenden Literatur erste Ansätze zu einer dynamischen Strukturanalyse mit Hilfe des Transaktionskosten-Ansatzes unternommen worden[105]. Ziel dieser Ansätze ist es, den Wandel institutioneller Koordinationsformen im Zeitablauf zu erklären.

O. E. Williamson verwendet hier beispielhaft die Entwicklung des Eisenbahnsektors im Nordamerika des 19. Jahrhunderts[106]:

Die ersten Eisenbahngesellschaften verfügten zunächst über kurze Streckenabschnitte mit relativ geringem Verkehrsaufkommen. Um jedoch bei den hohen

---

[105]   Vgl. hierzu etwa Williamson, O. E., 1981 : 151ff; North, D. C. / Thomas, R. P., 1973 oder Picot, A., 1982 : 280ff.

[106]   Siehe Williamson, O. E., 1981 : 1551ff.

Fixkosten rentabel arbeiten zu können, bedurfte es langer Fahrstrecken mit hohem Verkehrsaufkommen. Unter diesen Umständen lag eine Koordination der Aktivitäten der einzelnen Eisenbahngesellschaften nahe. Diese Koordination wäre prinzipiell durch den Abschluß von Verträgen zwischen den Eisenbahngesellschaften, also durch Markttransaktionen, denkbar gewesen. Aus der Tatsache, daß es nicht zum Abschluß von Verträgen, sondern zu einer horizontalen Konzentration innerhalb des Eisenbahnsektors kam, folgert Williamson, daß die Transaktionskosten in dieser Situation weitaus höher waren als die entsprechenden Organisationskosten. Die hierarchische Lösung war der reinen Marktlösung unter dem Blickwinkel der Organisationskosten überlegen. Er begründet dies mit der außergewöhnlich hohen Komplexität der zu regelnden und zu kontrollierenden Sachverhalte (beispielsweise die Regelung gemeinsamer Streckennutzung, die Zuordnung der Kosten für eine Instandhaltung des Schienennetzes, die Zuordnung von Gewinnen etc.; als weiteres Hindernis verweist Williamson auf den Umstand, daß bei einer Marktlösung ein Netz von sich gegenseitig beeinflussenden bilateralen Verträgen hätte entwickelt werden müssen).

Mit der Bildung hierarchischer Strukturen innerhalb des Eisenbahnsektors waren die Anpassungsprozesse jedoch noch keineswegs abgeschlossen. Die bereits angesprochene hohe Komplexität der Koordinationsaufgaben führte auch zu einer Umstrukturierung der bis dahin weitgehend undifferenzierten unternehmensinternen Organisationsstrukturen. Zur Reduzierung der hohen Organisationskosten kam es innerhalb der nunmehr zusammengeschlossenen Unternehmen zur Entwicklung neuer Koordinationsformen wie etwa einer geographisch motivierten Aufteilung in "Divisions" und zur Einführung von "Stabs-" und "Linien"-Strukturen[107].

Während Williamson die **Veränderung von Koordinationssystemen bei konstanter Transaktionskostenstruktur** untersucht, verweisen Wegehenkel und Picot et al. auf die Auswirkungen von **sich im Zeitverlauf verändernden Transaktionskosten**[108]. So kann eine Erhöhung der Transaktionskostenstruktur (etwa durch kompliziertere rechtliche Rahmenbedingungen, durch das Aufkommen neuer Technologien oder die Ausweitung der Handelsbeziehungen auf neue Länder) dazu führen, daß eine Spezialisierung auf die Unterstützung oder die Abwicklung derartiger komplexer Transaktionsprobleme Raum für die Gründung neuer Unternehmen bietet. Voraussetzung ist allerdings, daß derartige Situationen erkannt

---

[107] Siehe hierzu auch Boessmann, E., 1983 : 110f.

[108] Siehe Wegehenkel, L., 1980 und 1981 sowie Picot, A. / Laub, U.-D. / Schneider, D., 1989.

und in unternehmerisch tragfähige Konzepte umgesetzt werden können[109]. Eine unternehmerische Betätigung bei der Ausnutzung solcher Spezialisierungsvorteile kann als systematische "Erosion" von Transaktionskosten interpretiert werden[110]. A. Picot differenziert unter Bezugnahme auf ein Innovationsphasen-Modell zwischen drei verschiedenen Koordinations-Funktionen[111]:

Der Informationskoordinator sammelt und verarbeitet markt-, technik- und unternehmensbezogene Daten und generiert aus der Gesamtheit der Wissensfragmente neue Produkt- oder Prozeßideen, neue Finanzierungs- oder Vermarktungsstrategien aber auch neue Normen und Regeln (beispielsweise DIN-Normen, Warenzeichen etc.). Die Umsetzung dieser neuen Ideen in fertige Produkte sowie die Markteinführung werden dabei von dem Informationskoordinator nicht notwendigerweise selbst vorgenommen. Durch seine Spezialisierung auf die Erfassung und Umsetzung von innovationsrelevanten Informationen bzw. durch das Generieren standardisierender Normen entlastet der Informationskoordinator die anderen Wirtschaftssubjekte von zeitraubenden und unter Umständen sehr kostenitensiven Informationsaufgaben. Die ökonomische Tragfähigkeit eines solchen Unternehmenskonzeptes ist (theoretisch) immer dann gegeben, wenn die unternehmensinternen Aufwendungen des Informationskoordinators durch die Transaktionskosteneinsparungen der anderen Marktteilnehmer nicht überkompensiert weren[112]. Beispiele für solche Informationskoordinatoren sind Unternehmens- und

---

[109] Daß die Umsetzung dieser Spezialisierungsvorteile in tragfähige Unternehmenskonzepte häufig mit großen Schwierigkeiten verbunden ist, zeigen die jüngsten Erfahrungen bei der Gründung kommerzieller Informationsvermittlungsstellen (vgl. zu dieser Problematik etwa Schmidt, R., 1987 und 1988; Bräunling, G., 1982).

[110] Vgl. hierzu Wegehenkel, L., 1980 : 30ff und 1981 : 23ff.

[111] Vgl. hierzu Picot, A. / Laub, U.-D. / Schneider, D., 1989 : 30ff.

[112] Es gilt allerdings zu beachten, daß aufgrund des bereits angesprochenen "Informationsparadoxons" ein Anreiz zur Offenbarung der wahren Präferenzen für Informationen nicht in jedem Falle besteht. Die Offenbarung der wahren Präferenzen ist jedoch notwendige Voraussetzung für eine dem Marginalprinzip entsprechende Entlohnung des Anbieters von Informationen. Aus diesem Grund werden die Dienstleistungen solcher (ökonomisch möglicherweise durchaus tragfähiger) Informationskoordinatoren häufig nicht kommerziell, sondern durch öffentliche oder halböffentliche Institutionen angeboten (man denke hier beispielsweise an das teilweise durch Mittel des Bundes finanzierte DIN, an Normungsaktivitäten verschiedener

Innovationsberater, Banken (mit entsprechenden Dienstleistungsangeboten), Steuerberater oder Patentanwälte.

Der Ressourcenkoordinator sammelt und koordiniert Informationen über Anbieter und Nachfrager von Forschungs-, Entwicklungs-, Produktions- oder Finanzierungsressourcen. Auch diese Institutionen reduzieren Transaktionskosten (genauer Informations- und Suchkosten) durch Spezialisierung. Beispiele für solche ressourcenkoordinierende Institutionen sind Kooperationsbörsen und Kooperationsdatenbanken (z.B. vom DIHT, von der EG, von Industrie- und Handelskammern), aber auch bei privaten Unternehmensberatern nimmt die Vermittlung von Kooperationspartnern inzwischen breiten Raum ein[113].

Der Marktkoordinator schließlich bezieht seine Existenzberechtigung aus der relativen Intransparenz von Märkten. Durch seine hohe Spezialisierung auf spezifische Branchen oder Branchensegmente gewinnt er einen Informationsvorsprung gegenüber anderen Marktteilnehmern. Aufgrund dieses spezialisierten Branchenwissens ist er in der Lage, die Austauschpräferenzen von Anbietern und Nachfragern zu koordinieren. Teile dieser durch die Erhöhung der Markttransparenz erzielten Transaktionskostensenkung eignet sich der Marktkoordinator in Form von Arbitragegewinnen an. Ein Beispiel für einen solchen Marktkoordinator findet sich bei Cheung[114]:

"Let us begin with the case of a middleman in Hong Kong who buys shirts from manufacturers by piece count and sells them to an importer in the United States. He shops around, gathers samples, makes offers, and quotes prices to his clients. Seldom will he tell a manufacturer what to produce, and never will he tell the factory workers what to do. He makes his living by specialization: he makes contracts, learns the preferences of a particular market, and has a good knowledge of prices"[115].

Industrieverbände oder an die staatlich geförderten Informationsberatungsstellen).

[113] Vgl. hierzu etwa Herden, R., 1990 : 88.

[114] Siehe Cheung, S., 1983 : 11. Zitiert bei Picot, A. / Laub, U.-D. / Schneider, D., 1989 : 37.

[115] Weitere Beispiele für Marktkoordinatoren finden sich beispielsweise bei Pennings, J. M., 1980 : 148ff, bei Alchian, A., 1984 : 43 oder bei Lachmann, L. M., 1986 : 6ff.

Ebenso, wie durch zunehmende Komplexität der Umwelt und damit steigende Transaktionskosten Raum für das Entstehen neuer, transaktionskostensenkender Institutionen geschaffen wird, kann durch eine Reduktion der Komplexität staatlicher, wirtschaftlicher oder gesellschaftlicher Rahmenbedingungen einzelnen Institutionen die Existenzgrundlage entzogen werden. Picot verweist in diesem Zusammenhang auf das "Vergehen bestimmter Unternehmenstypen" (Großhandelssterben) durch die Diffusion moderner Kommunikationstechniken[116].

Neben einer Interpretation der Genese effizienter Koordinationsformen bei konstanten Transaktionskosten und dem Entstehen und dem Vergehen von Institutionen bei sich verändernden Transaktionskosten leistet eine dynamische Transaktionskostenanalyse auch einen Erklärungsbeitrag zum Entstehen von Mehrprodukt-Unternehmungen. Die Argumentation bezieht sich dabei auf folgende Überlegungen[117]:

Die bei der Produktion von Gütern und Dienstleistungen gewonnenen Erfahrungen und Fähigkeiten, die sich im Laufe der Zeit in einer Unternehmung ansammeln, sind häufig nicht nur auf das aktuelle Produktionsprogramm anwendbar, sondern besitzen verallgemeinerungsfähige Aspekte, lassen sich also prinzipiell auch auf andere Produkte und Produktionsverfahren anwenden. Einige dieser Potentiale sind offensichtlich, lassen sich also eindeutig identifizieren, beschreiben und marktlich bewerten (der Einsatz flexibler Fertigungssysteme ist ein besonders anschauliches Beispiel für solche Potentiale). Andere Potentiale, wie beispielsweise das bei der Verarbeitung oder Veredelung bestimmter Materialien gewonnene Know-how, lassen sich dagegen nur schwer beschreiben und kaum adäquat marktlich bewerten.

Im Laufe der Zeit kann es innerhalb eines Unternehmens aus verschiedenen Gründen zur Ansammlung überschüssiger Ressourcen kommen. Diese können etwa durch die Realisierung von Lerneffekten, durch einen Nachfragerückgang oder durch Unteilbarkeiten entstehen. Unter der Voraussetzung des Strebens

---

[116] Siehe Picot, A., 1982 : 280.

[117] Siehe Picot, A., 1982 : 280.

nach Gewinnmaximierung wird das Unternehmen prüfen, ob und wie diese freien Ressourcen einer neuen und effizienten Verwendung zuzuführen sind. Prinzipiell besteht die Möglichkeit, diese überschüssigen Ressourcen zu veräußern bzw. zu verpachten oder sie selbst, d.h. innerhalb der eigenen Unternehmung zu nutzen. Von der Höhe der Transaktionskosten hängt es letztlich ab, welche dieser beiden Möglichkeiten sich als die effizienteste Lösung erweist.

Treten keine besonderen Transaktionsprobleme auf, sind die Transaktionskosten also gering, so besteht kein Grund, das eigene Produktionsprogramm mit Hilfe dieser Ressource auszuweiten. Die effizienteste Lösung ist ein Verkauf oder eine Vermietung der freien Ressource an andere Akteure. Beispiele für solche Situationen sind etwa die Verpachtung frei gewordenen Lagerraumes, der Verkauf von Standardmaschinen, die Entlassung nicht spezialisierter Arbeitskräfte oder die Anlage freier Finanzmittel auf dem Kapitalmarkt.

Ist eine Vermietung oder ein Verkauf von freien Ressourcen dagegen mit relativ hohen Transaktionskosten verbunden, bietet sich nur eine Eigenverwendung als effiziente Lösung an. Je schwieriger die freien Ressourcen auf dem Markt zu adäquaten Preisen zu veräußern oder zu vermieten sind, je höher also die mit einer Markttransaktion verbundenen Kosten, desto höher ist der Anreiz, diese in verwandten Produktions- und Absatzbereichen unternehmensintern einzusetzen. Beispiele für solche spezifischen Ressourcen sind etwa qualifiziertes Personal mit firmenspezifischen Humankapitalinvestitionen oder spezialisierte Produktionsanlagen.

Das Entstehen freier Ressourcen allein kann also die Entwicklung von Mehrproduktunternehmen nicht in hinreichender Weise erklären. Nur durch die Existenz von hohen Transaktionskosten bei einer Veräußerung dieser Ressourcen auf dem Markt läßt sich die Entwicklung von Mehrproduktunternehmen als Folge frei werdender Kapazitäten begründen.

5.4 Kritik am Transaktionskostenansatz

Der Transaktionskostenansatz ist, wie bereits eingangs erwähnt, nicht als Substitut sondern als Ergänzung und Modifikation der neoklassischen Theorie zu interpretieren. Ausgangspunkt von Coase (und später Williamson) war die Erkenntnis, daß die Realität durch die in der Neoklasssik getroffenen Annahmen der Existenz vollkommener Information, unendlich hoher Anpassungsgeschwindigkeit der Produktions- und Konsumpläne sowie der ausschließlich zweckrationalen und nutzenmaximierenden Handlungsweise der einzelnen Wirtschaftssubjekte nur unzureichend abgebildet werden kann. Durch die Aufhebung dieser Annahmen und die explizite Berücksichtigung der mit der Existenz unvollkommener Informationen und nur begrenzt rationaler Handlungsweise der einzelnen Wirtschaftssubjekte verbundenen Kosten einer Markttransaktion sollte ein Erklärungsbeitrag zur Existenz unterschiedlicher Koordinationsformen ökonomischen Handelns und später auch zur Genese von Institutionen geliefert werden. Diese auf dem Marginalprinzip beruhende Erweiterung der klassischen Make-or-Buy-Entscheidung um die Transaktions- bzw. Organisationskosten (additiv zum gängigen Produktions- und Transportkostenvergleich) fand in der aktuellen Diskussion durchaus Zustimmung. Die dennoch häufig geäußerten Zweifel am Erklärungswert des Transaktionskostenansatzes lassen sich zu zwei Einwänden zusammenfassen[118].

5.4.1 Ungenügender Nachweis der empirischen Evidenz

Der erste Einwand in der entsprechenden Literatur[119] bezieht sich auf die mangelnde Operationalisierung des Transaktionskosten-Begriffes und damit verbunden auf die bisher nur in unzureichendem Maße vorhandenen empirischen Untersuchungen zur praktischen Evidenz der Transaktionskosten. Tatsächlich gibt es bis heute, abgesehen von einigen Fallstudien[120], die aus der Existenz konkreter Koordinationsformen retrospektiv auf die Existenz spezifischer Koor-

---

[118] Zu einer kritischen Auseinandersetzung mit dem Transaktionskostenansatz und der "neuen institutionellen Ökonomie" siehe insbesondere auch Schmid, R. / Deutschmann, C. / Grabher, G., 1988.

[119] Vgl. hierzu etwa Bössmann, E., 1981 : 671ff.

[120] Siehe hierzu etwa Cheung, S., 1969; Wilson, J.A., 1980; Williamson, O.E., 1981 oder Lazonick, W., 1981.

dinationskosten-Strukturen schließen, nur relativ wenige empirische Untersuchungen, die eine Messung der Höhe oder der zeitlichen Veränderung von Transaktionskosten zum Inhalt haben.

Häufig zitiert wird in diesem Zusammenhang eine 1968 von H. Demsetz veröffentlichte Untersuchung[121] zur Messung der Transaktionskosten an der New Yorker Wertpapierbörse. Bezogen auf das Jahr 1965 kommt diese Untersuchung zu dem Ergebnis, daß ca. 1,3% des Wertes der an der Börse gehandelten Wertpapiere auf Transaktionskosten entfallen. Bei der Betrachtung dieses (auf den ersten Blick relativ geringen) Wertes ist zu berücksichtigen, daß die an einer Wertpapierbörse gegebenen Bedingungen den neoklassischen Annahmen _relativ_ nahe kommen, die zu erwartenden Transaktionskosten also hier vergleichsweise gering sind.

Zu deutlich anderen Ergebnissen kommt die zweite, ebenfalls häufig zitierte Studie zur Messung von Transaktionskosten. J.J. Wallis und D.C. North stellen in ihrer 1986 veröffentlichten Untersuchung fest, daß sich der meßbare Anteil der Transaktionskosten am Bruttosozialprodukt in Nordamerika von rund 25% im Jahre 1870 auf rund 50% im Jahre 1970 erhöht hat[122].

Wie dieser kurze Überblick zeigt, bestehen bezüglich der Messung und der konkreten Höhe von Transaktionskosten in der entsprechenden Literatur noch erhebliche Unsicherheiten. Der Bedarf an zusätzlichen empirisch orientierten Studien und die Notwendigkeit einer tragfähigeren Operationalisierung des Transaktionskosten-Begriffes ist nicht zu bestreiten. Entscheidender als eine exakte Messung der Transaktionskostenhöhe ist für die vorliegende Untersuchung jedoch, "daß die auf Coase zurückzuführende Betrachtungsweise die ökonomische Analyse um eine äußerst wichtige Dimension bereichert hat, weil sie zu einem vertieften Verständnis der "Struktur" ökonomischer Systeme und ihrer Veränderungen geführt

---

[121] Siehe Demsetz, H., 1968.

[122] Siehe Wallis, J.J. / North, D.C., 1986 : 120ff.

hat"[123]. Die Organisation ökonomischen Handelns, die Form und Intensität der Arbeitsteilung zwischen einzelnen Wirtschaftssubjekten ist nicht nur abhängig von Produktionsfunktionen und **Produktionskosten**-Strukturen sondern auch von sich im Zeitverlauf verändernden **Organisationskosten**-Strukturen.

5.4.2 Die unzureichende Abbildung der Realität durch die Markt-Unternehmens-Dichotomie

Der zweite (für die hier vorliegende Untersuchung entscheidende) Einwand gegen den Transaktionskostenansatz wurde 1972 erstmals von G.B. Richardson formuliert:

"I was once in the habit of telling pupils that firms might be envisaged as islands of planned co-ordination in a sea of market relations. This now seems to me a highly misleading account of the way in which industry is in fact organised...[The dichotomy between firm and market] ignores the existence of a whole species of industrial activity which ... is relevant to the manner in which coordination is achieved.... What I have in mind is the dense network of co-operation ... by which firms are inter-related"[124].

Bei der Frage, ob und unter welchen Bedingungen Eigenfertigung oder Fremdbezug die jeweils optimale Lösung darstellen, hat die Erweiterung einer auf Produktionskostenvergleichen basierenden Make-or-Buy-Entscheidung um die neue Kategorie der Transaktionskosten einen wichtigen Beitrag zu einer realitätsnäheren und damit effizienteren Bewertung geliefert. Was bei den Analysen zur optimalen Unternehmensgrenze allerdings bisher nur selten berücksichtigt wurde, ist die Tatsache, daß es neben den beiden Koordinationsmechanismen Markt und Unternehmung eine Vielzahl weiterer Formen der Ressourcenallokation gibt. Die Optionen, Ressourcen per Anweisung zu koordinieren (im Unternehmen) oder diese Koordination den Preisen auf einem "anonymen" Markt zu überlassen, stellen in der Praxis nur die beiden Extrempunkte einer ganzen Bandbreite unterschiedlicher Koordinationsmechanismen dar. Diese unterschiedlichen Formen der Res-

---

[123] Siehe Bössmann, E., 1981 : 673.

[124] Siehe Richardson, G.B., 1972 : 883.

sourcenkoordination zeichnen sich alle gemeinsam dadurch aus, daß die Beziehung zwischen zwei (oder mehr) Akteuren aus einer Mischung marktlicher und hierarchischer Strukturen besteht. Sie unterscheiden sich jedoch gegenseitig durch ihr spezifisches "Mischungsverhältnis". Betrachtet man beispielsweise die Beziehung zwischen einem Zulieferer und seinem Abnehmer so sind u.a. folgende Beziehungsarten denkbar:

Der Abnehmer richtet sich bei seiner Kaufentscheidung ausschließlich nach dem Preis des angebotenen Gutes. Dieser Preis kann durch den Abnehmer nicht beeinflußt werden (vollkommene Konkurrenz). Es besteht auch sonst keinerlei Abhängigkeitsverhältnis zwischen beiden Akteuren. Kommt unter diesen Bedingungen ein Kauf zustande, handelt es sich hierbei um eine reine Markttransaktion.

Eine rein hierarchisch determinierte Beziehung besteht dagegen, wenn der Zulieferer sich den Anweisungen des Abnehmers beugt und beugen muß, weil beispielsweise dieser Abnehmer eine Mehrheitsbeteiligung am Zulieferer-Unternehmen hält, weil der Zulieferer auch in absehbarer Zukunft keine Möglichkeit hat, seine Produkte an einen anderen Marktteilnehmer zu verkaufen (Monopolsituation) oder weil er durch gesetzliche Bestimmungen an die Weisungen des Abnehmers gebunden ist.

Zwischen diesen beiden Extrempunkten liegen eine Vielzahl denkbarer Varianten. Der Zulieferer kann von dem Abnehmer in der Form abhängig sein, daß er mit diesem den Hauptanteil seines Umsatzes bestreitet und nur schwer neue Abnehmer finden könnte. Der Abnehmer andererseits kann von seinem Zulieferer abhängig sein, weil nur dieser ihm das entsprechende Gut zeitgerecht oder mit den notwendigen Spezifikationen liefern kann. Solche Beziehungen enthalten, bedingt durch die jeweils relativ große einseitige Abhängigkeit, starke hierarchische Elemente. Dennoch sind beide Akteure soweit voneinander unabhängig, daß die Anweisung des einen Partners nicht in jeden Fall ausgeführt werden muß. Solche Beziehungsarten befinden sich auf der eben skizzierten "Skala" in der Nähe rein hierarchischer Koordinationsformen. Auf der anderen Seite kann eine Beziehung dadurch gekennzeichnet sein, daß durch Erfahrungen im Zuge lange anhaltender Geschäftsbeziehungen beim Abnehmer relative Sicherheit über die

Liefertreue des Zulieferers besteht. Bis zu einem gewissen Grade wird der Abnehmer möglicherweise bereit sein, diese Sicherheit durch einen etwas höheren als den üblichen Marktpreis zu honorieren. Eine solche Beziehung ist auf der imaginären "Skala" in der Nähe reiner Marktbeziehungen anzusiedeln, grenzt sich gegenüber dieser jedoch dadurch ab, daß der Marktpreis nicht, wie in der Neoklassik unterstellt, das einzig ausschlaggebende Argument bei einer Kaufentscheidung ist.

Die Liste von Beispielen für weitere Beziehungsarten zwischen den beiden "Extrema" Markt und Hierarchie könnte fast beliebig fortgesetzt werden. Wichtiger scheint es jedoch, die Transaktionskostenstruktur solcher Beziehungssituationen zu betrachten. Zu diesem Zweck sollen die wichtigsten Determinanten für die Kosten einer Transaktion noch einmal herangezogen werden. Die von Williamson identifizierten Determinanten der Transaktionskosten waren:

- Mehrdeutigkeit der Transaktionssituation, d.h. Höhe der transaktionsspezifischen Investitionen, Zahl der Transaktionspartner und Informationsverteilung über das Transaktionsobjekt;

- Grad der Unsicherheit der Transaktionssituation und

- Häufigkeit der Transaktion.

In den bisherigen Ausführungen zum Transaktionskostenansatz wurden nur solche Situationen betrachtet, die eine eindeutige Zuordnung der Make-or-Buy-Entscheidung unter Transaktionskostengesichtspunkten erlaubten. Sind annähernd gleiche Produktionskostenstrukturen gegeben, dann sprechen hohe transaktionsspezifische Investitionen, eine geringe Zahl potentieller Transaktionspartner, eine asymetrische Informationsverteilung über die Qualität des Gutes, hohe Unsicherheit über künftige Entwicklungen sowie eine geringe Häufigkeit potentiell notwendiger Transaktionen für die Eigenfertigung.

Sind zur Durchführung einer Transaktion dagegen keine oder nur geringe transaktionsspezifische Investitionen zu tätigen, ist die Zahl potentieller Transaktionspartner relativ hoch, ist die Qualität des Gutes offensichtlich oder zu geringen Kosten überprüfbar, sind die für die Transaktion relevanten Entwicklungen absehbar und ist die Transaktion in Zukunft sehr häufig durchzuführen, dann ist (annähernd gleiche Produktionskosten vorausgesetzt) der Fremdbezug möglicherweise die effizienteste Lösung. Situationen, die zwischen diesen beiden Extrempunkten Markt und Hierarchie liegen, zeichnen sich dagegen durch folgende Produktions- und Transaktionskostenstrukturen aus:

1. Es liegen große Produktionskostenunterschiede vor, so daß mögliche Transaktionskosten kompensiert werden.

Typisches Beispiel für eine solche Situation ist etwa die Beziehung zwischen einem Hersteller von Spezialmaschinen und dessen Kunden. Steht der Kunde vor der Notwendigkeit, die Effizienz seiner Fertigung zu steigern und zu diesem Zweck eine Reihe neuer Maschinen einzuführen, so spricht die Analyse der Transaktionskosten eindeutig gegen einen Fremdbezug. Die spezifischen Investitionen einer solchen Transaktion sind relativ hoch, insbesondere, wenn der Fertigungsprozeß weitgehend auf diese neuen Maschinen abzustimmen ist. Da es sich außerdem um Spezialmaschinen handelt, ist die Zahl potentieller Transaktionspartner sehr gering. Sind die neuen Maschinen erst eingeführt, steht möglicherweise überhaupt nur noch ein einziger Partner (nämlich der Hersteller) zur Verfügung, um die Maschinen zu warten, zu reparieren oder um wichtige Ersatzteile zu liefern. Die Abhängigkeit vom Hersteller solcher Spezialmaschinen ist also sehr hoch. Besteht zusätzlich große Unsicherheit über die zukünftige Entwicklung moderner Fertigungsverfahren und ist die Zahl potentieller Transaktionen gering, so ist unter Transaktionskostengesichtspunkten ein reiner Marktkauf, d.h. eine Kaufentscheidung die einzig auf Preisvergleichen beruht, äußerst ineffizient und auch unwahrscheinlich. Da andererseits aber eine Eigenerstellung der Maschinen (außer vielleicht bei sehr großen Verwendern) aufgrund der relativ hohen Entwicklungs- und Produktionskosten nicht in Frage kommt, werden die Beziehungen zwischen Herstellern und Verwendern von Spezialmaschinen häufig in dem Kontinuum zwischen Markt und Hierarchie angesiedelt sein[125].

---

[125] Im Rahmen dieses Beispiels sei auf eine Untersuchung verwiesen, die sich u.a. mit der Effizienz unterschiedlicher Beziehungsformen zwischen Herstellern und Verwendern von Textilmaschinen befaßt. In der Untersuchung wird festgestellt, daß die Vorwärtsintegration des US-Amerikanischen Textilmaschinenbaus, d.h. die Einführung hierarchischer Beziehungen, letztlich für den Niedergang dieser Industrie verantwortlich ist (vgl. hierzu Sabel, Ch.F. et al., 1986).

2. Sind die Produktionskosten etwa gleich hoch, dann können andererseits Beziehungssituationen zwischen Markt und Hierarchie durch eine nicht-eindeutige Konstellation der Transaktionskosten-Determinanten gekennzeichnet sein. Als Beispiel sei hier auf die Entwicklung der Textilindustrie in der Region Prato (Norditalien) verwiesen[126]:

Von der Krise der Textilindustrie in den 50er und 60er Jahren wurden auch die großen Textilunternehmen in der Region Prato betroffen. Diese Krise führte (u.a. aus wirtschaftshistorischen Gründen) zu einer "Pulverisierung" der integrierten Großbetriebe und zur Bildung von nahezu 10.000 Klein- und Kleinstunternehmen (häufig reine Familienbetriebe). Entgegen allen Erwartungen gelang es mit dieser veränderten Struktur nicht nur, die Krise zu überstehen, sondern in den folgenden Jahren insbesondere im Export erstaunliche Zuwachsraten zu erzielen. Dieser Erfolg beruht im wesentlichen auf der Tatsache, daß die Produktion von Textilien weder durch hierarchische noch durch rein marktliche Koordinationsmechanismen, sondern durch eine regionale Verflechtungsstruktur kooperativer Beziehungen zwischen den einzelnen Kleinbetrieben organisiert ist. Diese kooperative Struktur beinhaltet zwei wesentliche Elemente:

Zum Einen erfolgte bereits Anfang der siebziger Jahre der Zusammenschluß örtlicher Banken, Gewerkschaften, Handwerks- und Unternehmerverbände zu einem gemeinsamen Projekt mit dem Ziel, neue Fertigungsverfahren entweder selbst zu entwickeln oder von anderer Seite entwickelte Maschinen zu übernehmen und für die spezifischen Bedürfnisse kleiner Unternehmen zu modifizieren. Im Rahmen dieses Projektes wurde weiterhin die Einführung dieser neuen Fertigungsverfahren auf vertikaler Ebene koordiniert und die notwendigen Weiterbildungsmaßnahmen für die Mitarbeiter der betroffenen Betriebe organisiert.

Den zweiten und entscheidenden Wettbewerbsvorteil erlangten die Textilunternehmen der Region Prato durch ihre außerordentlich große Flexibilität bei der Reaktion auf sich verändernde Modetrends. Diese Flexibilität beruht auf einer spezifischen Form des sub-contracting. Zu Beginn einer jeden Modesaison legen alle Unternehmen ihre Kollektionen vor. Die Auftragsbücher derjenigen Unternehmen, deren Kollektionen den jeweiligen Modetrend am besten getroffen haben, sind danach so voll, daß sie diese Aufträge mit ihrer beschränkten Kapazität auch nicht annähernd erfüllen können. Sie vergeben daher Unteraufträge an andere Unternehmen aus der Region, die weniger erfolgreich waren und über freie Kapazitäten verfügen. Im darauffolgenden

---

[126]   Vgl. hierzu Piore, M.J. / Sabel, Ch.F., 1985 : 237ff.

Jahr kann sich dieses Zulieferer-Abnehmer-Verhältnis gerade umkehren. Die Vergabe dieser Unteraufträge erfolgt dabei nicht vordringlich nach dem Preis-Kriterium. Entscheidend ist vielmehr die Homogenität der Fertigungsverfahren, der gleichartige Ausbildungsstand der einzelnen Belegschaften und das auf langjährigen Erfahrungen beruhende Vertrauen in die Zuverlässigkeit des Partners.

Die Effizienz dieses Verflechtungssystems ist unter Produktionskosten-Gesichtspunkten kaum zu erklären, insbesondere wenn man die Existenz von economies-of-scale unterstellt. Sie resultiert vielmehr aus einer Minimierung der situationsspezifischen Transaktions- bzw. Organisationskosten. Gegenüber vertikal integrierten Großunternehmen zeichnet sich dieser sektorale Unternehmensverbund durch eine größere Flexibilität bei der Reaktion auf veränderte Nachfragebedürfnisse aus. Reinen Marktbeziehungen ist er durch eine höhere Stabilität der Beziehungen überlegen, die auf gemeinsam entwickelten bzw. eingeführten Fertigungsverfahren, gemeinsam organisierter Mitarbeiterschulung und auf gegenseitigem Vertrauen in die Zuverlässigkeit des Partners basiert. Zusammenfassend bleibt festzuhalten:

Das Phänomen "Kooperation" läßt sich nicht immer und nicht ausschließlich durch die gegebenen Produktionskostenstrukturen erklären und damit auf eine Frage der optimalen Unternehmens**größe** reduzieren. Wichtig ist in diesem Zusammenhang auch eine Betrachtung der situationsspezifischen Transaktionskostenstruktur, d.h., es ist die Frage nach der optimalen Unternehmens**grenze** zu stellen.

Vor diesem Hintergrund soll im folgenden Abschnitt die Rolle von Transaktionskosten bei der Entwicklung bzw. bei der Integration neuer Produkt- oder Prozeßtechnologien untersucht werden.

5.5 Transaktionskosten und Innovation

Steht ein Unternehmen vor der Notwendigkeit, seine Produkte oder Fertigungsverfahren zu verbessern oder völlig neue[127] Produkte oder Fertigungsverfahren anzubieten bzw. einzusetzen, bieten sich grundsätzlich drei Optionen. Das Unternehmen kann diese Entwicklungen selbst, d.h. im eigenen Hause vornehmen, es kann Neuentwicklungen von anderen Akteuren kaufen oder es kann die notwendigen Entwicklungsarbeiten gemeinsam mit einem oder mehreren anderen Akteuren durchführen.

Die Entscheidung, welche dieser Optionen sich in einer konkreten Situation als die effizienteste erweist, wird, wie in den vorangegangenen Abschnitten dargelegt, durch **zwei** Variablen beeinflußt: durch die Produktionskostenstruktur, d.h. hier durch die Kosten, die bei der Generierung einer Innovation **innerhalb** einzelner Unternehmen entstehen (im folgenden kurz: Entwicklungskosten) und durch die Transaktionskostenstruktur, die die Höhe der Kosten von **Austauschprozessen** zwischen zwei oder mehr Akteuren und damit auch die **Erlöserwartungen** dieser Akteure determiniert.

Im folgenden soll der Einfluß der Transaktionskosten auf die Frage untersucht werden, ob, und wenn ja welche Technologiebereiche teilweise oder gänzlich außerhalb des eigenen Hauses entwickelt bzw. von dort bezogen werden sollen. In welche Richtung beeinflussen die einzelnen Determinanten die Höhe der Transaktionskosten und somit auch die Höhe der Kosten- und Erlöserwartungen der einzelnen Akteure?

Die Höhe der situationsspezifischen Transaktionskosten bei kooperativer Entwicklung oder bei Fremdbezug innovativer Technologien wird, wie bereits gezeigt, durch folgende Determinanten bestimmt:

- Mehrdeutigkeit der Transaktionssituation
- Unsicherheit der Umwelt
- Häufigkeit der Transaktion.

Sie sind, aus Sicht des einzelnen Unternehmens, letztendlich abhängig vom **Infor-**

---

[127] **D.h. für das betrachtete Unternehmen** neue Technologien.

mationsstand über potentielle Partner, über die Funktionsweise und die Relevanz des Transaktionsobjektes (d.h. der innovativen Technologie), über die zukünftigen Rahmenbedingungen innerhalb derer die neue Technologie entwickelt, produziert und verkauft werden soll, sowie durch den Grad der **Abhängigkeit**, in den sich dieses Unternehmen durch die Einbeziehung externen Know-how-Potentials begibt.

Die Höhe der situationsspezifischen Transaktionskosten bei einem teilweisen oder gänzlichen Fremdbezug einer bestimmten Technologie ist also, unter Berücksichtigung der Annahmen Williamsons (unvollkommene bzw. asymmetrisch verteilte Informationen über Partner, Transaktionsobjekt und zukünftige Rahmenbedingungen sowie Gefahr einer opportunistischen Verhaltensweise der Akteure) entscheidend von zwei Faktoren abhängig:

1. Wie hoch ist der (subjektive) Diffusionsgrad der betreffenden Technologie, d.h. wie verbreitet, wie ausgereift und wie standardisiert ist diese Technologie aus Sicht der betroffenen Unternehmung?

2. Wie stark beeinflußt diese (für das betreffende Unternehmen) neue Technologie die Funktionsfähigkeit bzw. die Wettbewerbsfähigkeit der eigenen Produkte? In welchem Ausmaß ist die "technologische Kompetenz" des eigenen Unternehmens von dieser neuen Technologie betroffen?

Der Reife-, Standardisierungs- und Verbreitungsgrad der betreffenden Technologie beeinflußt die Höhe der Transaktionskosten in folgender Weise: Je höher der Verbreitungsgrad, desto mehr potentielle Partner stehen für eine Transaktion zur Verfügung. Je mehr potentielle Partner zur Verfügung stehen, desto geringer sind für den Verwender innovativer Technologien die Such-, Vertrags- und Kontrollkosten und desto geringer ist umgekehrt für den Hersteller die Wahrscheinlichkeit, durch eine Innovation Monopolrenten abschöpfen zu können (desto geringer also auch der durch einen Hersteller bei Eigenentwicklung zu erwartende Innovationserlös). Mit zunehmendem Verbreitungsgrad der innovativen Technologie sinkt deshalb sowohl beim Hersteller als auch beim Verwender der Anreiz zur Eigenentwicklung.

Der Hersteller kann mit zunehmendem Diffusionsgrad immer weniger damit rechnen, Abhängigkeiten durch Abschöpfen von Monopolrenten ausnützen zu können. Für den Anwender besteht bei hohem Diffusionsgrad keine Notwendigkeit, sich durch eine teilweise oder völlige Eigenentwicklung vor dem opportunistischen Verhalten des Transaktionspartners zu schützen.

Neben dem Diffusionsgrad bestimmt auch der Reifegrad einer Technologie die Transaktionskostenstruktur einer Eigenentwicklungs- oder Fremdbezugs-Entscheidung. Je ausgereifter die betreffende Technologie ist, d.h. je geringer die "Höhe" der einzelnen Verbesserungsinnovationen im Verlauf des Diffusionsprozesses ausfallen, desto höher ist auch die Wahrscheinlichkeit, daß Informationsasymmetrien, insbesondere Informationsdefizite auf Seiten des potentiellen Verwenders durch Publikationen, Messebesuche oder Gespräche mit anderen Akteuren reduziert wurden. Mit zunehmendem Reifegrad der innovativen Technologie sinkt also die Unsicherheit bezüglich der Effizienz dieser Technologie.

Ist dagegen der Reifegrad der Technologie gering, ist diese Technologie möglicherweise auch für alle anderen Marktteilnehmer völlig neu, dann sind die Kosten für die Suche nach geeigneten Transaktionspartnern relativ hoch und die Zahl dieser Partner gering. Da die Kosten, sich gegen ein opportunistisches Verhalten des Partners zu schützen, u.a. von der Zahl der potentiell zur Verfügung stehender Partner abhängt, sind in diesem Fall die Vertrags- und die Kontrollkosten relativ hoch. Damit steigt sowohl für den Hersteller als auch für den Verwender neuer Technologien der Anreiz zur Eigenentwicklung; für den Hersteller, um Monopolsituationen zu schaffen, für den Verwender, um sich gegen Monopolsituationen zu schützen.

Gleichzeitig sinkt mit abnehmendem Diffusionsgrad die Wahrscheinlichkeit, daß Informationsasymmetrien des potentiellen Verwenders über die Funktionsweise und die Relevanz der neuen Technologie bereits vor den Verhandlungen mit dem Transaktionspartner durch Gespräche mit anderen Nutzern, durch Messebesuche oder durch Fachpublikationen abgebaut wurden. Die Unsicherheit über die Effizienz der neuen Technologie und über die Einflüsse künftiger Umweltzustände auf diese Effizienz wächst mit sinkendem Diffusions- und Reifegrad der relevanten Technologie. Damit wachsen allerdings für die potentiellen Hersteller innovativer Technologien die Schwierigkeiten, geeignete Transaktionspartner, d.h. Abnehmer für diese Neuentwicklung zu finden.

Der zweite Faktor, der die Höhe der Transaktionskosten beeinflußt, ist der Grad, mit dem die Funktionsfähigkeit oder die Wettbewerbsfähigkeit der eigenen Produkte von dieser neuen Technologie abhängen. Dient diese neue Technologie lediglich dazu, Funktionsbereiche zu modifizieren bzw. leicht zu erweitern? Ist diese neue Technologie nur für einen kleinen oder relativ unwichtigen Teilbereich der eigenen Produktpalette relevant? Oder erschließt diese neue Technologie völlig neue Funktionsbereiche für die eigenen Produkte? Werden die Herstellungskosten dieser Produkte durch die neue Technologie drastisch reduziert? Sind von diesen Entwicklungen die Hauptumsatzträger betroffen? Handelt es sich letztlich um einen (zukünftigen) "Kernbereich" der eigenen technologischen Kompetenz[128]?

Je stärker die Funktions- bzw. die Wettbewerbsfähigkeit der eigenen Produkte von der neuen Technologie betroffen sind, desto wichtiger ist es für das betroffene Unternehmen, sich den Zugang zu dieser Technologie zu sichern, desto wichtiger ist es, die Weiterentwicklung dieser Technologie (auch gegen den Willen anderer) selbst beeinflussen und steuern zu können, desto wichtiger aber auch schwieriger und damit kostenintensiver ist es, Zugang zur - und Kontrolle über - diese Technologie außerhalb der eigenen Unternehmung sicherzustellen und auf Dauer zu gewährleisten. Je "kritischer" die neue Technologie für die eigene Wettbewerbsfähigkeit, desto höher sind die Kosten, sich die Kontrolle über die relevanten Ressourcen außerhalb der eigenen Unternehmung zu sichern, desto höher sind die Transaktionskosten und desto wichtiger ist der Auf- oder Ausbau unternehmens**interner** Ressourcen.

---

[128] Beispiele für solche "kritischen" Technologien sind etwa die Sensorik für Unternehmen aus dem Bereich Meßtechnik oder die Quarzsteuerung für die Uhrenindustrie.

Abb. 6: Transaktionskosten und Arbeitsteilung im Innovationsprozeß

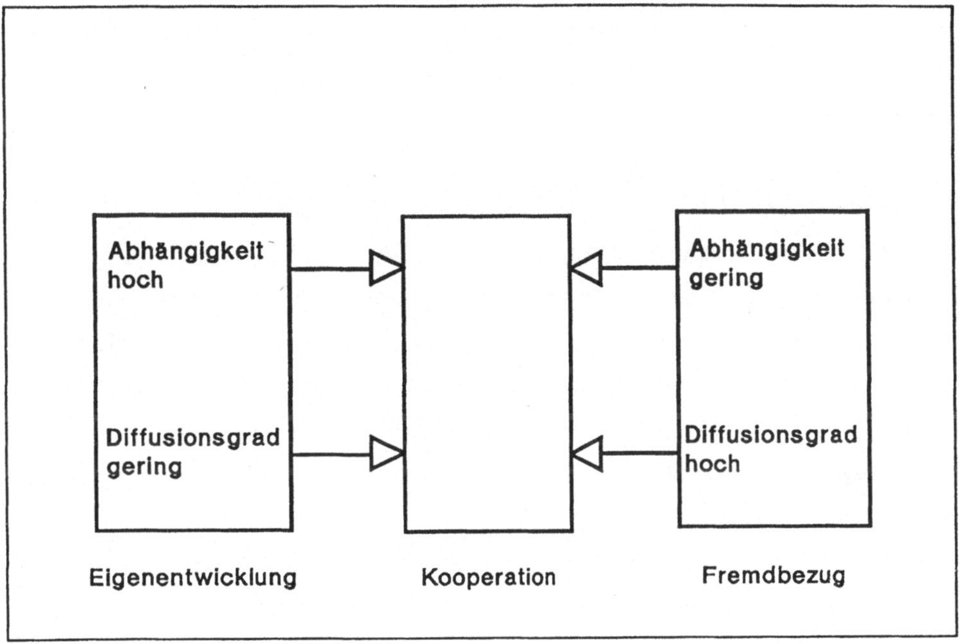

Ein möglicherweise maßgeblicher Einfluß der beiden oben genannten Determinanten auf die Effizienz von Eigenentwicklung, kooperativer Entwicklung oder Fremdbezug neu- bzw. weiterzuentwickelnder Technologien kann jedoch primär nur für Transaktionen zwischen Unternehmen unterstellt werden. Handelt es sich bei dem potentiellen Transaktionspartner um eine Non-profit-Organisation (Hochschule, Forschungseinrichtung, Technologietransferstelle etc.) dann ist die Gefahr opportunistischen Verhaltens relativ geringer (wenn auch nicht völlig auszuschließen), da hier die entsprechenden Möglichkeiten bereits durch gesetzliche und vertragliche Bestimmungen weitgehend reglementiert sind. Damit reduzieren sich die vom Unternehmen zum Schutz gegen dieses Verhalten aufzuwendenden Vertrags- und Kontrollkosten. Weiter ist davon auszugehen, daß gerade im Bereich der Grundlagenforschung, also bei Technologien mit geringem Diffusionsgrad, nur Forschungseinrichtungen und Hochschulen über das notwendige Know-how verfügen.

Ist der potentielle Transaktionspartner also eine Non-profit-Organisation, kann ein wesentlicher Einfluß der oben genannten Determinanten auf die Effizienz der Eigenentwicklungs-, Kooperations- oder Fremdbezugsentscheidung nicht in gleichem Maße unterstellt werden, als wenn es sich bei den Kooperationspartnern um ein anderes Unternehmen handelt.

Zusammenfassend läßt sich folgendes festhalten: Der Erwerb neuer Technologien von außen (etwa durch Lizenzen, durch Vergabe von Entwicklungsaufträgen oder durch den Kauf innovativer Vorprodukte, Komponenten, Maschinen etc.) ist für den Verwender innovativer Technologien unter Transaktionskostengesichtspunkten dann relativ unproblematisch, wenn der Diffusionsgrad (und damit c.p. der Reife-, Standardisierungs- und Verbreitungsgrad) dieser Technologie (aus seiner Sicht) relativ hoch ist (oder der Transaktionspartner eine Non-profit-Organisation ist).

Bei geringem Diffusionsgrad steht dagegen nur eine kleine Zahl geeigneter Transaktionspartner zur Verfügung. Dies bedeutet für den potentiellen Hersteller einer innovativen Technologie, daß seine Kunden für eine bestimmte Zeit nicht, oder nur zu sehr hohen Kosten den Hersteller wechseln können. Für den Hersteller besteht also ein Anreiz zur Eigenentwicklung, um aus einer Monopol- oder Quasimonopolstellung heraus hohe Innovationserlöse in Form von Monopolgewinnen zu realisieren. Dem steht entgegen, daß mit geringem Diffusionsgrad für den Hersteller möglicherweise die Schwierigkeit besteht, interessierte Abnehmer zu identifizieren. Die so entstehenden Transaktionskosten (Suchkosten) verringern den Innovationserlös des Herstellers.

Der potentielle Verwender einer innovativen Technologie befindet sich in der umgekehrten Situation. Die Zahl möglicher Anbieter ist gering, die Suchkosten also relativ hoch. Ist ein Anbieter gefunden, so sind die Kosten, sich gegen ein opportunistisches Verhalten zu schützen (Vertrags-, Kontrollkosten) extrem, unter Umständen sogar prohibitiv hoch.

Bei geringem Diffusionsgrad besteht also unter Transaktionskostengesichtspunkten sowohl beim potentiellen Hersteller als auch beim potentiellen Verwender einer innovativen Technologie ein großer Anreiz, diese Technologie im eigenen Hause zu entwickeln.

Als zweiter wichtiger Faktor beeinflußt die Relevanz der neuen Technologie für die eigene Wettbewerbsfähigkeit die Effizienz der Eigenentwicklungs-, Kooperations- oder Fremdbezugsentscheidung. Je wichtiger die neue Technologie für die Funktions- bzw. Wettbewerbsfähigkeit der eigenen Produkte ist, desto entscheidender wird es, die (Weiter-) Entwicklung dieser Technologie kontrollieren zu können. Diese Kontrolle längerfristig sicherzustellen, wenn die Entwicklungsarbeiten ausschließlich extern durchgeführt werden (und es sich bei dem Transaktionspartner um ein anderes Unternehmen handelt), ist jedoch mit hohen Kosten verbunden. Je höher also die Relevanz der innovativen Technologie für die Funktionsfähigkeit der eigenen Produkte bzw. die Wettbewerbsfähigkeit des Unternehmens generell ist, desto höher sind die mit einem teilweisen oder ausschließlichen Fremdbezug verbundenen Transaktionskosten, desto effizienter ist relativ dazu der Auf- bzw. Ausbau eigener Ressourcen (beispielsweise durch den Kauf von Unternehmen oder Unternehmensteilen, durch die Einstellung von qualifiziertem Personal oder die Weiterqualifizierung des eigenen Personals) um die Entwicklung der neuen Technologie ganz oder wenigstens teilweise (durch Kooperation) kontrollieren und steuern zu können.

Die Effizienz der Eigenentwicklungs-, Kooperations- oder Fremdbezugsoption wird also sowohl durch die Entwicklungskosten- wie durch die Transaktionskostenstruktur beeinflußt. Die Existenz beider Kostenarten liefert (neben der Existenz von Synergie-Potentialen) auch eine Grundlage für die Rationalität kooperativer Entwicklung:

Die Kooperation reduziert aus Sicht des einzelnen Unternehmens sowohl die Entwicklungskosten als auch die Transaktionskosten (da jeder der Partner einen Teil der zur Entwicklung benötigten Ressourcen kontrolliert, wird ein einseitiges Abhängigkeitsverhältnis vermieden).

Zusätzlich besteht bei einer Kooperation die Möglichkeit, **Synergie-Potentiale** zu realisieren und damit die Innovationskosten zu senken und/oder die Innovationserlöse zu erhöhen. Gemünden unterscheidet in diesem Zusammenhang u.a. zwischen

- **Kostensynergien** (die neben Fixkostendegressionen und Erfahrungskurveneffekten insbesondere durch eine Reduzierung des Risikos von Fehlentwicklungen entstehen können) und

- **Erlössynergien** (die sich beispielsweise dann ergeben, wenn aus der Kombination des Betreiber-Know-hows des Kunden mit dem Entwicklungs- und Produktions-Know-how des Anbieters ein überlegenes Produkt entsteht, oder wenn durch die Zusammenarbeit von System-Anbietern die Lösung von Schnittstellen-Problemen besonders effizient gelingt)[129].

Die kooperative Entwicklung innovativer Technologien ist also dann effizient, wenn sowohl hohe Entwicklungskosten (und/oder Synergie-Potentiale) als auch hohe Transaktionskosten vorliegen.

Eine Eigenentwicklung minimiert dagegen ausschließlich die Transaktionskosten. Dies ist besonders wichtig bei geringem Diffusionsgrad und/oder hoher Abhängigkeit von der fraglichen Technologie.

Der Fremdbezug minimiert ausschließlich die internen Entwicklungskosten. Dies ist dann effizient, wenn keine hohen Transaktionskosten zu erwarten sind, d.h. bei hohem Diffusionsgrad und/oder geringer Abhängigkeit von der fraglichen Technologie.

In der vorliegenden Untersuchung sollen folgende, auf die oben abgeleiteten Determinanten der zwischen- und überbetrieblichen Arbeitsteilung bezogene Thesen überprüft werden:

---

[129] Siehe Gemünden, H. G., 1990(b) : 27f.

These: Innovative Technologien, die in Form einer FuE-Kooperation gemeinsam mit anderen Unternehmen entwickelt wurden, zeichnen sich aus Sicht des betroffenen Unternehmens tendenziell durch einen mittleren Diffusionsgrad und eine relativ geringe Relevanz dieser Technologie für die eigene Wettbewerbsfähigkeit aus.

These: Innovative Technologien, die gemeinsam mit Forschungseinrichtungen. oder (Fach-)Hochschulen entwickelt wurden, zeichnen sich aus Sicht des betroffenen Unternehmens dagegen tendenziell durch einen relativ geringeren Diffusionsgrad und eine höhere Relevanz dieser Technologie für die eigene Wettbewerbsfähigkeit aus.

In den bisherigen Betrachtungen wurde die Existenz von Koordinationssystemen, die zwischen den beiden Extremen Markt und Hierarchie anzusiedeln sind, vernachlässigt. Die Bedeutung dieser - unter dem Begriff "Netzwerke" bekannten - Koordinationsstrukturen für die Höhe von Transaktionskosten und damit der Einfluß auf die Effizienz unternehmens**interner**, unternehmens**externer** und **kooperativer** Innovationsanstrengungen wird im folgenden Abschnitt untersucht.

6. Der Netzwerkansatz

6.1 Entwicklung des Netzwerkansatzes

Der Begriff "Netzwerk" wird heute in den unterschiedlichsten Bereichen und mit vielfältigen Bedeutungen verwendet. Auch in der wirtschaftswissenschaftlichen Literatur hat der Netzwerkgedanke in den letzten Jahren Einzug gehalten. Doch gerade hier herrscht bisher kein Konsens über Definition und Operationalisierung der mit dem Netzwerkansatz verbundenen zentralen Variablen. Obwohl sich dieser Ansatz noch in der Entwicklung befindet, soll er in der vorliegenden Arbeit verwendet werden, da er einen tieferen Einblick in Fragen der zwischenbetrieblichen Arbeitsteilung ermöglicht. Die folgenden Ausführungen beziehen sich auf die vor allem im skandinavischen Raum[130] entwickelte Version des Netzwerkansatzes ("industrielle Netzwerke")[131], die als bisher am weitesten ausgereift bezeichnet werden kann und für die Untersuchung der hier gestellten Fragen besonders geeignet ist. Håkansson beschreibt industrielle Netzwerke auf folgende Weise[132]:

"An industrial network consists of companies linked together by the fact that they either produce or use complementary or competitive products. Consequently the network always contains an element of both co-operation and conflict."

In der hier verwendeten prozeßorientierten Sichtweise sind all diejenigen Unternehmen Teil eines Netzwerkes,

- die ein bestimmtes Produkt oder einen bestimmten Prozeß entwickeln, herstellen oder vertreiben,

---

[130] Vgl. hierzu Axelsson, B., 1988; Håkansson, H., 1982, 1987, 1989; Håkansson, H. / Johanson, J., 1984; Håkansson, H. / Laage-Hellman, J., 1984; Hägg, I. / Wiedersheim-Paul, F., 1984; Hellgren, B. / Stjernberg, T., 1987; Johanson, J., 1989; Johanson, J. / Mattsson, L.-G., 1985; Laage-Hellman, J., 1989; Lundvall, B.A., 1988; Mattsson, L.-G., 1985.

[131] Mehr oder minder vom skandinavischen Netzwerkansatz abweichende Modelle finden sich etwa bei Rogers, E.M. / Kincaid, D.L., 1981; Fombrun, Ch. J., 1982; Hayashi, K., 1988 oder Jarillo, J.C., 1986 und Jarillo, J.C. / Martinez, J.I., 1986.

[132] Siehe Håkansson, H., 1989 : 16.

- die Rohstoffe oder Vorprodukte oder Komponenten dieses Produktes/Prozesses entwickeln, erzeugen oder vertreiben,

- die konkurrierende und alternative Rohstoffe, Vorprodukte, Komponenten bzw. Endprodukte entwickeln, erzeugen oder vertreiben sowie

- die Endverbraucher dieses Produktes oder Prozesses.

Obwohl in der oben genannten Definition nur Unternehmen als Netzwerk-Akteure genannt werden, sind in den entsprechenden empirischen Untersuchungen Håkanssons auch non-profit-Organisationen einbezogen[133]. Da gerade im Innovationsprozeß Hochschulen und Forschungseinrichtungen sowie Mittlerorganisationen wie etwa Industrieverbände oder Industrie- und Handelskammern in manchen Fällen eine wichtige Rolle spielen, werden auch in der vorliegenden Arbeit solche non-profit-Organisationen als Netzwerk-Akteure mit berücksichtigt[134].

Innerhalb des Netzwerkansatzes sind drei Variablen zu unterscheiden[135]:

Die **Akteure** sind definiert als non-profit-Organisationen, Unternehmen, Unternehmensgruppen, profit-centers innerhalb einer Unternehmung oder auch Einzelpersonen, die, bezogen auf ein bestimmtes Produkt oder einen bestimmten Prozeß die Entwicklung, die Herstellung oder den Vertrieb durchführen, oder die zur Durchführung dieser Aktivitäten notwendigen Ressourcen kontrollieren. Weiterhin gehören zu den Akteuren eines (durch ein Produkt oder einen Prozeß spezifizierten) Netzwerkes die relevanten Verbraucher bzw. Konsumenten.

Unter **Aktivitäten** sind die Kombination, der Tausch, die Transformation oder die Entwicklung von Ressourcen (mit Hilfe anderer Ressourcen) innerhalb eines Netzwerkes zu verstehen.

---

[133] Siehe Håkansson, H,. 1987 und 1989.

[134] Vgl. zu dieser Vorgehensweise beispielsweise auch Gemünden, H. G., 1990(a).

[135] Siehe Håkansson, H., 1987: 14ff und 1989 : 16ff.

Ressourcen sind die notwendige Voraussetzung für alle industriellen Aktivitäten. Sie können unterschieden werden in physische Ressourcen (Maschinen, Anlagen, Rohstoffe etc.) Humankapital (Arbeit, Know-how, Beziehungen) und Finanzkapital. Für ein spezifisches Netzwerk sind all die Ressourcen relevant, die zur Entwicklung, zur Herstellung, zum Vertrieb oder zum Konsum eines bestimmten Gutes notwendig sind, bzw. Verwendung finden.

Alle drei Variablen zusammen beschreiben in ihrer spezifischen Konstellation ein industrielles Netzwerk. Dieses Netzwerk wird durch verschiedene Bindungsebenen charakterisiert[136]:

1. Funktionale Interdependenzen: Akteure, Aktivitäten und Ressourcen konstituieren in ihrer Gesamtheit ein System, in dem heterogene Nachfragebedürfnisse mit einem heterogenen Angebot kombiniert werden.

2. Machtstrukturen: Die Akteure beziehen ihre Macht innerhalb eines Netzwerkes aus der Kontrolle über Aktivitäten und/oder Ressourcen.

3. Wissens-Strukturen: Die Entwicklung von Aktivitäten ebenso wie der Gebrauch von Ressourcen sind verbunden mit der Erfahrung und dem Wissen früherer Akteure.

4. Zeit-Strukturen: Das Netzwerk ist ein Produkt von Erfahrungen und Investitionen in Wissen, Beziehungen, Routinen etc.

Das Netzwerk-Modell wird von Håkansson am Beispiel der Schiffsturbinen-Industrie veranschaulicht[137]:

Es gibt nur sehr wenige Unternehmen, die sich auf die Entwicklung von Schiffsturbinen spezialisiert haben. Diese Unternehmen konkurrieren auf dem gesamten Weltmarkt. Die Abnehmer der Turbinen-Hersteller sind vor allem Reedereien. Der Einsatz der Schiffsturbinen ist unter ökonomischen Gesichtspunkten

---

sehr stark abhängig vom jeweils verwendeten Treibstoff. So reduziert der Einsatz von relativ preisgünstigen Schwerölen die Betriebskosten. Der Einsatz leichterer Öle als Treibstoff erhöht dagegen die Leistungsfähigkeit der jeweiligen Turbine. Aus diesem Grunde bestehen sehr enge wirtschaftliche und technologische Beziehungen zwischen den Turbinen-Herstellern und den großen Erdöl-Konzernen. Weiterhin wird beim Einsatz von Schweröl-Produkten eine spezielle Abscheide-Anlage benötigt. Diese Abscheide-Anlagen werden von nur wenigen Unternehmen hergestellt, die ebenfalls weltweit miteinander konkurrieren. All diese verschiedenen Akteure, die Reedereien, die Turbinen-Hersteller, die Erdöl-Konzerne und die Hersteller von Abscheide-Anlagen sind durch die Tatsache miteinander verbunden, daß sie die Entwicklung und den Gebrauch von Schiffsturbinen beeinflussen. Ihre jeweils kontrollierten Ressourcen sind komplementär, bei der Verwendung dieser Ressourcen sind die Akteure voneinander abhängig. Deshalb erfolgte beispielsweise die Entwicklungsarbeit in einem Projekt, in dem es um die Anwendung besonders preiswerter Schweröle als Treibstoff ging, in einer Kooperation zwischen einem der großen Hersteller für Abscheide-Anlagen (Alfa-Laval), dem größten Unternehmen aus dem Kreis der Turbinen-Hersteller (Sulzer) und einem der größten Erdöl-Konzerne (Shell).

6.2 Industrielle Netzwerke: Transaktionskostensenkende Koordinationssysteme zwischen Markt und Hierarchie

Netzwerke sind Ressourcenkoordinationssysteme zwischen Markt und Hierarchie. Die Koordination wird hier weder ausschließlich durch hierarchische Anweisungen noch ausschließlich durch den Preismechanismus (wie im klassischen Modell der vollkommenen Konkurrenz unterstellt) erzielt. Diese Koordination wird vielmehr durch Interaktionen erreicht, bei denen der Preis nur einer unter vielen anderen beeinflussenden Faktoren ist[138]. Daneben bestehen zwischen den Transaktionspartnern eine Reihe von Bindungen, die die Entscheidung ob und bei wem gekauft werden soll, maßgeblich mit entscheiden. Diese Bindungen zwischen zwei Akteuren können auf vielfältigen Ebenenen bestehen. Es kann unterschieden werden zwischen

- technologischen,
- Planungs-,

---

[138] Vgl. hierzu auch Gemünden, H. G., 1981 und 1985.

- Wissens-,

- sozioökonomischen und

- rechtlichen Bindungen.

Beispiele sind etwa (wechselseitige) Produkt- oder Prozeßanpassungen, just-in-time-Verflechtungen, oder die Entwicklung einer "gemeinsamen Sprache"[139].

Über die **direkten** Austauschbeziehungen zu den Transaktionspartnern (Kunden, Zulieferer, komplementäre Unternehmen, unter Umständen auch Konkurrenten etc.) entstehen auch **indirekte** Beziehungen zu verbundenen Unternehmen wie etwa die Zulieferer der Zulieferer, die Kunden der Abnehmer oder die Konkurrenten der Kunden. Diese indirekten Beziehungen erlauben dem Unternehmen den Zugriff auf - und unter Umständen auch die Kontrolle über - Ressourcen, die außerhalb seines direkten Beziehungsnetzes liegen.

Neben sehr engen Bindungen, wie beispielsweise Kooperationsbeziehungen oder Zuliefererbeziehungen verfügen Unternehmen über eher lose Beziehungen zu einem mehr oder minder umfangreichen Kreis von Akteuren. Auf die unter Umständen große Bedeutung dieser sogenannten "weak ties" verweist Granovetter[140]. Da die aufzuwendenden Transaktionskosten für die Aufrechterhaltung von **"weak ties"** geringer sind als bei **"strong ties"**, ist es bei gleichem Kostenaufwand möglich, lose Beziehungen zu einem weitaus größeren Kreis von Akteuren aufzubauen und zu erhalten als bei sehr engen Bindungen. Besteht beispielsweise große Unsicherheit über die zukünftige Entwicklung neuer Technologien, so ist es vorteilhafter, sich zunächst mit Hilfe loser Beziehungen mehrere alternative Optionen offen zu halten, als sich frühzeitig durch eine enge Bindung auf eine Option und einen Partner festzulegen.

Wichtig innerhalb langandauernder Geschäftsbeziehungen[141] ist der Aufbau ei-

---

[139] Vgl. hierzu Johanson, J. / Mattsson, L.-G., 1987 : 35.

[140] Vgl. Granovetter, M.S., 1973.

[141] Zu einer Definition des Begriffes "Geschäftsbeziehung" siehe etwa Diller, H. / Kusterer, M., 1988.

nes gegenseitigen Vertrauensverhältnisses[142] zwischen den Partnern[143]. Dieses Vertrauensverhältnis verringert die jeweils anfallenden Transaktionskosten unter Umständen erheblich, da aufgrund längerer Erfahrungen über die Verhaltensweisen des Transaktionspartners in unterschiedlichen Situationen die Unsicherheit über den Grad des opportunistischen Verhaltens verringert, und somit die Kosten für eine Reduzierung dieser Unsicherheit (durch den Abschluß umfangreicher Vertragswerke und die Kontrolle der Einhaltung dieser Vereinbarungen) gesenkt werden können.

Die Erschließung eines neuen Marktes bedeutet für das betreffende Unternehmen den Aufbau eines neuen Beziehungssystemes. Dieses Beziehungssystem kann alte Bindungen ersetzen oder bestehende Beziehungssysteme erweitern bzw. ergänzen. Der Aufbau solcher Beziehungssysteme erfordert spezifische Investitionen (Such-, Vertrags-, Anpassungs-, Kontrollkosten etc.)[144]. Diese sogenannten **"sunk costs"**, also Kosten, die für den Aufbau von Beziehungen in der Vergangenheit aufgewendet werden mußten um die Transaktionskosten in der aktuellen Austauschsituation zu senken[145], stabilisieren das Netzwerk, da jeder Wechsel von Beziehungen nicht nur mit der Investition in neue Beziehungen, sondern auch mit dem Verlust eben dieser "sunk costs" erkauft werden muß.

Gegenüber reinen Marktbeziehungen zeichnet sich das Netzwerk also durch ein höheres Maß an Stabilität aus. Diese Stabilität resultiert aus im Verlauf der Beziehung erwachsenden Anpassungen im Produktionsprozeß, aus dem Aufbau von Vertrauensbeziehungen zwischen den Beteiligten, aus der Entwicklung einer "gemeinsamen Sprache" und aus gegenseitigen Abstimmungen. Diesen Abstimmungsprozeß beschreibt beispielsweise Blau folgendermaßen[146]:

---

[142] Zur Bedeutung des Begriffs "Vertrauen" in der Ökonomie siehe beispielsweise Albach, H., 1980 : 2ff.

[143] Zur Bedeutung kundennaher Geschäftsbeziehungen im Innovationsmanagement siehe Gemünden, H. G., 1989.

[144] Vgl. hierzu Johanson, J. / Mattsson, L.-G., 1985 : 188ff.

[145] Zu einer ausführlicheren Definition des Begriffes "sunk costs" siehe etwa Michaelis, E., 1985.

[146] Siehe Blau, P., 1968 : 453.

"Social exchange relations evolve in a slow process, starting with minor transactions in which little trust is required because little risk is involved and in which
both partners can prove their trustworthiness, enabling them to expand their
relation and engage in major transactions."

Durch die fortlaufenden Anpassungsprozesse zwischen den einzelnen Transaktionspartnern werden die Beziehungen innerhalb eines Netzwerkes ständig
weiter gefestigt. Diese Anpassungsprozesse beinhalten etwa die Abstimmung von
Kapazitäten, die Angleichung von Qualitätsstandards oder die Adaption logisti-
scher Systeme bis hin zur just-in-time-Verflechtung. In der Terminologie Hirsch-
mans[147] wird die Option "voice" der Option "exit" als Konfliktregulierungsmecha-
nismus vorgezogen. Bei auftretenden Differenzen erfolgt die Lösung der Probleme durch Verhandlungen innerhalb der bestehenden Beziehungen und nicht
durch eine Reorganisation des Beziehungssystems. Durch die zunehmende Stabilität der Beziehungen und damit auch durch die anwachsenden wechselseitigen
Abhängigkeiten innerhalb von Netzwerken sinkt für die beteiligten Akteure das
Risiko transaktionsspezifischer Investitionen[148]. Je höher die wechselseitige
Abhängigkeit zwischen den Partnern, desto kostenintensiver wird ein Abbruch der
Beziehung, desto geringer ist die Gefahr opportunistischen Verhaltens und desto
geringer ist auch das Risiko, transaktionsspezifische Investitionen vorzunehmen.

Innerhalb von Netzwerken kommt es bei den beteiligten Akteuren häufig auch
zur Entwicklung einer gemeinsamen Orientierung. Johanson und Mattsson schrei-
ben dazu[149]:

"This mutual orientation is manifested in a common language regarding technical matters, contracting rules, and standardization of processes, products, and
routines. Less overt aspects of the mutual orientation may involve views on
business ethics, technical philosophy, and handling of organizational problems. A
most important aspect of the mutual orientation is mutual knowledge, knowledge which the parties assume each has about the other and upon which they
draw in communicating with each other. This mutual knowledge may refer to

---

[147]   Vgl. etwa Hirschman, A.O., 1970.

[148]   Vgl. hierzu auch Grabher, G., 1988 : 16f.

[149]   Siehe Johanson, J. / Mattsson, L.-G., 1987 : 39.

resources, strategies, needs, and capabilities of the parties and, in particular, to their relationships with other firms."

So, wie die wechselseitigen Anpassungen die **Stabilität von Netzwerken** im Vergleich zu reinen Marktbeziehungen erklärt, begründet die Redundanz[150] der Beziehungen die **Flexibilität von Netzwerken** im Vergleich zu hierarchischen Strukturen.

"Redundanz in den Netzwerkbeziehungen sichert gegenüber vertikaler Integration, also jener Organisationsform, die explizit auf die Vermeidung von Redundanz abstellt, (...) mehrere Vorteile (...):

- Zum ersten sichert Redundanz Zugang zu komplementären - organisationsintern nicht verfügbaren - Ressourcen selbst dann, wenn ein Tauschpartner ausfallen sollte (...).

- Zum zweiten bietet Redundanz den Vorteil, daß einzelne Tauschpartner auch dann in ihrem Bestand nicht gefährdet sind, wenn diese über einen längeren Zeitraum keine Austauschbeziehungen eingegangen sind. Damit entfallen jene Kosten, die eine Suche nach neuen Tauschpartnern und neuerliche wechselseitige Anpassungsprozesse aufwerfen würden (...).

- Zum dritten eröffnen Netzwerkbeziehungen - im Unterschied zu hierarchischen Beziehungen - Möglichkeiten, an Lerneffekten der Tauschpartner zu partizipieren, die aus deren Beziehungen zu dritten Tauschpartnern resultieren (...).

- Zum vierten (....) sind lockere und redundante Beziehungsgeflechte innovations- und anpassungsfähiger als sehr enge Beziehungen (...)"[151].

Die Überlegenheit von Netzwerken über hierarchische Strukturen oder rein preisdeterminierte Beziehungen erweist sich also dann, wenn Unternehmen in einer

---

[150] Siehe hierzu Grabher, G., 1988 : 17f.

[151] Siehe Grabher, G., 1988 : 17f.

Umwelt agieren, die durch ein hohes Maß an Unsicherheit gekennzeichnet ist. Diese Unsicherheit kann sich beispielsweise auf technische Entwicklungstrends, auf die Veränderung der Nachfragebedürfnisse oder auf eine Veränderung der aktuellen Konkurrenzsituation beziehen. In diesen Fällen beinhaltet der Aufbau oder das präventive Vorhalten unternehmensinterner Ressourcen ein hohes Risiko. Netzwerke sind hier flexibler, da sie dem einzelnen Unternehmen den Zugriff auf externe Ressourcen im Bedarfsfalle zu vergleichsweise geringen Transaktionskosten garantieren. Sind für die Durchführung einer Transaktion hohe und transaktionsspezifische Investitionen durchzuführen, verringert die Stabilität von Netzwerkbeziehungen das Risiko opportunistischen Verhaltens von Seiten des Transaktionspartners. Netzwerke verringern die Unsicherheit über das Verhalten von Transaktionspartnern und sind in diesem Fall rein preisdeterminierten Marktbeziehungen durch ihre höhere Stabilität überlegen.

6.3 Ein Vergleich zwischen Netzwerkansatz und Transaktionskostenansatz

Der Netzwerkansatz basiert in wichtigen Teilen auf Annahmen und Überlegungen, die sich auf den Transaktionskostenansatz beziehen. Dennoch lassen sich zwischen beiden Ansätzen eine Reihe wichtiger Unterschiede erkennen.

Der Transaktionskostenansatz ist vor allem auf die Erkärung der Dominanz hierarchischer oder preisdeterminierter Koordinationssysteme in unterschiedlichen Umweltsituationen gerichtet. In Abhängigkeit von den Ausprägungen der relevanten Variablen "Mehrdeutigkeit der Transaktionssituation", "Unsicherheit" und "Tauschfrequenz" erweist sich jeweils eine dieser Koordinationsformen als die überlegene, d.h. effizientere. Bei Veränderungen der Umweltsituation tendiert die Verteilung erneut zu einem stabilen Gleichgewicht. Es setzen sich entweder hierarchische oder preisdeterminierte Koordinationssysteme durch. Zwischenformen ("bilateral governance") werden dagegen als instabile Übergangsformen hin zu einem neuen Gleichgewicht interpretiert.

Im Gegensatz zu dieser statischen und fast schon "deterministischen"[152] Sichtweise des Transaktionskostenansatzes behandelt der Netzwerkansatz die dynamischen Aspekte unterschiedlicher Koordinationssysteme und die strategischen Handlungsalternativen aus Sicht der Unternehmen. Die Stabilität von Zwischenformen "between markets and hierarchies" wird im Gegensatz zum Transaktionskostenansatz betont und bildet die Grundlage und den Gegenstand der Analyse.

Nicht explizit untersucht wird im Rahmen des Transaktionskostenansatzes auch der Einfluß Dritter auf eine Beziehung. Diese Interdependenz von Beziehungen wird dagegen in Netzwerkanalysen als ein wichtiger beeinflussender Faktor mit in die Untersuchungen einbezogen[153].

6.4 Technische Innovationen in industriellen Netzwerken

Netzwerkbeziehungen reduzieren die im Verlauf von Transaktionen anfallenden Kosten für die beteiligten Akteure. Dies gilt auch für Transaktionskosten, die im Zusammenhang mit einem Innovationsprozeß stehen. In den folgenden Phasen des einzelnen Innovationsprozesses können Transaktionskosten entstehen:

- bei der Problemsuche,
- bei gemeinschaftlicher FuE und
- bei der Diffusion technischer Innovationen.

Die **Problemsuche**, d.h. die Suche nach Bedürfnissen, die mit neuen technischen Lösungen befriedigt werden können und müssen, wird in Netzwerken durch die enge Beziehung zwischen Hersteller, Verwender und Zulieferer wesentlich erleichtert. All diese Akteure verfügen über relativ weitreichende Kenntnisse bezüglich der Fähigkeiten, der Ressourcen und der Problembereiche ihrer Ge-

---

[152] Siehe Johanson, J. / Mattsson, L.-G., 1987 : 46.

[153] Zu einem Vergleich von Transaktionskosten- und Netzwerkansatz siehe auch Johanson, J. / Mattsson, L.-G., 1987.

schäftspartner. So ist der Hersteller innovativer Technologien relativ frühzeitig über veränderte Nachfragebedürfnisse seiner Abnehmer informiert. Der Verwender innovativer Technologien andererseits kennt die Fähigkeiten und Kapazität unterschiedlicher Hersteller aufgrund langjähriger Erfahrungen[154].

Auch die **gemeinschaftliche FuE** wird durch Netzwerkbeziehungen wesentlich erleichtert und ist damit c.p. kostengünstiger als die Kooperation mit Partnern, zu denen keine Netzwerkbeziehungen bestehen. Durch die langjährigen Geschäftsverbindungen und die daraus resultierenden Kenntnisse über Fähigkeiten und Mittel der anderen Akteure werden die Kosten für die Suche nach geeigneten Kooperationspartnern verringert. Durch die Stabilität dieser Beziehungen, die aus den "sunk costs", den wechselseitigen Anpassungen und dem Aufbau von Vertrauen zwischen den Beteiligten resultiert, werden das Risiko opportunistischen Verhaltens und damit die Kosten, sich gegen dieses Verhalten durch den Abschluß von Verträgen zu schützen, reduziert[155]. Die Entwicklung einer "gemeinsamen Sprache" sowie gemeinsamer Standards und Normen beschleunigen schließlich den gemeinschaftlichen Entwicklungsprozeß[156].

Auch die **Diffusion** neuer Technologien verläuft innerhalb von Netzwerken kostengünstiger und damit unter Umständen auch wesentlich schneller als außerhalb von Netzwerken. Dies gilt, wie unter dem Stichwort "Problemsuche" ausgeführt, für vertikale Beziehungen (Zulieferer - Hersteller - Verwender). Dies gilt aber auch in horizontaler Richtung (also zwischen Unternehmen aus dem gleichen Technologiebereich, unter Umständen auch zwischen direkten Konkurrenten).

Eric von Hippel untersuchte die horizontale Diffusion technischer Innovationen am Beispiel von 11 stahlproduzierenden Unternehmen (sog. "steel minimill firms"). Er kam dabei zu folgenden Ergebnissen[157]:

---

[154]   Vgl. hierzu auch Axelsson, A., 1988 : 14.

[155]   Vgl. hierzu auch Berger, H., 1990 : 124ff.

[156]   Siehe hierzu auch Håkansson, H. / Laage-Hellman, J., 1984.

[157]   Siehe von Hippel, E., 1988 : 76ff.

1. Bei zehn von elf Unternehmen diffundiert technisches Wissen zwischen den einzelnen Akteuren durch den persönlichen Kontakt der Mitglieder der jeweiligen FuE-Abteilungen.

2. Es handelt sich bei den einzelnen Unternehmen teilweise um direkte Konkurrenten.

3. Das diffundierende Wissen besitzt häufig die Qualität gesetzlich geschützten Know-hows.

4. Der Diffusionsprozeß ist den betreffenden Geschäftsleitungen bekannt und wäre durchaus zu unterbinden; dennoch wird er von den Verantwortlichen toleriert.

5. Die Mitarbeiter des einen Unternehmens, das nicht an diesem informellen Know-how-Transfer teilnimmt, glauben als einzige, von den anderen Akteuren nichts mehr lernen zu können[158].

Von Hippel erklärt diesen Befund mit dem aus der Spieltheorie[159] bekannten "Gefangenendilemma"[160].

---

[158] Die Ergebnisse über Bedeutung und Ablauf informellen Know-how-Transfers zwischen Konkurrenten durch Mitarbeiter der jeweiligen FuE-Abteilungen wird auch durch Untersuchungen von Hamfelt und Lindberg bestätigt (siehe Håkansson, H., 1987 : 177ff).

[159] Spieltheoretische Modelle wurden in der Kooperationsforschung häufig verwendet (siehe etwa Axelrod, R., 1987; Fleischmann, G. et al., 1972; Gerth, E., 1971; Kranüchel, R., 1986; Schneider, D., 1973). Insbesondere bei der Untersuchung der Frage, welche strategische Verhaltensweise aus Sicht des kooperierenden Unternehmens den größten Gewinn verspricht, wurden mit Hilfe umfangreicher Computersimulationsmodelle ungezählte Spielvarianten auf ihre Effizienz hin untersucht. Dabei hat sich gezeigt, daß die "tit-for-tat-Strategie" unter Berücksichtigung aller denkbaren Verhaltensweisen des Kooperationspartners die effizienteste Spielstrategie ist (siehe hierzu etwa Axelrod, R., 1987).

[160] "Two conditions must hold for a situation to be defined as a Prisoner's Dilemma. The first condition is that the value of the four possible outcomes must be t > r > p > s, where t is the payoff to the player who defects while the others cooperates; r is the payoff to both players when both cooperate; p is the payoff to both players when both defect; and, finally, s is the payoff to the player who cooperates when the second player defects. The second condition is that an even change for each player to exploit and be exploited on successive turns of the game does not result in as profitable an outcome to players as does continuing mutual

Zusammenfassend bleibt festzuhalten: Die im Verlauf eines Innovationsprozesses anfallenden Transaktionskosten sind innerhalb eines Netzwerkes durch die Stabilität der Beziehungen, durch das gegenseitige Wissen um Probleme, Fähigkeiten und Ressourcen der Partner und durch den Aufbau von gegenseitigem Vertrauen geringer als außerhalb von Netzwerken. Der Innovationsprozeß ist damit innerhalb von Netzwerken kostengünstiger, der gesamte Innovationsprozeß verläuft damit unter Umständen deutlich schneller. Innerhalb von Netzwerken verlaufen Innovationsprozesse also quasi "auf der Überholspur"[161].

Auf die Tatsache, daß, obwohl Netzwerke den Innovationsprozeß fördern und beschleunigen, die enge Einbindung in solche innovativen Netzwerke nicht in jedem Fall positive Auswirkungen auf die Wettbewerbsfähigkeit der beteiligten Netzwerkakteure, ja sogar ganzer Industrieregionen haben müssen, weist Grabher eindringlich hin[162].

In seiner Untersuchung der strukturellen Ursachen des wirtschaftlichen Niederganges des Ruhrgebietes weist er nach, daß von der Krise nicht nur, wie zu erwarten, die Montan-Industrie und die eng verbundenen Zulieferindustrien betroffen sind, sondern daß auch die sogenannten "High-tech-Branchen" Nordrhein-Westfalens auf eine deutlich schlechtere Entwicklung zurückblicken als die vergleichbaren Industrien in Süddeutschland. Dies ist, so Grabher, u.a. auf die engen Verflechtungsbeziehungen dieser "High-tech-Branchen" mit der Montan-Industrie zurückzuführen. Gerade die Tatsache, daß diese Unternehmen ihre Innovationsbemühungen ganz auf die Erfüllung der Bedürfnisse der Montanindustrie ausrichteten, führte zu einem mehr oder weniger "geschlossenen Innovationssystem". Dieses geschlossene System erwies sich bis zur Krise der Montan-Industrie als außerordentlich effizient.

Danach aber zeigten sich die negativen Auswirkungen einer zu einseitigen Fixie-

---

cooperation (i.e., 2r > t + s)" (siehe v. Hippel, E., 1988 : 85).

[161] Zahlreiche Fallstudien über den Ablauf von Innovationsprozessen finden sich bei Håkansson, H., 1987.

[162] Vgl. hierzu Grabher, G., 1988, 1989, 1990(a) und 1990(b).

rung auf ein einziges, sehr spezifisches Netzwerk. Durch die engen Bindungen zur Montan-Industrie wurde die Problemsuche in anderen Industriebereichen vernachlässigt. Technische Weiterentwicklungen außerhalb des Anwendungsgebietes Montan wurden nicht oder nur unzureichend verfolgt. Dies erschwert nun für die betreffenden Unternehmen die Diversifikation in neue Märkte. Daneben wurde auch der Aufbau von Ressourcen zur Vermarktung innovativer Produkte vernachlässigt. Die Abnehmer waren bisher bekannt, die Hersteller-Verwender-Beziehungen sehr stabil, neue Kunden mußten vor Ausbruch der Krise kaum gesucht werden. Diese Marketing-Kapazitäten fehlen heute bei der Erschließung neuer Absatzmärkte.

Die enge Einbindung in ein Netzwerk kann sich also sowohl förderlich als auch hemmend auf die Wettbewerbsfähigkeit eines Unternehmens auswirken. In der vorliegenden Arbeit soll folgende These geprüft werden:

These: Unternehmen, die technologieorientierte Außenbeziehungen im Rahmen industrieller Netzwerke unterhalten, sind innovativer als Unternehmen, die keine technologieorientierten Außenbeziehungen im Rahmen industrieller Netzwerken unterhalten.

7. Determinanten technologieorientierter Außenbeziehungen

Wenn, wie eingangs dargestellt, der Auf- und Ausbau technologieorientierter Außenbeziehungen im Rahmen des Innovationsmanagements ein wichtiges Mittel ist, um den Problemen des Strukturwandels zu begegnen, stellt sich die Frage, welche Faktoren Form, Inhalte und Intensität dieser Außenbeziehungen determinieren. Welche Einflußgrößen sind maßgebend für die Wahl der Partner, für die Form der Zusammenarbeit und für das Ausmaß, in dem das betrachtete Unternehmen externes Know-how in den Innovationsprozeß einbezieht bzw. einbeziehen muß? Lassen sich schließlich mit Hilfe der so identifizierten Determinanten bestimmte "Unternehmens-Typen" charakterisieren, denen ein ganz bestimmtes Verflechtungsmuster entspricht?

Mit der Ableitung von Thesen zur Struktur, zur Intensität und zur Effizienz technologieorientierter Außenbeziehungen befassen sich die Kapitel sieben und acht der vorliegenden Arbeit. Dabei wird unterstellt, daß die Gestaltung technologieorientierter Außenbeziehungen von einer Vielzahl unternehmens**interner** und unternehmens**externer** Variablen abhängig ist. Teilweise können diese Variablen durch das Management der betrachteten Unternehmung beeinflußt werden, teilweise entziehen sie sich, wenigstens kurz- und mittelfristig, einer Disposition und sind deshalb als exogen gegebene Rahmenbedingungen des strategischen Managements zu berücksichtigen.

Einen Überblick über das Analysemodell, das in den beiden folgenden Kapiteln entwickelt und im empirischen Teil der Arbeit überprüft wird, bietet die folgende Abbildung:

Abb. 7:   Das Analysemodell der Untersuchung

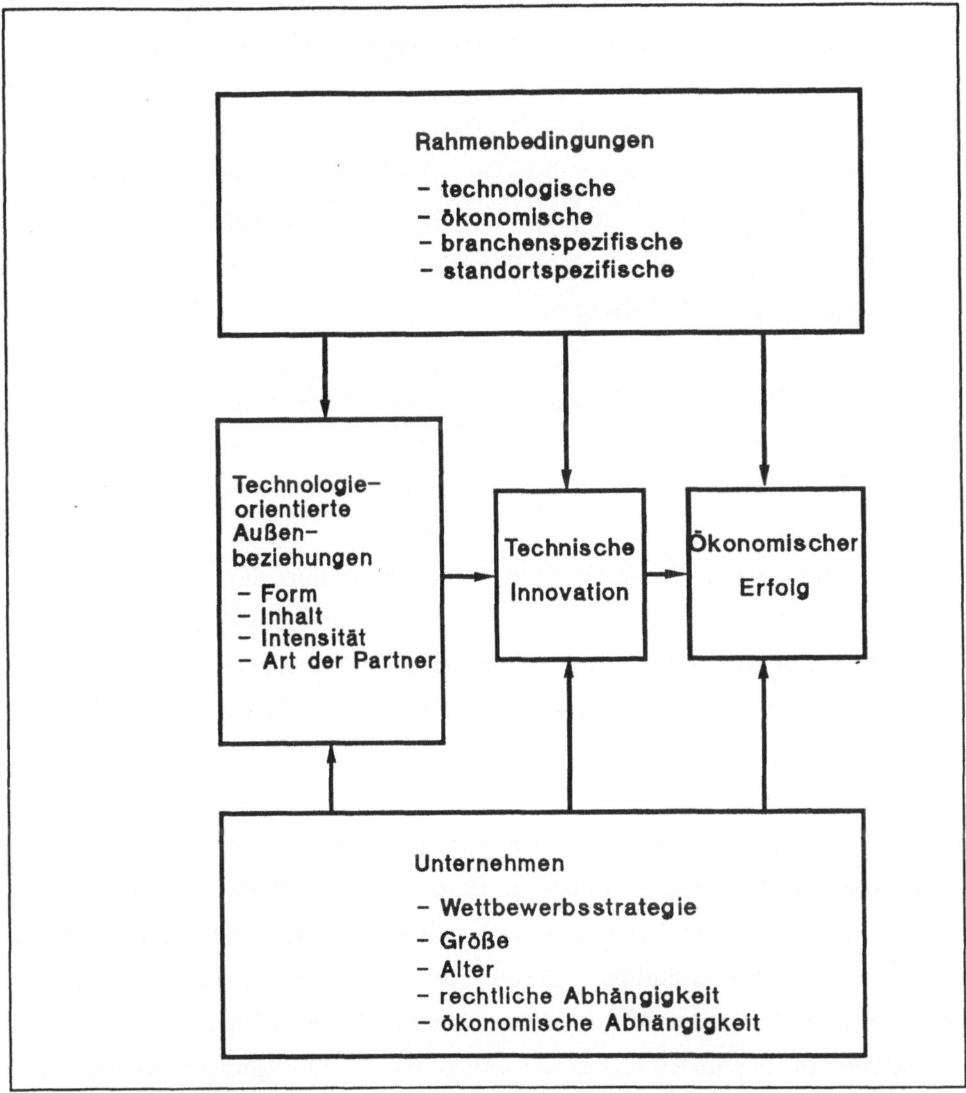

Im Rahmen der vorliegenden Arbeit kann das unter Umständen sehr komplexe Beziehungsgeflecht zwischen internen und externen Determinanten einerseits und der Struktur und Intensität der technologieorientierten Außenbeziehungen andererseits nicht in seinem vollen Umfang untersucht werden. Zu viele Faktoren können im konkreten Einzelfall den Auf- oder Ausbau technologieorientierter Außenbeziehungen fördern oder hemmen. Die folgende Analyse konzentriert sich

88

deshalb auf einige ausgewählte Determinanten, die aus Sicht des Verfassers einen wesentlichen Beitrag zur Beantwortung der oben gestellten Fragen versprechen. Die Auswahl dieser Faktoren erfolgte nach folgenden Gesichtspunkten:

1. Im Rahmen der Kooperations-, Informations- und Technologietransferforschung wurden anhand von Fallstudien oder bivariaten Analysen bereits einige Determinanten identifiziert. Die wichtigsten dieser Variablen sollten auch in dem hier zu entwickelnden Modell berücksichtigt werden (z.B. Größe, Branchenzugehörigkeit, FuE-Intensität).

2. Der Transaktionskosten- und auch der Netzwerkansatz verweisen auf die Bedeutung weiterer Kontext-Faktoren (Entfernung zu einem potentiellen Partner, Alter der Unternehmung, Einbindung in industrielle Netzwerke).

3. Schließlich zeigten die im Vorfeld der Untersuchung durchgeführten Unternehmensgespräche[163], daß eine Reihe von relevanten Variablen bisher bei empirischen Analysen weitgehend vernachlässigt wurden (z.B. rechtliche und ökonomische Abhängigkeitsverhältnisse, regionales Umfeld, Wettbewerbsstrategie).

Wie sich vor allem bei den begleitend zur schriftlichen Umfrage durchgeführten Interviews zeigte, können in konkreten Einzelfällen jedoch eine Vielzahl weiterer situationsspezifischer und vor allem auch persönlichkeitsspezifischer Faktoren die Struktur, die Intensität und die Effizienz der technologieorientierten Außenbeziehungen eines Unternehmens beeinflussen. Das Ziel der vorliegenden Arbeit ist es, Strukturen zu identifizieren. Der Anspruch, damit ein allgemein gültiges und in jedem Fall anwendbares Erklärungsmodell zur Gestaltung technologieorientierter Außenbeziehungen entwickelt zu haben, kann und soll deshalb nicht erhoben werden.

---

[163] Vgl. Herden, R., 1990.

7.1   Strukturvariable: Technologieorientierte Wettbewerbsstrategie

Ein möglicher Zusammenhang zwischen der bewußt oder auch unbewußt verfolgten Wettbewerbsstrategie eines Unternehmens und der Struktur seiner technologieorientierten Außenbeziehungen wurde bisher sowohl in der Kooperationsforschung als auch in wettbewerbsstrategischen Ansätzen kaum thematisiert[164]. Es ist deshalb zu prüfen, welchen Beitrag die verschiedenen wettbewerbsstrategischen Ansätze zum Verständnis der Struktur technologieorientierter Außenbeziehungen liefern.

Für die weitere Untersuchung kann nach der Art der Vorgehensweise zwischen induktiven und normativen wettbewerbsstrategischen Ansätzen unterschieden werden.

7.1.1   Induktive Ansätze

In den Arbeiten von Freeman[165] und darauf bezugnehmend bei Taylor/-Thrift[166] werden empirisch vorgefundene Verhaltensweisen von Unternehmen generalisiert und zu Strategietypen verdichtet. Der Begriff "Strategie" umfaßt dabei sowohl explizit (d.h. bewußt) gewählte, als auch implizit (d.h. unreflektiert) verfolgte Ziel-Mittel-Kombinationen. Freeman unterscheidet sechs hinsichtlich ihres Innovationsverhaltens unterschiedliche Strategietypen:

1. **Die offensive Innovationsstrategie:** Unternehmen dieses Typs versuchen mit Hilfe überlegener Produkttechnologien eine führende Marktstellung zu erlangen. Der Schwerpunkt der FuE-Tätigkeit liegt bei der experimentellen Entwicklung sowie beim "Design engineering". Daneben ist ein enger Kontakt zu Forschungseinrichtungen zu beobachten. Die FuE-Intensität dieser Unterneh-

---

[164]   Siehe etwa Zörgiebel, W. W., 1983 oder Rotering, C., 1990.

[165]   Siehe Freeman, C., 1982.

[166]   Siehe Taylor, M. / Thrift, N., 1983.

men ist sehr hoch. Da sowohl zur Entwicklung als auch zur Vermarktung der neuen Produkte hohe Investitionen zu tätigen sind, ist der Kreis von Unternehmen mit einer solchen Strategie auf einige wenige Großunternehmen, sowie in Ausnahmefällen auf Unternehmensneugründungen beschränkt.

2. **Die defensive Innovationsstrategie:** Hier versuchen die Unternehmen, die hohen Kosten der Erstinnovation und der damit verbundenen Markterschließung zu vermeiden. Sie reagieren vielmehr auf eine offensive Innovationsstrategie, indem sie nach einer gewissen Zeit ein technisch weiter verbessertes und/oder differenziertes Produkt auf den Markt bringen. Auch zur Verfolgung dieser Strategie ist ein hohes internes FuE-Potential notwendige Voraussetzung. Ziel der Innovationsbemühungen ist jedoch nicht, wie bei der offensiven Innovationsstrategie, die Entwicklung neuer Produkte bzw. Produktlinien sondern die technische Verbesserung bereits (beim Erstinnovator) vorhandener Produkte.

3. **Die Imitationsstrategie:** Hier versucht das Unternehmen weder selbst Erstinnovator zu sein, noch diesen Erstinnovator durch Verbesserungsinnovationen zu "überrunden". Ein technologischer Rückstand wird vielmehr bewußt in Kauf genommen. Der Wettbewerbsvorteil solcher Unternehmen besteht darin, daß sie Innovationen nach einer gewissen Zeit imitieren, diese Imitationen dann aber kosten- und damit preisgünstiger anbieten (beispielsweise aufgrund geringerer FuE- bzw. Markterschließungskosten oder aufgrund eines effizienteren Fertigungsprozesses). Die FuE-Intensität solcher Unternehmen ist geringer als bei Strategie 1 und 2. Die Entwicklungstätigkeit richtet sich hauptsächlich auf Anpassungsentwicklungen und Prozeßentwicklungen sowie auf die Beobachtung der technologischen Entwicklungen der Konkurrenz[167].

4. **Der "abhängige Satellit":** Dieser Unternehmenstyp betreibt weder Innovation noch Imitation, er produziert vielmehr ausschließlich nach den Vorgaben seiner Kunden. Sein Wettbewerbsvorteil liegt entweder im Kostenbereich (niedrigere "Overhead-Kosten", geringere Lohnkosten), in einer höheren Flexibilität

---

[167] Auf die Effizienz solcher Imitationsstrategien verweist beispielsweise auch Albach (vgl. Albach, H., 1986 : 47ff).

(beim Ausgleich von Nachfrageschwankungen) oder basiert auf der räumlichen Nähe zu seinen Abnehmern.

5. **Die traditionelle Strategie**: Im Falle "traditioneller Strategien" führen die Unternehmen keine oder keine wesentlichen Innovationen durch. Der Grund für diese relative "Stabilität" ist entweder in einer im Zeitverlauf unveränderten Nachfragestruktur oder in fehlendem Wettbewerbsdruck zu suchen.

6. **Die Nischenstrategie**: Auch Unternehmen mit einer Nischenstrategie führen keine nennenswerten Produkt- oder Verfahrensinnovationen durch. Sie konzentrieren sich auf die Suche nach Marktnischen, die von anderen Unternehmen aus verschiedenen Gründen nicht bedient werden.

Die Ergebnisse Freemans zeigen, daß nur relativ wenige Unternehmen eine Innovations- oder Imitationsstrategie verfolgen. Für einen großen Teil der Wirtschaft spielen dagegen Innovationsaktivitäten nur eine sehr geringe Rolle, da die betreffenden Unternehmen entweder "abhängige Satelliten" sind oder stabile und geschützte Märkte sowie Marktnischen bedienen.

Die Arbeiten von Freeman und darauf aufbauend von Taylor[168], Taylor/Thrift und Morphet[169] haben wesentlich zu einem besseren Verständnis der Zusammenhänge zwischen Innovationsverhalten und Wettbewerbsstrategie, sowie zur empirischen Evidenz unterschiedlicher Wettbewerbsstrategien beigetragen. Ihnen fehlt allerdings aufgrund des induktiven Ansatzes die "theoretische Geschlossenheit"[170]. Es ist deshalb notwendig, im folgenden einige normative Ansätze vorzustellen.

---

[168] Vgl. Taylor, M., 1987.

[169] Vgl. Morphet, C., 1987.

[170] Siehe Tödtling, F., 1990 : 71.

7.1.2 Normative Ansätze

Ziel der normativen Ansätze Porters[171], Hinterhubers[172] und Zörgiebels[173] ist die Entwicklung von Handlungsanleitungen zur rationalen Gestaltung unternehmerischer Strategien. Ausgangspunkt dieser Ansätze ist eine Betrachtung der Branche als relevantem Wettbewerbsumfeld der Unternehmung. Die Entwicklung differenzierter Wettbewerbsstrategien erfolgt in Abhängigkeit von den Wettbewerbsverhältnissen und dem Reifegrad der jeweiligen Branche, von den Wettbewerbsstrategien der Konkurrenten, von der bisherigen Marktposition des Unternehmens sowie von seinen internen Ressourcen. All diese in Anlehnung an industrieökonomische Analysen entwickelten Konzepte betonen die "strategischen Wahlmöglichkeiten" der Unternehmen hinsichtlich der zu verfolgenden Wettbewerbsstrategie[174].

Eine umfassende Darstellung wettbewerbsstrategischer Optionen findet sich bei Porter[175]. Er unterscheidet zwischen drei unterschiedlichen strategischen Varianten:
- Kostenführerschaft
- Differenzierung
- Spezialisierung.

Diese drei wettbewerbsstrategischen Varianten beziehen sich auf die zwei folgenden Dimensionen:
- den strategischen Wettbewerbsvorteil
- die strategische Zielgruppe.

Aus den beiden Dimensionen ergibt sich folgende Matrix:

---

[171]   Vgl. Porter, M. E., 1985 und 1986.

[172]   Vgl. Hinterhuber, H., 1982.

[173]   Vgl. Zörgiebel, W. W., 1983.

[174]   Vgl. Tödtling, F., 1990 : 31.

[175]   Vgl. Porter, M. E., 1985.

Abb. 8:   Generelle Wettbewerbsstrategien nach Porter

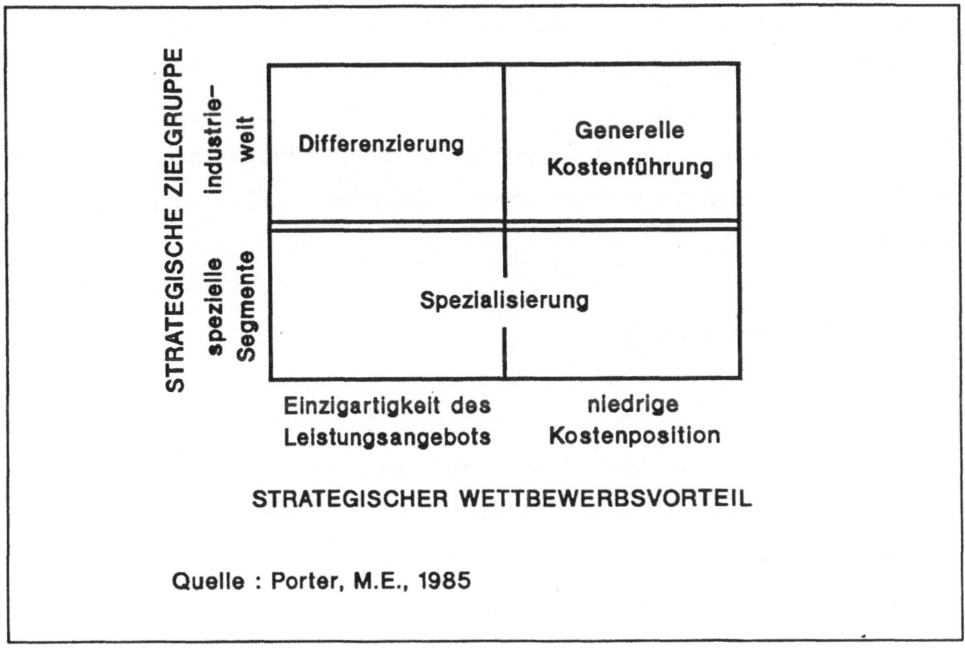

Die drei generellen strategischen Optionen lassen sich in folgender Weise charakterisieren:

Ziel der **Kostenführerstrategie** ist es, durch die Reduktion von Kosten in allen Unternehmensbereichen einen Kostenvorteil gegenüber den Konkurrenten zu erzielen, um somit über geringe Preise hohe Marktanteile aufbauen und sichern zu können. Dadurch wird die Realisierung von Economies-of-Scale-Vorteilen ermöglicht. Der Aufbau kostenintensiver Anlagen und die Wirkung von Erfahrungskurveneffekten führen zu hohen Markteintrittsbarrieren und damit auch zu relativ großer Verhandlungsmacht gegenüber Zulieferern und Kunden. Zielgruppe der Kostenführerstrategie ist (in technologischer und/oder regionaler Hinsicht) der gesamte Markt.

Auch die **Differenzierungsstrategie** richtet sich auf industrieweite strategische Zielgruppen. Im Unterschied zur Kostenführerschaft ist das Ziel der Differenzierungsstrategie jedoch nicht die Realisierung von Kosten- und damit Preisvorteilen. Zentrales Argument der Wettbewerbsfähigkeit ist vielmehr die eindeutige Abgrenzung der angebotenen Produkte oder Dienstleistungen von denen der Konkurrenten. Diese "Einmaligkeit" der Produkte in den Augen der Abnehmer rechtfertigt in gewissem Rahmen einen - gegenüber den Produkten des Kostenführers - höheren Marktpreis. Eine Differenzierung der eigenen Produkte gegenüber den Produkten der Konkurrenten kann auf unterschiedlichen Feldern angestrebt werden, z.B.:

- durch ein besonderes Design,
- durch ein besonders effizientes Vertriebsnetz,
- durch in technologischer und Qualitativer Hinsicht überlegene Produkte,
- durch den Aufbau eines besonderen Serviceangebotes,
- durch den Aufbau eines "Markennamens" bzw. eines differenzierten Unternehmensimages,
- usw...

Durch die erfolgreiche Umsetzung einer Differenzierungsstrategie können bei den Abnehmern Mobilitätsbarrieren aufgebaut und damit der Wettbewerbsdruck aus Sicht des Unternehmens reduziert werden.

Die **Spezialisierungsstrategie** schließlich richtet sich nicht auf die Bedienung einer industrieweiten strategischen Zielgruppe, sondern auf ein spezifisches Segment innerhalb dieser Zielgruppe. Der Begriff Spezifität kann sich dabei auf räumliche, qualitative oder andere Dimensionen beziehen. Innerhalb eines solchen Marktsegmentes kann eine Spezialisierungsstrategie dann entweder auf eine günstigere Kostenposition als bei den Konkurrenten oder auf eine Differenzierung der Produkte zielen. Es wird also innerhalb des Marktsegmentes entweder eine Kostenführungs- oder eine Differenzierungsstrategie verfolgt.

Die erfolgreiche Umsetzung einer dieser drei Wettbewerbsstrategien ist abhängig von der Ausgangsposition eines Unternehmens, also von den vorhandenen Ressourcen, dem erarbeiteten Know-how, dem historischen Unternehmensprofil, dem Image des Unternehmens etc. Porter betont allerdings, daß ein Unternehmen

aufgrund der sehr unterschiedlichen Anforderungsprofile der einzelnen Wettbewerbsstrategien nicht gleichzeitig mehrere Varianten verfolgen kann. So geht
Porter davon aus, daß beispielsweise bei der Verfolgung einer Kostenführerstrategie mit dem Ziel, hohe Marktanteile zu realisieren und bei gleichzeitiger starker
Differenzierung der Produkte für spezifische Marktsegmente mit einem deutlichen Rückgang der Rentabilität zu rechnen ist, da dieses Unternehmen seine
Ressourcen "zersplittert" und damit sowohl einem Unternehmen, das sich ganz
auf die Kostenführerschaft konzentriert, als auch einem Unternehmen, das seine
Ressourcen auf die Differenzierung konzentriert, unterlegen sein wird[176].

Aufbauend auf dem von Porter entwickelten wettbewerbsstrategischen Ansatz
konzentriert sich Zörgiebel auf die Rolle technischer Innovationen im Rahmen
unterschiedlicher strategischer Varianten. Auch er unterscheidet bei seiner Analyse technologieorientierter Wettbewerbsstrategien generell zwischen drei - hinsichtlich ihrer Innovationsanforderungen unterschiedlichen - Strategietypen[177]:

Im Rahmen der **Kostenführerstrategie** liegt eine technologieorientierte Wettbewerbsstrategie nur dann vor, wenn die Realisierung eines Kostenvorteils mit
Hilfe technischer Innovationen angestrebt wird. Andere Möglichkeiten, eine Kostenführerstrategie zu verfolgen, ohne das Instrument technischer Innovationen zu
verwenden, ist beispielsweise die Verlagerung der Produktion in Länder mit geringen Lohnkosten oder der konsequente Bezug von Rohstoffen und Vorprodukten
bei Anbietern, die ihrerseits mit Lohnkostenvorteilen produzieren. Die Innovationsanstrengungen des technologieorientierten Kostenführers richten sich nicht
auf die Entwicklung völlig neuartiger Produkte, sondern überwiegend auf eine

---

[176] Diese Überlegungen Porters setzen allerdings eine relativ eindeutige Verteilung der Nach-
fragepräferenzen voraus. Wenn in einem spezifischen Marktsegment die Präferenzen der
Nachfrager so verteilt sind, daß sie entweder <u>das preiswerteste Produkt</u> oder <u>das Produkt mit
dem besten Desing</u> nachfragen, sind die Überlegungen Porters zutreffend. In der Realität
bilden sich Präferenzen für bestimmte Produkte jedoch häufig aufgrund individuell unterschiedlicher Vorstellungen über das optimale "<u>Mischungsverhältnis</u>" von Produkteigenschaften.
Eine Wettbewerbsstrategie, die sich <u>ausschließlich</u> auf die Optimierung <u>einer</u> Produkt-
eigenschaft konzentriert, ist somit nur selten erfolgversprechend. Realistischer ist dagegen
eine mehr oder minder stark ausgeprägte <u>Schwerpunktbildung</u> der Ressourcen, ohne dabei
andere Bereiche völlig zu vernachlässigen.

[177] Vgl. Zörgiebel, W. W., 1983 : 111ff.

kostengünstigere Herstellung bereits vorhandener Produkte. Ein Ziel der Innovationsaufwendungen ist es deshalb, die Effizienz der Fertigungsverfahren zu erhöhen, also Prozeßinnovationen zu entwickeln oder einzuführen. Ein weiteres Instrument zur Umsetzung einer technologieorientierten Kostenführerstrategie ist die Reduzierung der Herstellungskosten durch Produktinnovationen, also beispielsweise durch den Einsatz neuer und kostengünstigerer Werkstoffe oder durch konstruktive Vereinfachungen am Produkt.

Im Rahmen von **Differenzierungsstrategien** kann eine Konzentration auf technische Innovationen zwei unterschiedliche Wettbewerbsvorteile eröffnen:

Der **Technologieführer** differenziert seine Produkte durch eine (allen Konkurrenzprodukten) überlegene technologische Leistungsfähigkeit. Seine Innovationsaufwendungen konzentrieren sich deshalb in erster Linie auf Produktinnovationen und hier auf die Entwicklung völlig neuer Produkte und Produktlinien.

Der **Anpassungsspezialist** differenziert seine Produkte dagegen durch das Angebot kundenspezifischer Problemlösungen. Seine Innovationsaufwendungen richten sich deshalb weniger auf die Entwicklung von in technischer Hinsicht völlig neuen Problemlösungen, sondern vordringlich auf die Lösung kundenspezifischer Probleme mit Hilfe bereits vorhandener Technologien.

Einen Überblick über die verschiedenen Wettbewerbsstrategien bietet die folgende Abbildung:

Abb. 9: Merkmale unterschiedlicher Wettbewerbsstrategien

Generelle Wettbewerbsstrategien	Ziel	Mittel zur Durchsetzung dieser Ziele
Kostenführung	Reduzierung der Kosten	Produktion in Niedriglohn-Ländern
		Fremdbezug aus Niedriglohn-Ländern
	Reduzierung der Kosten	Prozeßinnovation (und/oder Produktinnovation)
	Differenzierung durch Produktanpassung	(Inkrementale) Produktinnovation
	Differenzierung durch technisch überlegene Produkte	Produktinnovation (und/oder Prozeßinnovation)
Differenzierung	Differenzierung durch Kundendienst	besondere Schulungs- und Wartungsangebote
	Differenzierung durch Lieferflexibilität	Lagerhaltung, just-in-time-Produktion
	Differenzierung durch Markenimage	Werbung, Marketing
	Differenzierung durch Termintreue	Vertriebsinnovation
	Differenzierung durch Sonstiges	— — —

▨ technologieorientierte Wettbewerbsstrategien

7.1.3 Technologieorientierte Wettbewerbsstrategie und technologieorientierte Außenbeziehungen

Ausgangspunkt der folgenden Analyse ist die These, daß eine bewußt oder unbewußt verfolgte Wettbewerbsstrategie nicht nur Implikationen für die Struktur der unternehmens**internen** Ressourcen hat, sondern auch Bedarf und Nutzung der **externen** Ressourcen mit determiniert. Diese Wettbewerbsstrategie bezieht sich dabei jeweils auf **ein** konkretes Produkt bzw. **eine** konkrete Produktlinie, kann aber auch für die gesamte Produktpalette eines Unternehmens Gültigkeit besitzen.

Die Frage, inwieweit diese strategischen Varianten von der Unternehmensleitung frei wählbar oder zu beeinflussen sind, und in welchem Maße sie von der histori-

schen Entwicklung des Unternehmens und den technologischen und wettbewerblichen Rahmenbedingungen, innerhalb derer das Unternehmen im Zeitverlauf
agiert hat, determiniert werden, kann und soll hier nicht abschließend beantwortet
werden. Es ist jedoch davon auszugehen, daß zwischen der Strategie und den
Rahmenbedingungen, unter denen diese Strategie verfolgt wird, eine enge Wech-
selwirkung besteht[178]. Deshalb ist zu vermuten, daß nicht nur die Wettbewerbsstrategie die Struktur der Außenbeziehungen determiniert, sondern daß umgekehrt auch die im Zeitverlauf gewachsene Struktur der Außenbeziehungen
eines Unternehmens Rückwirkungen auf die Optionen und die Effizienz dieser
Optionen im Hinblick auf unterschiedliche strategische Varianten hat[179].

Gegenstand der folgenden Untersuchung ist der Zusammenhang zwischen der
(auf ein konkretes Produkt bzw. eine konkrete Produktlinie bezogenen) Wettbewerbsstrategie eines Unternehmens und der Struktur seiner technologieorientierten Außenbeziehungen.

Dabei erfolgt eine Konzentration auf solche Unternehmen, die für ihr Hauptprodukt oder ihre Hauptproduktgruppe (bewußt oder unbewußt) eine **technologieorientierte** Wettbewerbsstrategie verfolgen. Diese Einschränkung erscheint zweck-
mäßig, da die Bedeutung technologieorientierter Außenbeziehungen für Unternehmen, deren Wettbewerbsfähigkeit sich nicht primär auf technologische Aspek-

---

[178] Freeman schreibt dazu : "Any firm operates within a spectrum of technological and market
possibilities arising from the growth of world science and the world market. These developments are largely independent of the individual firm and would mostly continue even if it
ceased to exist. To survive and develop it must take into account these limitations and histo-
rical circumstances. To this extend its innovative activity is not free or arbitrary, but histori-
cally circumscribed. Its survival and growth depend upon its capacity to adapt to this rapidly
changing external environmentand to change it (...). Within these limits, the firm has a range
of options and alternative strategies" (Freeman, C., 1982 : 169).

[179] Zu den Interdependenzen zwischen inner- und außerbetrieblichen Rahmenbedingungen und
Strategischer Planung vgl. beispielsweise auch Mintzberg, H., 1988 : 82ff oder Miller, D. /
Mintzberg, H., 1988 : 518ff.

te richtet, zwar in Einzelfällen wichtig sein kann[180], generell aber deutlich geringer zu bewerten sein wird als bei Unternehmen mit technologieorientierter Wettbewerbsstrategie.

In Anlehnung an das von Zörgiebel entwickelte Modell wird im folgenden zwischen drei grundsätzlich verschiedenen strategischen Varianten unterschieden:

1. Technologieführung,
2. Anpassungsspezialisierung und
3. Kostenführung.

Welche Zusammenhänge bestehen nun zwischen Wettbewerbsstrategie und technologieorientierten Außenbeziehungen eines Unternehmens? Die Beantwortung dieser Frage erfordert folgende Differenzierungen:

- Hinsichtlich des **Innovationszieles** wird unterschieden zwischen Produkt- und Prozeßinnovationen.

- Hinsichtlich der **Art der Partner** wird (aus dem Blickwinkel des betrachteten Unternehmens) unterschieden zwischen
  o Kunden,
  o Akteuren aus komplementären (Produkt-)Technologiebereichen (nicht nur aktuelle Zulieferer sondern auch potentielle Zulieferer sowie ggf. Ingenieurbüros oder (Fach-) Hochschulen und Forschungseinrichtungen),
  o Anbietern von Prozeßtechnologien (Equipment-Zulieferer sowie ggf. Ingenieurbüros oder (Fach-) Hochschulen und Forschungseinrichtungen) und
  o Akteuren aus dem gleichen Technologiegebiet (aktuelle und potentielle Wettbewerber).

- In **ablauforganisatorischer** Hinsicht wird unter Verwendung eines idealtypischen Innovationsphasen-Modells differenziert zwischen

---

[180] Etwa, wenn durch den Aufbau von Außenbeziehungen die Grundlage für einen Wechsel von einer nicht-technikorientierten zu einer technologieorientierten Wettbewerbsstrategie geschaffen wird.

o Problemsuche,

o Problemdefinition,

o Problemlösung und

o Markteinführung.

7.1.3.1 Die technologieorientierten Außenbeziehungen des Technologieführers

Der Technologieführer versucht, seine Produkte gegenüber Konkurrenzprodukten durch das Angebot überlegener Technologie zu differenzieren. Er stellt diese Produkte für einen breiten Kreis von Abnehmern her, kundenspezifische Anpassungen werden nicht vorgenommen, die Produkte sind standardisiert. Innovationsziel ist die Entwicklung völlig neuer Produkte bzw. Produktlinien, wobei durch diese Innovation ein möglichst großer technologischer "Vorsprung" gegenüber konkurrierenden Unternehmen gesichert werden soll.

Die Anregung zu **Produktinnovationen** erfolgt hier nicht notwendigerweise aus dem Kreis der Kunden, sondern kann aus interner, nicht von Anfang an zielgerichteter ("experimenteller") FuE resultieren. Bei **Problemsuche** und **Problemdefinition** sind verschiedene Varianten technologieorientierter Außenbeziehungen denkbar. Die Suche nach neuen Problemstellungen kann mit Hilfe von Messebesuchen oder durch lose Informationsbeziehungen zu einzelnen Kunden bzw. zu Zwischenhändlern durchgeführt werden. Möglich ist aber auch die enge Einbindung eines (oder mehrerer) spezifischen Kunden, eines sog. "lead user(s)"[181]. Dieser "lead user" unterstützt den Technologieführer bei der Suche und der Definition neuer Problembereiche - und zwar lange bevor diese Probleme allgemein, d.h. industrieweit wahrgenommen werden. **Wenn** also einzelne Kunden in die Problemsuche und Problemdefinition des Technologieführers einbezogen sind, handelt es sich dabei um Unternehmen, die ihrerseits eine technologisch führende

---

[181] Für Eric v. Hippel charakterisieren zwei Merkmale einen "lead user":
1. "Lead users face needs that will be general in marketplace, but they face them months or
   • years before the bulk of that marketplace encounters them, and
2. Lead users are positioned to benefit significantly by obtaining a solution to those needs."
(Siehe v. Hippel, E., 1988 : 107.)

Position innerhalb ihrer Branche anstreben.

Bei der **Problemlösung**, also bei der eigentlichen Forschungs- und Entwicklungstätigkeit, gilt es dagegen für den Technologieführer, sich die Exklusivität des innovativen technologischen Know-hows zu sichern. Er wird deshalb FuE-Kooperationen mit einzelnen Kunden tendenziell vermeiden, um einerseits sicherzustellen, daß der Verwender aus dieser Zusammenarbeit keine Exklusivitätsansprüche ableitet (was aber gerade für einen "lead-user" von besonderem Interesse sein könnte) und andererseits zu vermeiden, daß der "lead-user" aufgrund der von ihm eingebrachten Entwicklungsleistung Ansprüche auf Teile der "Quasi-Monopol"-Rente anmelden kann.

Eine verstärkte Zusammenarbeit mit Zulieferern und Forschungseinrichtungen ist dagegen bei Technologieführern aus mehreren Gründen zu erwarten. Zum einen erfordert die Entwicklung technischer Spitzenprodukte häufig ebenso anspruchsvolle Vorprodukte und Komponenten, zum anderen beinhaltet das Angebot von Spitzentechnologie häufig die Integration neuer Komplementärtechnologien (z.B. Mikroelektronik, Sensorik etc.). Es ist deshalb zu erwarten, daß bei der kooperativen Entwicklung innovativer Produkttechnologien Zulieferer und auch Forschungseinrichtungen für Technologieführer von besonderer Bedeutung sind.

Bei der **Markteinführung** innovativer Produkte können, ebenso wie bei der Problemsuche und der Problemdefinition, einzelne "lead-user" für den Technologieführer eine entscheidende Rolle spielen. Ihre Bedeutung liegt dabei insbesondere in ihrer Funktion als Betreiber einer "Demonstrationsanlage". Der Technologieführer kann bei der Vermarktung seines Produktes darauf verweisen, daß es sich bereits "in der Praxis" bewährt hat.

Eine enge Verflechtungsbeziehung mit den Anbietern von **Prozeßtechnologien** ist für Technologieführer nur dann notwendig, wenn die Entwicklung oder die Herstellung eines innovativen Produktes abhängig ist von der Entwicklung einer neuen und spezifischen Prozeßtechnologie. Besteht ein solcher Zusammenhang, ist es für den Technologieführer besonders wichtig, Abhängigkeiten, die bei einem ausschließlichen Fremdbezug dieser innovativen Prozeßtechnologie entstehen könnten, durch eine kooperative Entwicklung zu vermindern.

Eine Zusammenarbeit mit **Unternehmen aus dem gleichen Technologiegebiet** ist für Technologieführer aufgrund tatsächlich oder wenigstens latent vorhandener Konkurrenzbeziehungen nur im streng vorwettbewerblichen Bereich zu erwarten. Denkbar wäre etwa die gemeinsame Vergabe von Entwicklungsaufträgen für die Verbesserung von Fertigungsverfahren.

Zusammenfassend ergibt sich für Unternehmen, die eine Strategie der Technologieführerschaft verfolgen, folgendes (idealtypische) Strukturbild der technologieorientierten Außenbeziehungen:

These: **Der Technologieführer kooperiert bei der Entwicklung innovativer Technologien relativ häufiger mit Zulieferern und Forschungseinrichtungen als Anpassungsspezialisten und Kostenführer. Kunden (relativ zu Anpassungsspezialisten) und Equipment-Zulieferer (relativ zu Kostenführern) sind ebenso wie Wettbewerber für den Technologieführer als FuE-Kooperationspartner von unterdurchschnittlicher Bedeutung.**

Dabei ist zu erwarten, daß bei der Zusammenarbeit mit Zulieferern und dem (den) "lead-user(n)" tendenziell informelle, d.h. vertraglich nicht geregelte Formen der Zusammenarbeit gewählt werden, da im Rahmen der langandauernden Geschäftsbeziehungen (gemäß den Implikationen des Netzwerkansatzes) Transaktionsbarrieren verringert und ein gegenseitiges Vertrauensverhältnis aufgebaut werden konnten. Bei Unternehmen aus komplementären Technologiebereichen, zu denen bisher (und möglicherweise auch weiterhin) keine Zulieferer-Abnehmer-Beziehungen bestehen, ist dagegen zu erwarten, daß eine Einbindung in kooperative Innovationsprojekte überwiegend auf einer vertraglich fixierten Grundlage erfolgt.

7.1.3.2 Die technologieorientierten Außenbeziehungen des Anpassungsspezialisten

Differenzierungskriterium des Anpassungsspezialisten ist die Lösung kundenspezifischer Probleme mit Hilfe von im Unternehmen vorhandenen Technologien. Dies bedeutet, daß der Anpassungsspezialist in technologischer Hinsicht zwar "auf dem Stand der Branche" ist und auch bleiben muß, daß er jedoch, im Gegensatz zum Technologieführer, seinen Wettbewerbsvorteil nicht in einem möglichst großen technologischen Vorsprung suchen muß. Er kann also bezüglich seiner Produkte einen mehr oder minder großen technologischen Rückstand relativ zu den Produkten des Technologieführers in Kauf nehmen. Sein Innovationsziel ist weniger die Entwicklung völlig neuer Produkte und Produktlinien, als vielmehr die stetige Verbesserung vorhandener Produkte "in kleinen Schritten".

Bezüglich seiner **Produktinnovationen** ist der Anpassungsspezialist also bei der **Problemsuche** und der **Problemdefinition** nicht in gleichem Maße wie der Technologieführer auf eine gezielte Beobachtung branchenweiter Bedarfsveränderungen angewiesen. Die Anregungen zu Verbesserungsinnovationen ergeben sich hier tendenziell aus der engen Zusammenarbeit mit einzelnen Kunden bei der Problemdefinition und auch bei der **Problemlösung** (FuE). Die kooperative Entwicklung mit Kunden ist für den Anpassungsspezialisten weniger problematisch als für den Technologieführer, da als Resultat der Zusammenarbeit kein völlig neues und branchenweit verwendbares Produkt entsteht, bei dem der Kunde für sein eingebrachtes Know-how eine Entschädigung in Form einer Beteiligung an der "Quasi-Monopol"-Rente verlangen könnte. Resultat der gemeinsamen Entwicklung ist vielmehr eine Verbesserung des bereits vorhandenen Produktes des Anpassungsspezialisten. Es entsteht also kein neuer "Umsatzträger", über dessen Gewinnspanne es zu Verteilungsrivalitäten zwischen Kunde und Anpassungsspezialist kommen könnte. Auch der Zielkonflikt "Exklusivität", der bei einer FuE-Kooperation zwischen Technologieführer und "lead-user" tendenziell geben ist, entsteht bei einer Kooperation zwischen Anpassungsspezialist und Kunde kaum, da die Verbesserungsinnovation selbst häufig nur Teil einer kundenspezifischen Problemlösung ist, diese spezifische Problemlösung aber kaum für andere Kunden in der selben Form unverändert übernommen werden kann.

Der Zusammenarbeit mit den Zulieferern von Vorprodukten und Rohstoffen ebenso wie der Zusammenarbeit mit Hochschulen und Forschungseinrichtungen kann für den Anpassungsspezialisten eine relativ geringere Bedeutung zugemessen werden als für den Technologieführer. Diese Annahme läßt sich zum einen dadurch begründen, daß der Anpassungsspezialist vorwiegend keine völlig neuen Problemlösungen erarbeitet, bei denen etwa die Einbeziehung völlig neuer Technologien erforderlich wäre. Als weiterer Grund für die relativ geringere Bedeutung von Zulieferern als Kooperationspartner läßt sich die These anführen, daß die Verbesserungsinnovationen der Anpassungsspezialisten nicht in gleichem Maße Innovationsanforderungen für die Zulieferer nach sich ziehen wie die Neuproduktentwicklungen der Technologieführer.

Bei der **Markteinführung** innovativer Produkte ist die Beziehung zu einzelnen Kunden für den Anpassungsspezialisten nicht von gleicher Bedeutung wie für den Technologieführer, da hier (im Regelfall) nicht für eine ganze Branche die Einsatzfähigkeit der Innovation "in der Praxis" demonstriert werden kann. Die Innovation wurde nicht mit dem Ziel entwickelt, ein branchenweit auftretendes Problem zu lösen, kann also unter Umständen nicht generell, sondern nur unter ganz speziellen Voraussetzungen eine echte Verbesserung darstellen.

Bei den **Prozeßinnovationen** richtet sich das Interesse der Anpassungsspezialisten nicht wie beim Technologieführer auf eine technische Verbesserung der Produkte, sondern auf eine weitestgehende Flexibilisierung der Fertigungsverfahren und Produktionsanlagen[182]. Die "Hardware" flexibler Fertigungsverfahren (CAD, CAM, CIM, CNC etc.) ist dabei heute relativ ausgereift und standardisiert. Innovationen finden dagegen überwiegend im Bereich der "Software"-Entwicklung statt. Hier kann die gemeinsame Vergabe von Auftragsentwicklungen für neue "Softwarepakete" durch mehrere Nutzer flexibler Fertigungssysteme die für den einzelnen möglicherweise prohibitiv hohen Kosten deutlich verringern.

Doch nicht nur die gemeinsame Vergabe von Auftragsentwicklungsprojekten im Fertigungsbereich ist hier ein mögliches Feld der Kooperation zwischen Unternehmen aus dem gleichen Technologiebereich. Da das entscheidende Kriterium der Wettbewerbsfähigkeit für Anpassungsspezialisten nicht die Höhe des technologischen Niveaus der Produkte ist, kann auch der "vorwettbewerbliche Bereich"

---

[182] Vgl. hierzu auch Kaluza, B., 1989 : 16.

der Entwicklung von Produktinnovationen weiter gefaßt werden, als bei Technologieführern. Die gemeinsame Weiterentwicklung von Produkttechnologien durch Unternehmen aus dem gleichen Technologiebereich ist also bei Anpassungsspezialisten möglicherweise häufiger anzutreffen als bei Technologieführern.

Zusammenfassend ergibt sich für Unternehmen, die eine Strategie der Anpassungsspezialisierung verfolgen, folgendes (idealtypische) Strukturbild technologieorientierter Außenbeziehungen:

These: Anpassungsspezialisten kooperieren bei der Entwicklung innovativer Technologien relativ häufiger mit Kunden und Wettbewerbern als Technologieführer und Kostenführer. Die Bedeutung der Zusammenarbeit mit Zulieferern und (Fach-)Hochschulen bzw. Forschungseinrichtungen ist dagegen für Anpassungsspezialisten, relativ zu Unternehmen, die eine Strategie der Technologieführung verfolgen, geringer.

7.1.3.3 Die technologieorientierten Außenbeziehungen des Kostenführers

Der Kostenführer sucht ebenso wie der Anpassungsspezialist seinen Wettbewerbsvorteil nicht im Angebot von Spitzentechnologie. Er bietet auch keine kundenspezifischen Problemlösungen an, sondern produziert standardisierte Güter für einen möglichst breiten Kreis von Abnehmern. Seinen Wettbewerbsvorteil bezieht der Kostenführer aus (relativ zur Konkurrenz) geringeren Herstellungskosten, die, in Abhängigkeit von der Wettbewerbsintensität und der Konkurrenzsituation, teilweise oder vollständig in Form geringerer Marktpreise an die Abnehmer weitergegeben werden.

Diese Kosten- und Preisvorteile kann ein Unternehmen aufgrund verschiedenster Ursachen besitzen (Economies of scale, Produktion in Niedriglohn-Ländern, Fremdbezug aus Niedriglohn-Ländern, etc.). Eine technologieorientierte Wettbewerbsstrategie verfolgt der Kostenführer jedoch nur dann, wenn er Kostenvorteile aufgrund innovativer Entwicklungstätigkeit realisiert. Hierzu bieten sich ihm zwei unterschiedliche Wege:

Bei **Produktinnovationen** richten sich die Entwicklungsanstrengungen des Kostenführers nicht vordringlich auf eine Verbesserung der technischen Leistungsfähigkeit der Produkte, sondern auf eine Reduzierung der Stückkosten. Dies kann erreicht werden durch eine Vereinfachung der Konstruktion oder durch die Verwendung neuer und kostengünstigerer Werkstoffe. Insbesondere bei der Integration neuer Werkstoffe ist dabei zu vermuten, daß der Kostenführer auf die Einbeziehung unternehmensexterner FuE-Ressourcen angewiesen ist. Bei der **Problemdefinition** und bei der **Problemlösung** ist deshalb für solche Unternehmen, die eine Kostenführerschaft durch Produktinnovationen zu erlangen suchen, eine enge Verflechtung mit Akteuren zu vermuten, die sich mit der Erforschung und der Entwicklung neuer Werkstoffe befassen.

Bei **Prozeßinnovationen** richtet sich das Innovationsziel des Kostenführers nicht primär auf eine Steigerung der technischen Qualität der Produkte oder eine zunehmende Flexibilisierung der Fertigungsverfahren, sondern auf eine Steigerung der Fertigungseffizienz und damit eine Reduzierung der Fertigungs- bzw. Logistikkosten[183]. Dabei sind Unternehmen, die eine Kostenführerschaft mit Hilfe von Prozeßinnovationen anstreben, potentielle "Lead-user" für die Technologieführer im Equipmentbereich. Der Kostenführer, mit dem Ziel, über die möglichst fortschrittlichste Fertigungstechnologie der gesamten Branche zu verfügen, wird dabei in der Problemdefinitionsphase jeweils sehr eng mit dem (den) Equipment-Herstellern zusammenarbeiten. Bei der eigentlichen Problemlösung (FuE) ist dagegen eine Kooperation zwischen Hersteller und Verwender aufgrund der bereits beschriebenen Zielkonflikte bezüglich der Exklusivität der Innovation relativ unwahrscheinlich. Der Kostenführer wird die innovative Fertigungstechnologie deshalb überwiegend fremdbeziehen (müssen).

Eine Zusammenarbeit mit Unternehmen aus dem gleichen Technologiebereich zur gemeinsamen Verbesserung von Fertigungsverfahren ist für Unternehmen, die ihren Wettbewerbsvorteil aus überlegenen Prozeßtechnologien beziehen, relativ unwahrscheinlich. Ein potentielles Feld der Zusammenarbeit ergibt sich dagegen bei der gemeinsamen Verbesserung von Produkten, etwa bei der gemeinsamen

---

[183] Vgl. hierzu auch Kaluza, B., 1989 : 14f.

Adaption und Integration neuer Produkttechnologien, wobei der sogenannte "vor-wettbewerbliche Bereich", ähnlich wie beim Anpassungsspezialist, tendenziell weiter zu fassen ist, als beim Technologieführer.

Für den Kostenführer ergibt sich also zusammenfassend folgendes (idealtypische) Strukturbild technologieorientierter Außenbeziehungen:

These: **Die Zusammenarbeit mit Kunden spielt (relativ zu Anpassungsspeziali-sten) ebenso wie eine Zusammenarbeit mit Zulieferern von Vorprodukten (relativ zu Technologieführern) für technologieorientierte Kostenführer eine untergeordnete Rolle. Eine überdurchschnittliche Bedeutung hat dagegen die Beziehung zu Akteuren, die sich mit der Entwicklung und Verbesserung von Fertigungsanlagen befassen (Equipment-Zulieferer und entsprechend orientierte Forschungseinrichtungen).**

Tabelle 1: Thesen zur Relevanz einzelner Partner in Abhängigkeit von der Wettbewerbsstrategie

Partner Strategie	(Fach-)-Hochschulen Forschungs-einrichtun-gen	Zulieferer (Vorproduk-te, Kompo-nenten, Roh-stoffe)	Zulieferer (Equipment)	Kunden	Wettbewer-ber
Technologie-führer	"hoch"	"hoch"	"gering"	"gering"	"gering"
Anpassungs-spezialist	"gering"	"gering"	"gering"	"hoch"	"mittel"
Kostenführer	"mittel"	"gering"	"hoch"	"gering"	"gering"

7.2 Strukturvariable: Räumliche Distanz

Wie bereits bei der Vorstellung des Transaktionskostenansatzes gezeigt, wird die Höhe der Transaktionskosten (und damit die Effizienz der Kooperations- oder Fremdbezugsoption gegenüber einer reinen Eigenentwicklung) maßgeblich beeinflußt durch die Kosten, die bei der Suche nach geeigneten Transaktionspartnern aufgewendet werden müssen und durch die Kosten, die im Verlauf des Austauschprozesses für die Beteiligten durch einzelne Interaktionsprozesse entstehen. Die Höhe dieser Such- und Interaktionskosten kann aber im Einzelfall wesentlich durch die räumliche Nähe oder Distanz zu dem (oder den) Interaktionspartner(n) bestimmt werden[184].

Räumliche Nähe fördert zum einen die Wahrscheinlichkeit, den oder die Interaktionspartner zufällig oder auch gezielt kennenzulernen (etwa durch die gemeinsame Mitgliedschaft in regional organisierten Vereinen, Verbänden oder sonstigen Vereinigungen). Ist der Kontakt zustandegekommen, erleichtert räumliche Nähe aber auch den schnellen Austausch von Informationen und Gütern. Zweifellos ist diese räumliche "Transaktionsbarriere" durch den Ausbau des Verkehrsnetzes, durch die Diffusion moderner Informations- und Kommunikationstechnologien und durch vielfältige Vermittlungsinitiativen (Informations-, Kooperations- Zuliefererbörsen etc.) von EG, Verbänden und Kammern im Zeitablauf verringert worden.

Dennoch kann die Existenz transaktionskostensenkender Effekte bei einer relativ geringen regionalen Distanz zum Partner insbesondere dann unterstellt werden, wenn vor der Aufnahme von technologieorientierten Außenbeziehungen keine ökonomischen Austauschbeziehungen (im Sinne von Zulieferer-Abnehmer-Beziehungen) zwischen den Partnern bestanden haben. Die Existenz stabiler und langandauernder ökonomischer Austauschbeziehungen zwischen den Partnern kann

---

[184] In einer Reihe empirischer Untersuchungen wurde mittlerweile nachgewiesen, daß ein positiver Zusammenhang zwischen räumlichen Nähe und der Wahrscheinlichkeit des Zustandekommens von Kooperations- bzw. Dienstleistungsbeziehungen besteht (vgl. hierzu etwa Hull, C. / Hjern, B., 1987; Håkansson, H., 1989; Herden, R., 1990; Lay, G. / Wengel, J., 1989; Meyer-Krahmer; F. et al., 1984; Rothwell, R., 1987 oder Rothwell, R. / Beesley, W., 1988).

die Transaktionskosten beim Aufbau und bei der Nutzung technologieorientierter Außenbeziehungen in mehrfacher Hinsicht verringern:

- Die Existenz und der Standort der potentiellen Partner ist bereits bekannt, Such- und Informationskosten entfallen weitgehend.

- Die Bedürfnisse und die Fähigkeiten der potentiellen Partner sind vergleichsweise sicher einzuschätzen, gegebenenfalls ist es bereits zu wechselseitigen Anpassungen beider Akteure gekommen; auch dadurch verringern sich die Informationskosten.

- Schließlich können langandauernde Geschäftsbeziehungen die Grundlage für den Aufbau von Vertrauen in die Zuverlässigkeit und die Leistungsfähigkeit des potentiellen Partners bilden und damit die Kosten, die zur Absicherung gegen ein Fehlverhalten des Partners aufgewendet werden müssen (Vertrags- und Kontrollkosten) ebenfalls reduzieren.

Es kann also vermutet werden, daß die räumliche Nähe zu einem potentiellen Partner als transaktionskostenreduzierender Faktor insbesondere bei horizontalen Partnern (Konkurrenten, Forschungseinrichtungen, (Fach-)Hochschulen, Unternehmensberater) von Bedeutung ist. Ist diese Annahme richtig, müßte sich die folgende These bestätigen lassen:

These: Wenn (Fach-)Hochschulen, Forschungseinrichtungen, Unternehmensberater oder Wettbewerber die Partner technologieorientierter Außenbeziehungen sind, so stammen diese relativ häufiger aus der unmittelbaren Umgebung des betrachteten Unternehmens, als wenn die Partner Kunden oder Zulieferer sind.

7.3 Intensitätsvariable: Unternehmensinterne FuE-Intensität

Den bisherigen Ausführungen liegt die Annahme zugrunde, daß die vom Unternehmen implizit oder explizit verfolgte Wettbewerbsstrategie einerseits und die räumliche Distanz zwischen den potentiellen Partnern andererseits die Struktur der technologieorientierten Außenbeziehungen, also die Wahl der Partner sowie die Form und den Inhalt der Zusammenarbeit maßgeblich beeinflussen. Diese Strukturvariablen sagen aber nichts darüber aus, mit welcher **Intensität** ein Unternehmen die (idealtypische) Verflechtungsstruktur nutzt (bzw. nutzen muß).

Bezogen auf die internen Forschungs- und Entwicklungsaufwendungen eines Unternehmens kann ein Zusammenhang mit dem Bedarf an externem Know-how und mit der Intensität technologieorientierter Außenbeziehungen potentiell in zwei verschiedenen Richtungen vermutet werden.

Könnten die internen FuE-Ressourcen eines Unternehmens durch externe Entwicklungskapazitäten weitgehend **substituiert** werden, wäre es also möglich, die Kompetenz und die Kapazität für die Entwicklung innovativer Produkte und Fertigungsverfahren je nach Verteilung der komparativen Kostenvorteile entweder weitgehend im Unternehmen zu belassen, oder auf andere Akteure (z.B. Zulieferer, Ingenieurbüros oder Hochschulen) zu übertragen, müßte ein negativer Zusammenhang zwischen der unternehmensinternen FuE-Intensität und der Intensität technologieorientierter Außenbeziehungen unterstellt werden.

Ist das externe Wissen, das über technologieorientierte Außenbeziehungen in den Innovationsprozeß einbezogen wird dagegen weitgehend **komplementär** zu den internen Entwicklungskapazitäten, werden die unternehmenseigenen Ressourcen also durch externe Ressourcen unterstützt oder ergänzt und nicht ersetzt, dann besteht ein positiver Zusammenhang zwischen der FuE-Intensität eines Unternehmens und der Intensität seiner technologieorientierten Außenkontakte.

Die Ergebnisse mehrerer empirischer Untersuchungen[185] weisen darauf hin, daß ein positiver Zusammenhang zwischen der FuE-Intensität[186] und der Ko-

---

[185] Siehe Becher, G. et al., 1989: 138ff; Håkansson, H., 1989 : 100ff;

[186] Gemessen als Anteil der in FuE Beschäftigten in Relation zur Gesamtbeschäftigtenzahl (bei Becher et al.) bzw. als "total development investment measured as a percentage of work-years" (bei Håkansson).

operationsintensität[187] eines Unternehmens besteht. **Technologieorientierte Au-ßenbeziehungen können unternehmensinterne Kompetenz also tendenziell nicht substituieren, sondern erfüllen häufig eine ergänzende bzw. komplementäre Funktion im Rahmen des betrieblichen Innovationsmanagements.** Umgekehrt können diese Ergebnisse auch so interpretiert werden, daß unternehmensinterne Entwicklungstätigkeit eine notwendige Voraussetzung ist, um extern entwickeltes Know-how antizipieren zu können und/oder als Kooperationspartner "attraktiv" zu sein[188]. In der empirischen Untersuchung ist deshalb folgende These zu über-prüfen:

These: FuE-intensive Unternehmen nutzen technologieorientierte Außenbeziehun-gen intensiver als weniger FuE-intensive Unternehmen.

7.4 Intensitätsvariable: Unternehmensgröße

Neben der FuE-Intensität wird in einigen empirischen Untersuchungen[189] die Unternehmensgröße[190] als ein weiterer, die Kooperationsintensität beeinflus-sender Faktor genannt[191]. Als Begründung für diesen Zusammenhang wird häufig angeführt, daß größere Unternehmen über mehr Ressourcen zum Aufbau und zur Pflege technologieorientierter Außenbeziehungen verfügen als kleinere Unternehmen und deshalb intensiver auf externes technologisches Know-how

---

[187] Gemessen an der Anzahl kooperativer Vereinbarungen (bei Becher et al.) bzw. der Aufwendungen für Kooperationsprojekte in Relation zum gesamten FuE-Budget (bei Håkansson).

[188] Vgl. hierzu auch Håkansson, H., 1989 : 100.

[189] Vgl. Becher, G. et al., 1989 : 134ff; Rotering, C., 1990 : 114; Naujoks, W. / Pausch, R., 1977 : 55f; Schmalholz, H. / Scholz, L., 1986 : 35.

[190] Gemessen an der Zahl der Beschäftigten (bei Becher et al., Schmalholz/Scholz und Naujoks/Pausch) oder am Umsatz (bei Rotering).

[191] Zu anderen Ergebnissen kommt Böhme, der feststellt, daß in der von ihm untersuchten Maschinenbauindustrie "kleine Betriebe offenkundig eher zu Kooperationen neigen als größere" (siehe Böhme, J., 1986 : 146). Auch in einer entsprechenden Analyse Håkanssons zeigt sich kein eindeutig linearer Zusammenhang zwischen Unternehmensgröße und Kooperationsintensität (vgl. Håkansson, H., 1989 : 88).

zurückgreifen können[192].

Inwieweit sich ein Zusammenhang zwischen Unternehmensgröße und Intensität technologieorientierter Außenbeziehungen möglicherweise darauf zurückführen läßt, daß größere Unternehmen beispielsweise FuE-intensiver oder älter sind als kleine und mittlere Unternehmen, wurde jedoch bisher nicht überprüft. Es ist deshalb zu untersuchen, ob sich, unabhängig von anderen Determinanten, größenspezifische Unterschiede bei Aufbau und Nutzung technologieorientierter Außenbeziehungen feststellen lassen.

These: Große Unternehmen nutzen technologieorientierte Außenbeziehungen intensiver als kleine Unternehmen.

7.5 Intensitätsvariable: Alter des Unternehmens

Um technologieorientierte Außenbeziehungen aufzubauen, müssen Zeit und Geld investiert werden. Zeit wird für die Suche nach geeigneten Partnern, für das Formulieren und Aushandeln von Verträgen und nicht zuletzt für den Aufbau eines Vertrauensverhältnisses zwischen den beteiligten Partnern benötigt. Es ist deshalb denkbar, daß der "Stock" von Beziehungen, über die ein Unternehmen verfügt, unabhängig von anderen Determinanten, allein durch das zunehmende Alter einer Unternehmung wächst. Es ist deshalb zu prüfen, ob sich ein positiver (und möglicherweise sogar linearer) Zusammenhang zwischen dem Alter einer Unternehmung und der Intensität seiner technologieorientierten Außenbeziehungen feststellen läßt.

These: Ältere Unternehmen nutzen technologieorientierte Außenbeziehungen intensiver als junge Unternehmen.

---

[192] Vgl. hierzu etwa Håkansson, H., 1989 : 85 oder Weitzel, G., 1987 : 21ff.

7.6 Intensitätsvariable: Konzernzugehörigkeit des Unternehmens

Vorangegangene Untersuchungen[193] haben Anhaltspunkte dafür ergeben, daß die Verflechtungsbeziehungen konzernzugehöriger Unternehmen unter Umständen weniger intensiv ausgeprägt sind, als bei selbstständigen Unternehmen. Ursache dafür ist häufig die Befürchtung der Konzernleitung, daß konzerninternes Know-how in der Folge einer Zusammenarbeit mit externen Partnern dem Einfluß des Konzernes entzogen und über den Umweg eines unabhängigen Zulieferers oder Kunden dem (den) Konkurrenten zugänglich gemacht werden könnte.

Diese Einschränkung der Handlungsfreiheit einzelner Konzernmitglieder wird seitens der Konzernleitung häufig mit dem Hinweis begründet, daß alle notwendigen komplementären Ressourcen innerhalb des Konzernverbundes vorhanden seien, daß Hilfe "von außen" also nicht benötigt würde. Diese Ansicht wird von den Betroffenen allerdings nicht in allen Fällen geteilt.

These: Konzernabhängige Unternehmen nutzen technologieorientierte Außenbeziehungen (zu nicht im Konzernverbund stehenden Akteuren) weniger intensiv als unabhängige Unternehmen.

7.7 Intensitätsvariable: Ökonomische Abhängigkeit des Unternehmens

Eine Einschränkung der Handlungsfreiheit hinsichtlich der Gestaltung und der Nutzung technologieorientierter Außenbeziehungen kann jedoch nicht nur aus einem rechtlichen, sondern auch aus einem ökonomischen Abhängigkeitsverhältnis resultieren. Die Konzentration auf einen einzigen Kunden (bzw. eine sehr kleine Zahl von Kunden) oder einen einzigen (wenige) Zulieferer kann zu den gleichen Abhängigkeiten führen, wie rechtliche Bindungen. Auch hier kann die Befürchtung des dominierenden Geschäftspartners vor einem unkontrollierten Know-how-Abfluß die Entscheidungsfreiheit des "abhängigen" Unternehmens einschränken oder ganz außer Kraft setzen.

---

[193] Vgl. hierzu beispielsweise Herden, R., 1990.

Diese Befürchtung eines ungewollten Know-how-Abflusses über den Umweg eines abhängigen Zulieferers oder Abnehmers mag in Einzelfällen durchaus berechtigt sein, doch kann ein einseitiges Beschneiden der Außenbeziehungen des Geschäftspartners nicht nur für das "abhängige" Unternehmen, **sondern auch für das "dominierende" Unternehmen selbst** negative Konsequenzen haben.

Das "abhängige" Unternehmen, dem es nicht erlaubt ist, mit anderen Unternehmen bei der Entwicklung oder Verbesserung seiner Produkte zusammenzuarbeiten, verliert die Fähigkeit, neue Problemstellungen außerhalb des aktuellen Tätigkeitsfeldes zu erkennen und neue Produkte für neue Märkte zu entwickeln, was die Abhängigkeit vom "dominierenden" Partner auf Dauer zementiert (und von diesem unter Umständen durchaus begrüßt wird).

Diese zwangsweise Zentrierung der technologieorientierten Außenbeziehungen der Geschäftspartner auf das "dominierende" Unternehmen hat für dieses den Vorteil, daß außenstehende Akteure (evtl. Konkurrenten) nicht von dem innerhalb des Netzwerkes erarbeiteten innovativen Know-how profitieren können, sie hat aber umgekehrt auch den Nachteil, daß dem "dominierenden" Unternehmen kein neues technologisches Wissen von außen über seine Zulieferer/Abnehmer-Beziehungen zufließen kann. Die zwangsweise Beschneidung der Diffusion von innovativem technologischem Know-how kann deshalb aus Sicht des "dominierenden" Unternehmens kurzfristig eine erfolgversprechende Strategie sein. Längerfristig kann sich das Unterbinden von Diffusionsprozessen über Zulieferer/Abnehmer-Beziehungen aber (gerade auch im Hinblick auf die wachsende Konkurrenz aus Fernost) schädlich auf die internationale Wettbewerbsfähigkeit regionaler oder nationaler Industriezweige auswirken.

These: Unternehmen, die in ökonomischen Abhängigkeitsverhältnissen stehen, nutzen technologieorientierte Außenbeziehungen weniger intensiv als ökonomisch unabhängige Unternehmen.

7.8 Intensitätsvariable: Branchenzugehörigkeit des Unternehmens

Die Intensität technologieorientierter Außenbeziehungen kann, wie bereits die umfangreiche (aber sicher nicht vollständige) Liste der bisher aufgestellten Thesen zeigt, durch eine Vielzahl unterschiedlicher Variablen determiniert werden. Branchenbezogene Unterschiede hinsichtlich der Nutzung von Außenbeziehungen, die von manchen Autoren in ihren Untersuchungen festgestellt wurden[194], lassen sich möglicherweise in erheblichem Maße auf eine oder mehrere der oben genannten Determinanten zurückführen, diese Unterschiede wären damit also nicht ursächlich auf die Branchenzugehörigkeit eines Unternehmens zurückzuführen, sondern lediglich ein Ausdruck der ungleichen Verteilung von determinierenden Variablen über die einzelnen Branchen.

Dennoch ist es denkbar, daß allein die Tatsache, zu einer ganz bestimmten Branche zu gehören, die Intensität der Nutzung technologieorientierter Außenbeziehungen in signifikantem Maße beeinflußt. Ein solcher Zusammenhang könnte sich beispielsweise durch die unterschiedliche Arbeitseffizienz von Industrieverbänden ergeben, er könnte auch Ausdruck politisch motivierter Unterschiede bei staatlichen Fördermaßnahmen sein, die sich an Branchengrenzen orientieren.

These: Unabhängig von anderen Determinanten läßt sich ein branchenspezifischer Einfluß auf die Nutzung technologieorientierter Außenbeziehungen feststellen.

7.9 Intensitätsvariable: Standort des Unternehmens

Ein möglicher Einfluß des Unternehmensstandortes auf die Intensität der Nutzung technologieorientierter Außenbeziehungen kann aus mehreren Gründen unterstellt werden.

Wenn sich die Vermutung bestätigt, daß die regionale Nähe zu einem potentiellen

---

[194] Vgl. beispielsweise Naujoks, W. / Pausch, R., 1977; Rotering, C., 1990.

(horizontalen) Partner die Wahrscheinlichkeit des Zustandekommens eines Kontaktes erhöht und aufgrund dieser regionalen Nähe und der damit unter Umständen verbundenen geringeren Transaktionskosten die Effizienz einer möglichen Zusammenarbeit steigt, sind Unternehmen, deren Standort sich in einer Region mit dichtem Besatz an kommerziellen oder öffentlichen Akteuren befindet, in einer günstigeren Ausgangslage als Unternehmen mit einem Standort, der sich durch einen relativ geringen Besatz mit potentiellen Partnern auszeichnet[195]. Unternehmen, deren Standort sich in einem industriellen Ballungsraum befindet, nutzen technologieorientierte Außenbeziehungen also möglicherweise intensiver als andere Unternehmen.

Unabhängig vom Besatz mit potentiellen Partnern kann der Standort eines Unternehmens den Grad der Nutzung technologieorientierter Außenbeziehungen durch das regionalspezifische Angebot von Vermittlungsdienstleistungen beeinflussen[196]. Befindet sich in der Nähe eines Unternehmens ein Vermittler von Verflechtungsbeziehungen, der besonders effizient und/oder besonders kostengünstig arbeitet, reduziert dieser Vermittler also die Transaktionskosten (wenigstens soweit diese Kosten die Aufnahme von Beziehungen betreffen) für die Unternehmen einer bestimmten Region, dann können diese Unternehmen technologieorientierte Außenbeziehungen möglicherweise intensiver nutzen als andere Unternehmen.

These: Unabhängig von anderen Determinanten läßt sich ein standortspezifischer Einfluß auf die Nutzung technologieorientierten Außenbeziehungen feststellen.

---

[195] Der Einfluß räumlicher Distanz auf das Zustandekommen von Verflechtungsbeziehungen wurde in einer Reihe empirischer Untersuchungen überprüft. In den Veröffentlichungen von Rothwell (1987), Rothwell/Beesley (1988) und Lay/Wengel (1989) kommen die Autoren zu dem Schluß, daß die Entfernung zu einem potentiellen Partner eine maßgebliche Rolle für das Zustandekommen einer Beziehung spielt. Diese Ergebnisse werden allerdings durch andere Untersuchungen nicht bestätigt (vgl. Meyer-Krahmer et al., 1984; Herden, R., 1990).

[196] In einer entsprechenden empirischen Untersuchung kommen Hull / Hjern zu dem Ergebnis, daß Unterschiede im Beschäftigtenwachstum von Unternehmen sich teilweise auf die Intensität der Inanspruchnahme regionaler Beratungs- und Vermittlungsdienstleistungen zurückführen lassen (vgl. Hull, J. / Hjern, B., 1987 : 131ff).

8. Technologieorientierte Außenbeziehungen als determinierender Faktor für den Unternehmenserfolg

Bezogen sich die im vorangegangenen Kapitel entwickelten Thesen auf die technologieorientierten Außenbeziehungen als **determinierter** Variable, so ist in den Effizienzanalysen der vorliegenden Arbeit die Bedeutung technologieorientierter Außenbeziehungen als **determinierende** Variable zu untersuchen. Es ist zu prüfen, ob und wie einzelne Formen technologieorientierter Außenbeziehungen die Effizienz betrieblicher Innovationsprozesse steigern können. Um diese Frage zu beantworten ist es zunächst notwendig, sich näher mit den in der betrieblichen Praxis relevanten Innovationshemmnissen zu befassen.

8.1 Generelle betriebliche Innovationshemmnisse

Welche Hemmnisse bewirken, daß Unternehmen (aus ihrer Sicht erfolgversprechende) Innovationsvorhaben nicht (oder aber nicht in dem von ihnen gewünschten Umfang) durchführen können? Das Fraunhofer-Institut für Systemtechnik und Innovationsforschung (FhG-ISI) ermittelte in einer Reihe von empirischen Untersuchungen zu diesem Thema[197] die folgenden Problembereiche:

Finanzierung

In einer 1989 veröffentlichten Untersuchung[198] gaben 10% der insgesamt 939 befragten Unternehmen an, daß sie strategisch wichtige Innovationsvorhaben in den vergangenen Jahren aufgrund von Finanzierungsproblemen **nicht durchführen** konnten. Rund 31% der Unternehmen mußten ihre Innovationsvorhaben aufgrund von Finanzierungsproblemen **zeitlich strecken.** Weitere 6% der Unternehmen konnten ihre Vorhaben nur durch **außerordentliche Kapitalbeschaffungsmaßnahmen** (z.B. Aufnahme von Gesellschaftern, Kapitalbeteiligung von anderen Unternehmen, Verkauf von Vermögenswerten) finanzieren.

---

[197] Vgl. hierzu Meyer-Krahmer, F. et al., 1984; Becher, G. et al., 1989; Becher, G. / Weibert, W., 1990; Herden, R., 1990.

[198] Vgl. Becher, G. et al., 1989 : 76ff.

Ob es sich bei diesen Finanzierungsengpässen wirklich um spezifische Innovationsprobleme oder eher um generelle Probleme der Unternehmensfinanzierung handelt, wurde bereits in einem 1984 veröffentlichten Bericht näher untersucht. Dabei zeigte sich, daß rund drei Viertel aller Unternehmen bisher noch nie versucht hatten, Kredite speziell für Innovationsvorhaben zu beschaffen. Für lediglich ein Drittel derjenigen Unternehmen, die sich um spezifische Innovationskredite bemüht hatten (insgesamt rund 10% aller befragten Unternehmen), war "die Beschaffung von **spezifischen Innovationskrediten schwieriger als die Beschaffung von Krediten für andere Zielsetzungen**"[199]. Als wichtigstes Problem wurden dabei die "zu hohen Sicherheitsanforderungen der Geldgeber" genannt; daneben bestanden in einigen Fällen ungünstige Rückzahlungsbedingungen. Obwohl sich die von den Unternehmen genannten Finanzierungsprobleme somit nicht in allen Fällen auf konkrete Erfahrungen bei der Beschaffung spezifischer Innovationskredite stützen, wird die realistische Zahl innovierender Unternehmen, die mit erheblichen Innovations-Finanzierungsproblemen konfrontiert sind, auf etwa 10% geschätzt[200].

Personalrekrutierung

Häufiger als Finanzierungsprobleme hemmen Personalakquisitionsprobleme die Innovationsfähigkeit der Unternehmen. In der 1989 vom FhG-ISI veröffentlichten Untersuchung gaben lediglich rund 44% aller Unternehmen an, hier in den vergangenen Jahren keine Probleme gehabt zu haben. Daß es sich dabei um ernstzunehmende Schwierigkeiten handelt, zeigt die Tatsache, daß "rund die Hälfte der Unternehmen, die ihre FuE-Kapazitäten durch Neueinstellungen erhöhten, angab, daß sie bei der Suche nach neuem FuE-Personal einmal oder mehrmals **länger als ein halbes Jahr** benötigt haben, um geeignete Mitarbeiter zu finden"[201][202].

---

[199] Siehe Meyer-Krahmer, F. et al., 1984 : 181.

[200] Siehe Meyer-Krahmer, F. et al., 1984 : 182.

[201] Siehe Becher, G. et al., 1989 : 89f.

[202] Dieses Ergebnis wird auch durch andere Untersuchungen bestätigt. Vgl. Meyer-Krahmer, F. et al., 1984 : 185f; Herden, R., 1990 : 35ff.

Information

Neben Personal- und Finanzierungsproblemen werden im Rahmen der Innovationsforschung häufig Informationsdefizite als weiteres Innovationshemmnis genannt[203]. Diese Informationsdefizite betreffen dabei sowohl die Beobachtung technischer Entwicklungstrends als auch die Einschätzung von Veränderungen der Nachfragebedürfnisse bzw. die Analyse von Marktpotentialen für innovative Produkte. Eine valide Einschätzung der empirischen Relevanz solcher Informationsdefizite ist aus zwei Gründen problematisch:

- Informationsdefizite werden von den Betroffenen häufig nicht erkannt.

- Um Defizite "messen" zu können, müßte ein "Informationsoptimum" bestimmt werden, dies ist jedoch ex ante aufgrund des sog. "Informationsparadoxons" nicht möglich[204].

Obwohl also eine zuverlässige Untersuchung zur Verbreitung von Informationsdefiziten in der betrieblichen Praxis nicht vorliegt, wurde die Relevanz des Faktors "Information" für die Effizienz von Innovationsprojekten am Beispiel zahlreicher Untersuchungen zu den erfolgsfördernden und erfolgshemmenden Faktoren bei betrieblichen Innovationsprozessen gezeigt. Die Ergebnisse dieser Untersuchungen referiert der folgende Abschnitt.

8.2 Gründe für erfolgreiche und erfolglose Innovationsvorhaben

Von 100 begonnenen FuE-Vorhaben werden

- nur rund zwei Drittel in die Produktionsvorbereitung übernommen,
- davon gut 70% auch in den Markt eingeführt,
- wovon sich wiederum nur rund 60% auch als kommerziell erfolgreich erweisen.

---

[203] Vgl. etwa Rühle v. Lilienstern, H., 1974; Meyer-Krahmer, F. et al., 1984 : 190ff; Becher, G. et al., 1989 : 105ff.

[204] Zum Begriff "Informationsparadoxon" vgl. beispielsweise Picot, A., 1982.

Dies bedeutet, daß sich rund 70% aller FuE-Vorhaben von KMU letztendlich als Fehlschlag erweisen[205]. Welche Ursachen führten zum Scheitern dieser Projekte? Auf eine entsprechende Frage antworteten die Unternehmen in der bereits zitierten Untersuchung des FhG-ISI aus dem Jahre 1989 wie folgt:

- Veränderungen der Absatzaussichten (46,4%).
- Der Aufwand wurde unterschätzt (38,5%).
- Technische Probleme (30,3%).
- Finanzierungsprobleme (17,2%).
- Die Konkurrenz war schneller (15,4%)[206].

Dieser Befund wird durch eine Reihe von Untersuchungen[207] unterstützt und ergänzt, die am Beispiel einzelner Fallstudien oder auch breit angelegter empirischer Analysen die Ursachen gescheiterter Innovationsprojekte aufzeigten. Die dabei identifizierten Faktoren lassen sich wie folgt zusammenfassen:

1. Das Projekt wurde innerhalb der Unternehmensorganisation durch die relevanten Promotoren nicht oder aber nur unzureichend unterstützt[208].

2. Der Kontakt zu den potentiellen Abnehmern des innovativen Produktes war unzureichend, es wurde "am Markt vorbei entwickelt".

3. Die betriebsinternen Entwicklungskapazitäten waren nicht ausreichend, um das Produkt allein und/oder rechtzeitig entwickeln zu können.

---

[205] Siehe Becher, G. et al., 1989 : 95; zu entsprechenden Ergebnissen kommt auch Meyer-Krahmer, F. et al., 1984 : 186.

[206] Siehe Becher, G. et al., 1989 : 81. Zu ähnlichen Ergebnissen kommen auch Meyer-Krahmer, F. et al., 1984 : 187 und Becher, G. / Weibert, W., 1990 : 41f.

[207] Vgl. etwa Cooper, R.G., 1975 und 1979; Science Policy Research Unit (Hrsg.), 1972; Spiller, P.T. / Teubal M., 1977; Utterback, J.M. et al., 1977. Einen Überblick über Studien zu Erfolgs-/Mißerfolgs-Konstellationen bei Innovationsprojekten bieten beispielsweise Dumbleton, J.H., 1986 : 26ff; Trommsdorff, V. (Hrsg.), 1990 : 6ff; Pfeiffer, W. / Weiss, E. (Hrsg.), 1990 : 55ff.

[208] Zum Promotorenmodell bei betrieblichen Innovationsprozessen vgl. Witte, E., 1988 und Gemünden, H.G., 1981.

4. Die Unternehmen verfügten nicht (oder aber in nicht ausreichendem Maße)
über Kooperationsbeziehungen zur Überwindung betriebsinterner Entwicklungsengpässe.

8.3 Technologieorientierte Außenbeziehungen als Mittel zur Überwindung von Innovationsproblemen

Wie die hier referierten Forschungsergebnisse zu Erfolgs-/Mißerfolgskonstellatio-
nen betieblicher Innovationsprojekte zeigen, können technologieorientierte Außenbeziehungen ein geeignetes Instrument zur Überwindung innerbetrieblicher
Innovationsengpässe und damit zur Steigerung der Effizienz von FuE-Vorhaben
sein.

Die frühzeitige Einbindung potentieller Abnehmer in betriebliche Innovationsprozesse verringert die Gefahr, daß neue Produkte an den "Bedürfnissen des
Marktes vorbei" entwickelt werden. Kunden können vom Hersteller als "sources
of innovation", als Lieferant für Ideen zur Produktinnovation genutzt werden[209].

Informationsbeziehungen zu Zulieferern, Kunden, Forschungseinrichtungen aber
auch zu Unternehmen aus komplementären oder substitutiven Technologiegebieten unterstützen die Beobachtung technischer Entwicklungstrends und verhindern,
daß für das betriebliche Innovationsmanagement relevante Tendenzen nicht bzw.
zu spät erkannt werden.

FuE-Kooperationen erweitern die betrieblichen FuE-Kapazitäten, beschleunigen
Innovationsprozesse, verringern das Risiko eines Scheiterns für die Beteiligten
und erschließen die Möglichkeit zur Nutzung von Synergiepotentialen.

---

[209] So zeigt beispielsweise eine 1990 vom FhG-ISI durchgeführte Untersuchung, daß eine der
entscheidenden Voraussetzungen für die erfolgreiche Diversifikation in neue Marktsegmente
die frühzeitige Identifikation und Einbindung neuer Abnehmer bei der Produktentwicklung
war. Unternehmen, die dies versäumten, konnten trotz teilweise erheblicher FuE-Aufwendungen keine Erfolge ihrer Diversifikationsbemühungen verbuchen (vgl. Herden, R., 1990 : 75ff).

Beziehungen zu (Fach-)Hochschulen und Forschungseinrichtungen können das Personalmanagement der Unternehmen unterstützen, können ihnen den Zugang zu qualifiziertem Personal erleichtern und damit helfen, die internen Entwicklungskapazitäten der Unternehmen zu erweitern.

Wenn technologieorientierte Außenbeziehungen das Risiko des Scheiterns von Innovationsvorhaben verringern, innerbetriebliche Entwicklungsengpässe überwinden helfen und somit die Effizienz von Innovationsprozessen steigern, wenn schließlich die Entwicklung technischer Innovationen eine Notwendigkeit zur Erhaltung oder zum Ausbau der Wettbewerbsfähigkeit und kein "Fetisch"[210] der wissenschaftlichen und der öffentlichen Diskussion ist, müßte sich schließlich auch ein Zusammenhang zwischen dem Innovationsverhalten und der Wettbewerbsfähigkeit bzw. dem Unternehmenserfolg feststellen lassen.

Bereits 1989 zeigten sich in einer Untersuchung des FhG-ISI Anhaltspunkte für einen positiven Zusammenhang zwischen dem Informations- bzw. FuE-Kooperationsverhalten und dem Innovationsverhalten bzw. dem Beschäftigten- und Umsatzwachstum. Unternehmen, die in den untersuchten Zeiträumen ein überdurchschnittliches Beschäftigten- oder Umsatzwachstum realisierten und Unternehmen, bei denen technische Innovationen von überdurchschnittlicher Bedeutung waren, zeichneten sich insgesamt durch überdurchschnittlich intensiv ausgeprägte technologieorientierte Außenbeziehungen aus[211].

Ob sich dieser bivariate Befund eines positiven Zusammenhanges zwischen der Nutzung technologieorientierter Außenbeziehungen und dem Innovationsverhalten bzw. dem ökonomischen Erfolg einer Unternehmung unabhängig von anderen Determinanten (wie beispielsweise der Branchenzugehörigkeit, der Größe oder der FuE-Intensität der betrachteten Unternehmen) feststellen läßt, soll im empirischen Teil der vorliegenden Arbeit anhand folgender Thesen geprüft werden:

---

[210]   Vgl. Albach, H., 1990 : 97ff.

[211]   Vgl. hierzu Becher, G. et al., 1989 : 145ff.

These: Unternehmen, die technologieorientierte Außenbeziehungen nutzen, sind innovativer als Unternehmen, die technologieorientierte Außenbeziehungen nicht nutzen.

These: Unternehmen, die überdurchschnittlich innovativ sind, sind ökonomisch erfolgreicher als andere Unternehmen.

9. Die Thesen der Untersuchung im Überblick

Nachfolgend sind die einzelnen Thesen der Arbeit in der Reihenfolge ihrer Überprüfung im empirischen Teil noch einmal zusammengefaßt wiedergegeben:

These 1:   Innovative Technologien, die in Form einer FuE-Kooperation gemeinsam mit anderen Unternehmen entwickelt wurden, zeichnen sich durch
einen mittleren Diffusionsgrad und eine relativ geringe Relevanz dieser
Technologie für die eigene Wettbewerbsfähigkeit aus.

These 2:   Innovative Technologien, die gemeinsam mit Forschungseinrichtungen
oder (Fach-)Hochschulen entwickelt wurden, zeichnen sich aus Sicht
des betroffenen Unternehmens durch einen relativ geringeren Diffusionsgrad und eine höhere Relevanz dieser Technologie für die eigene
Wettbewerbsfähigkeit aus.

These 3:   Der Technologieführer kooperiert bei der Entwicklung innovativer
Technologien relativ häufiger mit Zulieferern und Forschungseinrichtungen als Anpassungsspezialisten und Kostenführer. Kunden (relativ
zu Anpassungsspezialisten) und Equipment-Zulieferer (relativ zu Kostenführern) sind ebenso wie Wettbewerber für den Technologieführer
als FuE-Kooperationspartner von unterdurchschnittlicher Bedeutung.

Anpassungsspezialisten kooperieren bei der Entwicklung innovativer
Technologien relativ häufiger mit Kunden und Wettbewerbern als
Technologieführer und Kostenführer. Die Bedeutung der Zusammenarbeit mit Zulieferern und (Fach-)-Hochschulen bzw. Forschungseinrichtungen ist dagegen für Anpassungsspezialisten, relativ zu Unternehmen, die eine Strategie der Technologieführung verfolgen, geringer.

Die Zusammenarbeit mit Kunden spielt (relativ zu Anpassungsspezialisten) ebenso wie eine Zusammenarbeit mit Zulieferern von Vorprodukten (relativ zu Technologieführern) für technologieorientierte Kostenführer eine untergeordnete Rolle. Eine überdurchschnittliche Bedeutung hat dagegen die Beziehung zu Akteuren, die sich mit der Entwicklung und Verbesserung von Fertigungsanlagen befassen (Equipment-Zulieferer und entsprechend orientierte Forschungseinrichtungen).

Partner Strategie	(Fach-)- Hochschulen Forschungs- einrichtun- gen	Zulieferer (Vorproduk- te, Kompo- nenten, Roh- stoffe)	Zulieferer (Equipment)	Kunden	Wettbewer- ber
Technologie- führer	"hoch"	"hoch"	"gering"	"gering"	"gering"
Anpassungs- spezialist	"gering"	"gering"	"gering"	"hoch"	"mittel"
Kostenführer	"mittel"	"gering"	"hoch"	"gering"	"gering"

These 4: Wenn (Fach-)Hochschulen, Forschungseinrichtungen, Unternehmensberater oder Wettbewerber die Partner technologieorientierter Außenbeziehungen sind, so stammen diese relativ häufiger aus der unmittelbaren Umgebung des betrachteten Unternehmens, als wenn die Partner Kunden oder Zulieferer sind.

These 5: FuE-Intensive Unternehmen nutzen technologieorientierte Außenbeziehungen intensiver als weniger FuE-intensive Unternehmen.

These 6: Große Unternehmen nutzen technologieorientierte Außenbeziehungen intensiver als kleine Unternehmen.

These 7: Ältere Unternehmen nutzen technologieorientierte Außenbeziehungen intensiver als junge Unternehmen.

These 8: Konzernabhängige Unternehmen nutzen technologieorientierte Außenbeziehungen (zu nicht im Konzernverbund stehenden Akteuren) weniger intensiv als unabhängige Unternehmen.

These 9: Unternehmen, die in ökonomischen Abhängigkeitsverhältnissen stehen, nutzen technologieorientierte Außenbeziehungen weniger intensiv als ökonomisch unabhängige Unternehmen.

These 10: Unabhängig von anderen Determinanten läßt sich ein branchenspezifischer Einfluß auf die Nutzung technologieorientierter Außenbeziehungen feststellen.

These 11: Unabhängig von anderen Determinanten läßt sich ein standortspezifischer Einfluß auf die Nutzung technologieorientierten Außenbeziehungen feststellen.

These 12: Unternehmen, die technologieorientierte Außenbeziehungen nutzen, sind innovativer als Unternehmen, die technologieorientierte Außenbeziehungen nicht nutzen.

These 13: Unternehmen, die technologieorientierte Außenbeziehungen im Rahmen industrieller Netzwerke unterhalten, sind innovativer als Unternehmen ohne technologieorientierte Außenbeziehungen im Rahmen industrieller Netzwerke.

These 14: Unternehmen, die überdurchschnittlich innovativ sind, sind ökonomisch erfolgreicher als andere Unternehmen.

10. Gliederung, Datengrundlage und Methodik des empirischen Teils der Untersuchung

10.1 Gliederung

Im empirischen Teil der vorliegenden Untersuchung werden <u>Existenzanalysen</u>, <u>Kontingenzanalysen</u> und <u>Effizienzanalysen</u> durchgeführt.

Ziel der **Existenzanalysen** ist eine Beschreibung der in der schriftlichen Umfrage erhobenen technologieorientierten Außenbeziehungen hinsichtlich ihrer Formen, ihrer Inhalte und hinsichtlich der dabei beteiligten Partner.

Ziel der **Kontingenzanalysen** ist die Überprüfung der Thesen, die bezüglich eines Zusammenhanges zwischen unternehmensinternen oder unternehmensexternen Variablen und der Struktur bzw. der Intensität technologieorientierter Außenbeziehungen aufgestellt wurden. Die technologieorientierten Außenbeziehungen eines Unternehmens werden hier als **determinierte Variablen** betrachtet.

Ziel der **Effizienzanalysen** ist die Prüfung von Thesen, die einen Zusammenhang zwischen Struktur oder Intensität technologieorientierter Außenbeziehungen und dem Innovations- bzw. dem Unternehmenserfolg unterstellen. Die technologieorientierten Außenbeziehungen eines Unternehmens werden hier als **determinierende Variablen** betrachtet.

10.2 Datengrundlage

Die nachfolgenden empirischen Ergebnisse beziehen sich auf Daten, die im Rahmen verschiedener Forschungsprojekte am Fraunhofer Institut für Systemtechnik und Innovationsforschung (ISI) in Karlsruhe im Zeitraum zwischen 1989 und 1990 gewonnen wurden[212]. Im einzelnen handelt es sich dabei um folgende Bezugs-

---

[212] Vgl. hierzu Herden, R., 1990; Gemünden, H. G. / Heydebreck, P. / Herden, R., 1990.

quellen:

1. Quantitative Daten. In zwei schriftlichen Umfragen (Untersuchungsregion Schwarzwald-Baar-Heuberg, N = 492 und Untersuchungsregion Bodensee, N = 848) wurden die technologieorientierten Außenbeziehungen von insgesamt 1340 Unternehmen des Verarbeitenden Gewerbes erfaßt. Die Umfragen erfolgten in Form einer **Totalerhebung** bei allen Betrieben[213] des Verarbeitenden Gewerbes in den jeweils betrachteten Untersuchungsregionen[214] mit mindestens fünf Beschäftigten[215]. Zur Erhöhung der Rücklaufquote wurde dabei jeweils eine Nachfaßaktion durchgeführt. In die Untersuchungen einbezogen sind Betriebe aus Baden-Württemberg, Bayern, der Schweiz, Österreich und Liechtenstein (zur regionalen Verteilung der Betriebe siehe Tabelle 2).

---

[213] Die Bezugseinheit **Betrieb** wurde gewählt, da die technologieorientierten Außenbeziehungen von **produzierenden Einheiten** im Kontext ihres **regionalen Umfeldes** erfaßt werden sollten. Bei der Bezugseinheit **Unternehmen** wäre die Erfassung solcher regionalen Aspekte nicht in jedem Fall gewährleistet gewesen.

[214] Die einzelnen Untersuchungsregionen wurden jeweils in Übereinstimmung mit Kammerbezirksgrenzen (in Deutschland und Österreich) bzw. mit Kantonsgrenzen (in der Schweiz) definiert.

[215] Der Verzicht auf Kleinstbetriebe mit weniger als fünf Beschäftigten ist vor allem pragmatisch begründet:
- bei einer Erfassung dieser Kleinstbetriebe würde die Grundgesamtheit der zu befragenden Einheiten exponentiell ansteigen, was sowohl Erhebungsprobleme (eine Totalerhebung wäre dann nicht mehr möglich gewesen) als auch Auswertungsprobleme (für die Grundgesamtheit stehen keine zuverlässigen Strukturdaten zur Verfügung) mit sich bringen würde;
- die Rücklaufquote bei diesen Kleinstbetrieben ist erfahrungsgemäß äußerst gering (der negative Zusammenhang zwischen Betriebsgröße und Rücklaufquote wurde auch in den hier durchgeführten Untersuchungen erneut bestätigt), sodaß ein Anspruch auf Repräsentativität für diese Größenklasse unter keinen Umständen hätte gestellt werden können.

Tabelle 2: Regionale Verteilung der in die Untersuchung einbezogenen Betriebe

Region	Zahl der Unternehmen
Baden-Württemberg	699
Bayern	185
Schweiz, Lichtenstein	373
Österreich	83
insgesamt	1.340

Bei einem Vergleich der nach Betriebsgrößenklassen differenzierten Rücklaufquoten (vgl. Tabelle 3) zeigt sich, daß mit abnehmender Beschäftigtenzahl die Antwortbereitschaft deutlich rückläufig ist. Antworteten bei den Großunternehmen[216] mit mehr als 500 Beschäftigten noch knapp 50% der befragten Einheiten, so reduziert sich die Rücklaufquote bei den Kleinbetrieben auf unter 20%. Bei empirischen Ergebnissen, die sich auf Betriebe mit weniger als 20 Beschäftigten beziehen, muß deshalb auf den relativ geringen Repräsentativitätsgrad hingewiesen werden.

Tabelle 3: Grundgesamtheit und Rücklaufquoten differenziert nach Größenklassen

Größenklasse	Grundgesamtheit	Rücklauf	in %
bis 19 Beschäftigte	3.357	442	13,2
20 - 99 Beschäftigte	1.861	497	26,7
100 - 499 Beschäftigte	591	216	36,6
über 500 Beschäftigte	139	66	47,5
nicht zuzuordnen	--	119	--
insgesamt	5.948	1.340	22,5

Bei einer Differenzierung der Rücklaufquoten nach Branchen zeigt sich im wesentlichen eine Verteilung, die der innerhalb der Grundgesamtheit ent-

---

[216] Die Begriffe "Unternehmen" und "Betrieb" werden im folgenden synonym verwendet. Erhoben wurde aber jeweils die "örtliche Niederlassung" (Betrieb) und nicht die "kleinste, rechtlich selbstständige Einheit, die aus handels- und/oder steuerrechtlichen Gründen Bücher führt und bilanziert" (Unternehmen) (die Definitionen entsprechen den im Statistischen Bundesamt gebräuchlichen Formulierungen).

spricht. Überdurchschnittlich stark repräsentiert ist die elektrotechnische Industrie. Leicht unterrepräsentiert zeigt sich dagegen das gesamte Verbrauchsgüterproduzierende Gewerbe. Berücksichtigt man, daß in den Branchen Mineralölindustrie, Zellstoff/Papier/Pappe, Feinkeramik und Glas die Rücklaufquoten aufgrund der jeweils geringen Zellenbelegungen besonders extreme Werte annehmen, kann mit Ausnahme dieser Branchen die Untersuchung als vergleichsweise "repräsentativ"[217] für die Branchenstruktur der betrachteten Regionen bezeichnet werden.

Tabelle 4: Grundgesamtheit und Rücklaufquoten differenziert nach Branchen

Branche	Grundgesamt-heit	Rücklauf	in %
Mineralölindustrie	16	2	12,5
Chemische Industrie	172	29	16,9
Kunststoff-, Gummi-, Leder	338	83	24,6
Steine, Erden	383	91	23,8
Metalle und Gußeisen	414	123	29,7
Holzbearbeitung	203	30	14,8
Zellstoff, Papier, Pappe	16	6	37,5
Metallindustrie	290	72	24,8
Stahl-, Metallbau	245	47	19,2
Maschinenbau	716	183	25,6
Büro- und Druckereimaschinen	48	13	27,1
Fahrzeugbau	112	21	18,8
Elektrotechnik, Elektronik	476	149	31,3
Feinmechanik, Optik	267	73	27,3
Feinkeramik, Haushaltswaren	13	4	30,8
Glas	65	5	7,7
Musikinstrumente, Spielwaren	78	13	16,7
Holzverarbeitung	457	83	18,2
Papierverarbeitung	71	14	19,7
Druck, grafisches Gewerbe	299	63	21,1
Textil	404	87	21,5
Bekleidung	299	44	14,7
Nahrungs- und Genußmittel	468	75	16,0
nicht zuzuordnen	98	30	30,6
insgesamt	5.948	1.340	22,5

---

[217] Zur Problematik der Repräsentativität vgl. beispielsweise Griesmeier, J., 1961 sowie die dort zitierte Literatur.

2. **Qualitative Daten.** Neben quantitativen Daten kann in der empirischen Untersuchung auf qualitative Erfahrungen aus Interviews mit insgesamt 53 Betrieben und "Strategischen Geschäftseinheiten"[218] zurückgegriffen werden[219]. Gesprächspartner waren hierbei jeweils die Geschäftsführer der Untersuchungseinheiten, fallweise waren zusätzlich die Leiter der Entwicklungs-, Einkaufs- und Vertriebsabteilungen beteiligt. Bei der Auswahl der zu untersuchenden Betriebe erfolgte eine Konzentration auf solche Branchen, die von Problemen im Zuge des Strukturwandels in besonderer Weise betroffen waren. Im einzelnen waren dies die **feinmechanische und optische Industrie,** die **Textilindustrie** sowie Unternehmen aus dem Technologiebereich **Sensorik** (zur Branchenverteilung der Interviews siehe Tabelle 5).

Tabelle 5: Verteilung der in die Untersuchung einbezogenen Interviews nach Branchen

Branche	Feinmecha-nik/Optik	Sensorik	Textil-und Bekleidung	Textilma-schinenbau	Sonstige
Zahl der Unternehmen	21	7	9	8	8

N = 53

Die Interviews wurden überwiegend mit Betrieben aus Baden-Württemberg im Zeitraum zwischen 1989 und 1990 geführt. Berücksichtigt wurden Untersuchungseinheiten aus allen Beschäftigtengrößenklassen in etwa gleichem Maße (vgl. Tabelle 6).

---

[218] Unter dem Begriff "Strategische Geschäftseinheit" ist im folgenden ein möglichst klein zu wählendes Teilsystem eines Betriebes zu verstehen, das eine eigenständige Kompetenz bei der Entwicklung, Produktion und Vermarktung innovativer Produkte und Fertigungsverfahren hat und darüber hinaus über eine separate (ggf. auch nur betriebsinterne) Rechnungslegung verfügt (vgl. zur Definition der Untersuchungseinheit "Strategische Geschäftseinheit" auch Gemünden, H. G., 1990(b) : 39f).

[219] Bis auf zwei Ausnahmen sind die Unternehmen aus der schriftlichen Befragung nicht identisch mit den Unternehmen, mit denen Interviews durchgeführt wurden. Es kann deshalb bei den persönlich befragten Unternehmen in gewissem Sinne von einer "Kontrollgruppe" gesprochen werden, die Hinweise auf systematische Verzerrungen bei den nicht auf die schriftliche Umfrage reagierenden Unternehmen hätten liefern können. Solche Hinweise ergaben sich jedoch nicht.

Tabelle 6: Verteilung der in die Untersuchung einbezogenen Interviews nach Beschäftigtengrößen-klassen

Größenklasse	1-19	20-99	100-499	über 500
Zahl der Unternehmen	4	15	18	16

N = 53

Erfaßt wurden bei allen Interviews die technologieorientierten Außenbeziehungen der Untersuchungseinheiten (sog. "egozentrierte Netzwerke")[220]. Bei insgesamt acht Unternehmen wurden darüber hinaus auch Gespräche mit den (aus Sicht der Befragten) wichtigsten Partnern (bezogen auf ein konkretes Innovationsprojekt) geführt, so daß insgesamt acht innovationsorientierte Netzwerke erhoben wurden.

3. Zusätzlich wurden zahlreiche Gespräche mit **Experten** und **Anbietern innovationsunterstützender Dienstleistungen** geführt. Im einzelnen handelt es sich dabei um Vertreter folgender Institutionen:

- Industrie- und Fachverbände,
- Arbeitsgemeinschaften,
- Industrie- und Handelskammern,
- Steinbeis-Stiftung,
- Fraunhofer-Institute,
- (Fach-)Hochschulen,
- Großforschungs-Einrichtungen sowie
- Unternehmensberatungsgesellschaften und Software-Häuser.

10.3 Methodik

Die Daten der schriftlichen Umfrage wurden mit Hilfe des statistischen Auswer-

---

[220] Zur Klassifikation unterschiedlicher Netz- bzw. Netzwerkansätze vgl. Gemünden, H. G., 1990(b) : 45.

tungsprogrammes SPSS[221] ausgewertet. Dabei wurde von unterschiedlichen Auswertungsverfahren Gebrauch gemacht. Bei den Existenzanalysen fand die deskriptive Statistik, sowohl in Form von relativen und absoluten Häufigkeiten, als auch in Form von Mittelwertbestimmungen Anwendung. Zusätzlich wurden Kreuztabellen verwendet, um Zusammenhänge zwischen Variablen zu überprüfen, bei denen Mehrfachnennungen möglich waren.

Für die Untersuchungen zu den Kontingenz- und den Effizienzthesen wurde als multivariates Verfahren die logistische Regression verwendet[222].

Das Modell der logistischen Regression lautet:

$$P(x) = \frac{e^z}{1 + e^z}$$

wobei P(X) die Eintrittswahrscheinlichkeit eines zu schätzenden Ereignisses und Z folgende Linearkombination repräsentiert:

$$Z = B_0 + B_1 x_1 + B_2 x_2 + \ldots + B_n x_n$$

wobei X_1, X_2 usw. die unabhängigen Variablen und B_1, B_2 usw. deren Koeffizienten darstellen.

In die einzelnen Modelle wurden unabhängige Variablen nur bei einem Signifikanzniveau von höchstens 0.05 aufgenommen.

Als Maß für die Stärke des Einflusses der unabhängigen Variablen auf die jeweils betrachtete abhängige Variable werden die Exp(B)-Werte angegeben. Es gilt:

$$\frac{P(x)}{1 - P(x)} = e^{B_0} \, e^{B_1 x_1} \, e^{B_2 x_2} \ldots e^{B_n x_n}$$

---

[221] Vgl. hierzu etwa Küffner, H. / Wittenberg, R., 1985 oder Beutel, P. / Schubö, W., 1983.

[222] Vgl. hierzu beispielsweise Malhotra, N. K., 1984 oder Arminger, G., 1983.

Der Exp(B)-Wert gibt den Faktor an, mit dem sich das geschätzte Wahrschein-lichkeitsverhältnis (P(x)/1-P(x)) eines Ereignisses verändert, wenn sich die unab-hängige Variable um den Wert 1 erhöht. Ist B positiv, dann ist der entsprechende Faktor größer als 1, was bedeutet, daß sich die Eintrittswahrscheinlichkeit des zu untersuchenden Ereignisses erhöht hat. Ist B negativ, dann ist der zugehörige Faktor kleiner als 1 und die Eintrittswahrscheinlichkeit des zu untersuchenden Ereignisses hat sich verringert. Ist B gleich 0, dann ist der zugehörige Faktor gleich 1 und die Eintrittswahrscheinlichkeit bleibt unverändert.

Als "Faustregel" gilt: Je größer der Exp(B)-Wert (relativ zum "neutralen" Wert 1), desto stärker ist der (positive) Zusammenhang zwischen der abhängigen und der unabhängigen Variable. Je kleiner der Exp(B)-Wert (relativ zum "neutralen" Wert 1), desto stärker ist der (negative) Zusammenhang zwischen abhängiger und un-abhängiger Variable. Je näher der Exp(B)-Wert bei dem "neutralen" Wert 1 liegt, desto schwächer ist der betrachtete Zusammenhang.

Als Gütemaß der einzelnen Modelle wurde der Modell-Chi-Quadrat verwendet. Die entsprechenden Angaben zu den einzelnen Modellen befinden sich im Anhang.

Bei der Interpretation der Ergebnisse ist zu beachten, daß Analysen mit Hilfe einer logistischen Regression keine Aussagen über die Kausalität von Zusammen-hängen erlauben.

11. Empirische Ergebnisse

11.1 Unternehmen im Strukturwandel

Zu Beginn der vorliegenden Arbeit wurde argumentiert, daß gerade für solche Unternehmen, die dem Strukturwandel in besonderer Weise ausgesetzt sind (oder in absehbarer Zukunft sein werden), der Auf- bzw. der Ausbau technologieorientierter Außenbeziehungen ein besonders wichtiges Mittel zum Erhalt der Innovations- und der Wettbewerbsfähigkeit ist. Wie relevant sind nun wirklich in der betrieblichen Praxis die einzelnen Entwicklungstendenzen, die unter dem Begriff Strukturwandel zusammengefaßt werden? Welche Bedeutung haben zunehmende Wettbewerbsintensität, verkürzte Innovationszyklen und wachsende Entwicklungskosten für die einzelnen Unternehmen des Verarbeitenden Gewerbes? Welche Auswirkungen haben diese Entwicklungen auf das Innovationsverhalten der betroffenen Unternehmen?

Insgesamt 83% der zu diesem Thema befragten Unternehmen fühlten sich in den vergangenen fünf Jahren von einer oder mehreren Tendenzen im Zuge des Strukturwandels betroffen. Im einzelnen beobachteten 49,2% der Unternehmen eine drastische Verschärfung der Konkurrenzsituation in ihrer Branche. Bei über 23% der Unternehmen hatten sich die Lebenszyklen ihrer Hauptprodukte deutlich verringert. Etwa 30% der Unternehmen mußten in den vergangenen fünf Jahren Technologiegebiete erschließen, die völlig außerhalb der bisherigen Entwicklungstätigkeit lagen. Die Erschließung neuer Absatzmärkte mit Hilfe völlig neuer Produkte war für rund 19% der Unternehmen notwendig. Bei über 43% aller befragten Unternehmen wurde schließlich in den vergangenen fünf Jahren eine grundlegende Modernisierung der Fertigungsabläufe durchgeführt (vgl. hierzu Tabelle 7).

Tabelle 7: Entwicklungstendenzen im Strukturwandel

In den vergangenen fünf Jahren hat sich die Konkurrenzsituation in unserer Branche drastisch verschärft	49,2 %
In den vergangenen fünf Jahren haben sich die Lebenszyklen unserer Hauptprodukte deutlich verringert	23,5 %
In den vergangenen fünf Jahren mußten wir Technologiegebiete erschließen, die für unser Unternehmen völlig neu waren	29,3 %
In den vergangenen fünf Jahren mußten wir neue Produkte für neue Märkte entwickeln	18,9 %
In den vergangenen fünf Jahren mußten wir unsere Produktionsverfahren wesentlich verbessern	43,7 %

Untersuchungsregion: Schwarzwald-Baar-Heuberg   N = 492

Der durch die einzelnen Entwicklungstendenzen zum Ausdruck kommende Anpassungsdruck wird sich nach Ansicht der befragten Unternehmen auch in den kommenden fünf Jahren nicht verringern. Rund 82% der Unternehmen erwarten, auch in Zukunft von wenigstens einer der oben genannten Entwicklungen betroffen zu sein. Auffällig ist dabei, daß über ein Drittel der Unternehmen erwartet, in den kommenden fünf Jahren mit dem jetzt bestehenden Produktprogramm allein nicht mehr wettbewerbsfähig zu sein. Rund 34% der Unternehmen gaben deshalb an, in den kommenden fünf Jahren neue Produkte für neue Abnehmer entwikkeln zu müssen (in den vergangenen fünf Jahren traf dies für nur 19% der Unternehmen zu).

Wie lassen sich die vom Strukturwandel betroffenen Unternehmen charakterisieren? Eine Differenzierung der Unternehmen nach Beschäftigtengrößenklassen zeigt, daß die Relevanz der mit dem Strukturwandel verbundenen Probleme mit wachsender Unternehmensgröße zunimmt. "Nur" etwa 77% der "Kleinstunternehmen" mit weniger als 20 Beschäftigten mußte sich laut eigener Auskunft in den vergangenen fünf Jahren mit Problemen des Strukturwandels auseinandersetzen. Bei mittleren Unternehmen steigt der entsprechende Wert auf 83% (20 bis 99 Beschäftigte) bzw. 98% (100 bis 499 Beschäftigte). Bei den Großunternehmen mit mehr als 500 Beschäftigten war schließlich in allen Fällen wenigstens eine der oben genannten Entwicklungen zutreffend (vgl. Tabelle 8).

Tabelle 8: Strukturwandel differenziert nach Unternehmensgröße

Größenklasse	Wenigstens eine der oben genannten Entwicklungen traf für uns zu
bis 19 Beschäftigte	77,4 %
20 - 99 Beschäftigte	83,2 &
100 - 499 Beschäftigte	98,6 %
500 u. m. Beschäftigte	100,0 %

Untersuchungsregion: Schwarzwald-Baar-Heuberg   N = 492

Überraschenderweise sind die Unterschiede bei den einzelnen Branchen des Verarbeitenden Gewerbes nur sehr gering. Insgesamt zeigen sich sowohl die Unternehmen aus dem Grundstoff- und Produktionsgütergewerbe als auch die Unternehmen aus dem Verbrauchsgütergewerbe nur sehr leicht unterdurchschnittlich von einzelnen Entwicklungen des Strukturwandels betroffen[223]. Der entsprechende Wert liegt bei den Unternehmen aus dem Investitionsgütergewerbe zwar über dem Durchschnitt, die Differenz ist jedoch nur relativ gering (vgl. Tabelle 9).

Tabelle 9: Strukturwandel differenziert nach Branchen und Wirtschaftssektoren

Wirtschaftssektoren und Branchen	Wenigstens eine der oben genannten Entwicklungen traf für uns zu
Grundstoff- und Produktionsgütergewerbe	79,3 %
Investitionsgütergewerbe davon:	86,5 %
- Maschinenbau	-81,6 %
- Elektrotechnik	-85,0 %
- Feinmechmechanik/Optik	-91,1 %
Verbrauchsgütergewerbe	82,4 %
Nahrungs- und Genußmittelgewerbe	100,0 %

Untersuchungsregion: Schwarzwald-Baar-Heuberg   N = 492

---

[223] Aus dem Nahrungs- und Genußmittelgewerbe sind nur 10 Unternehmen in der Grundgesamtheit vertreten. Der Extremwert von 100% ist deshalb von geringem Erklärungsgehalt.

Innerhalb des Wirtschaftssektors "Investitionsgütergewerbe" ist es insbesondere die feinmechanische und optische Industrie, die in den vergangenen fünf Jahren vom Strukturwandel überdurchschnittlich stark betroffen war. Dies ist kaum verwunderlich, wenn man bedenkt, daß zu dieser Branche u.a. die Unternehmen aus der Foto- und Videotechnischen Industrie, aus der Augenoptischen Industrie und aus der Uhrenindustrie gerechnet werden.

Die Unternehmen aus der deutschen Foto- und Videotechnischen Industrie reagierten auf die zunehmende Konkurrenz japanischer (und später auch koreanischer) Anbieter mit der Umsetzung einer Spezialisierungsstrategie. Diese Spezialisierung erfolgte in einem Marktsegment, in dem besonders hohe Anforderungen an die Leistungsfähigkeit der Produkte gestellt werden, dem sog. "Profi-Sektor". In diesem Hochpreis-Marktsegment sind deutsche Anbieter auch heute noch mit technischen Spitzenprodukten präsent. Dennoch ist dieses Marktsegment für keinen der Anbieter groß genug, um sich ganz darauf konzentrieren zu können. Deshalb mußten viele deutsche Hersteller den Markt verlassen oder ihre Foto- und Videotechnischen Abteilungen drastisch verkleinern[224].

In der Augenoptischen Industrie hat sich der Konkurrenzdruck durch Anbieter aus Ost- und Südostasien seit Beginn der siebziger Jahre ebenfalls deutlich verstärkt. Die unteren und teilweise auch schon die mittleren Preissegmente werden von Herstellern aus Taiwan, Singapur, Thailand und Süd-Korea dominiert. Die deutsche Augenoptische Industrie reagierte auf diese Entwicklung ebenfalls mit der verstärkten Umsetzung von Spezialisierungs- und Differenzierungsstrategien. Im Gegensatz zur Foto- und Videotechnischen Industrie ist das Hochpreis-Marktsegment hier (mittlerweile) groß genug, um wenigstens einem Teil der deutschen Hersteller auch längerfristig eine erfolgreiche Umsetzung der genannten Strategien zu gestatten. Durch Spezialisierung (beispielsweise auf individuell gefertigte Brillengestelle), oder durch Differenzierung (sog. "Designer-Brillen") gelingt es einigen Herstellern, dem Strukturwandel auch ohne Diversifikation zu begegnen[225].

Sehr drastisch wurde die deutsche Uhrenindustrie vom Strukturwandel betroffen. Hier gelang es vielfach nicht, den Wechsel von der Feinmechanik zur Mikroelektronik (rechtzeitig) zu vollziehen. Allein zwischen 1980 und 1987 gingen in der

---

[224]   Vgl. hierzu Schedl, H., 1980 : 88ff und Berger, M., 1989 : 146ff.

[225]   Zu den unterschiedlichen Reaktionsstrategien der feinmechanischen und optischen Industrie in Baden-Württemberg siehe auch Herden, R., 1990.

deutschen Uhrenindustrie 38% der Arbeitsplätze und 28% der Betriebe verloren[226].

Faßt man die Ergebnisse zusammen, dann zeigt sich, daß der Strukturwandel für
die Mehrheit aller Unternehmen aus dem Verarbeitenden Gewerbe in den ver-
gangen fünf Jahren die wettbewerblichen und die technologischen Rahmenbedingungen entscheidend verändert hat und daß diese Tendenz auch in den kommenden fünf Jahren unvermindert anhalten wird.

Vor dem Hintergrund dieser veränderten technologischen und wettbewerblichen
Rahmenbedingungen stellen sich auch dem betrieblichen Innovationsmanagement
neue Aufgaben. Die **Konzentration vorhandener FuE-Ressourcen** auf einige wenige unternehmensstrategisch bedeutsame Technologiefelder, der **Ausbau der internen Entwicklungskapazitäten** und die verstärkte **Integration externer Entwick-
lungspotentiale** in den betrieblichen Innovationsprozeß bieten Ansatzpunkte zur
Bewältigung der im Zuge des Strukturwandels anstehenden Probleme. Daß dabei
dem (weiteren) Ausbau der **internen FuE-Ressourcen** zunehmend Grenzen ge-
setzt sind, zeigt der folgende Abschnitt.

11.2 Probleme bei der Personalakquisition und/oder Personalqualifikation als interne Innovationshemmnisse

Beim Auf- bzw. Ausbau ihrer **internen** FuE-Potentiale stoßen die Unternehmen
immer häufiger auf Probleme. Vorangehende Untersuchungen haben bereits
gezeigt, daß einer der wichtigsten Engpaßfaktoren beim Auf- und Ausbau dieser
internen FuE-Kapazitäten insbesondere für kleine und mittlere Unternehmen die
Akquisition entsprechend qualifizierten Personals ist[227].

Die vorliegende Untersuchung sollte deshalb Aufschluß darüber geben, ob - und

---

[226] Siehe Herden, R., 1990 : 17.

[227] Vgl. hierzu etwa Meyer-Krahmer, F. / Gielow, G. / Kuntze, U., 1984 : 181ff; Becher, G., et al.,
1989 : 88ff; Herden, R., 1990 : 36f; Becher, G. / Weibert, W., 1990 :44ff.

in welcher Form - Personalprobleme die Entwicklung und den Einsatz innovativer Technologien beeinträchtigen. Die Auswertung der entsprechenden Frage führte zu folgenden Ergebnissen[228]:

Tabelle 10: Personalakquisition und Personalqualifikation als internes Innovationshemmnis

wir haben Probleme bei der Suche nach qualifiziertem technischen Personal für die Bereiche Forschung und Entwicklung	43,3 %
wir haben Probleme bei der Suche nach qualifiziertem technischen Personal für den Bereich Produktion	86,5 %
wir haben Probleme bei der Suche nach qualifziertem technischen Vertriebspersonal	42,7 %
es gibt kein adäquates externes Angebot für die Weiterqualifizierung unseres Personals	20,4 %
wir haben Finanzierungsprobleme bei der externen Weiterqualifizierung unseres Personals	16,7 %
wir haben zu geringe interne Kapazitäten für die notwendige Einarbeitung von qualifiziertem Nachwuchspersonal	56,0 %

Untersuchungsregion: Schwarzwald-Baar-Heuberg   N = 492

Die Tabelle 10 zeigt, daß aus Sicht vieler Unternehmen sowohl die Personalakquisition als auch die (Weiter-)Qualifizierung des vorhandenen Personals problematisch ist (rund 95% der Unternehmen gaben an, von **mindestens einem** der o.a. Probleme betroffen zu sein). Gravierender als bei der Qualifikation zeigen sich diese Probleme bei der Akquisition. An erster Stelle stehen dabei Probleme bei der Suche nach qualifiziertem technischem Personal für den Bereich Produktion. Rund 86% der befragten Unternehmen waren hiervon betroffen.

Im Rahmen der Interviews erläuterte ein Gesprächspartner, welche Auswirkungen dieses Problem für sein Unternehmen hatte:

---

[228] Die Frage zu Personalproblemen wurde in der schriftlichen Umfrage nur im Kammerbezirk Schwarzwald-Baar-Heuberg gestellt. Die Angaben beziehen sich deshalb nur auf die 492 Unternehmen aus dieser Region.

Der mittelständische Betrieb mit Standort im ländlichen Raum hatte vor einigen Jahren seine Produktion auf CAD/CAM umgestellt und gleichzeitig drei seiner Mitarbeiter für entsprechende Weiterbildungsmaßnahmen freigestellt. Zunächst konnte die Produktion durch diese Investitionen erheblich gesteigert werden. Neue und umfangreichere Aufträge konnten so akquiriert werden. Wenige Monate nach Abschluß der Weiterbildungsmaßnahmen verließen jedoch zwei der drei Mitarbeiter nahezu gleichzeitig den Betrieb (durch ihre Qualifikation hatten sie bessere Angebote von Großunternehmen bekommen). Da sich der dritte Mitarbeiter zwischenzeitlich als "wenig einsatzfreudig" erwies, können die modernen Fertigungsanlagen des Betriebes oft tagelang nicht genutzt werden. Die Liefervereinbarungen wurden deshalb nicht mehr termingerecht erfüllt. Der Betrieb sucht seit geraumer Zeit mit erheblichem Aufwand nach qualifiziertem Ersatz. Obwohl die offenen Stellen mit einem "sehr hohen Gehalt" verbunden sind, ist es bisher nicht gelungen, die Ausfälle zu ersetzen. Der Gesprächspartner meinte resignierend: "Wir werden unsere CAD/CAM-Systeme wohl wieder verkaufen müssen".

Die Probleme bei der Akquisition von qualifiziertem technischen Personal führen fast zwangsläufig zu einem weiteren Innovationshemmnis. Aufgrund des Personalmangels fehlt den Mitarbeitern die Zeit, Nachwuchspersonal in ihre neuen Aufgabenbereiche hinreichend einzuarbeiten. Rund 56% der befragten Unternehmen gaben an, daß ihre internen Kapazitäten für die notwendige Einarbeitung von qualifiziertem Nachwuchspersonal nicht ausreichen.

Relativ zufrieden äußerten sich die Unternehmen dagegen über das externe Potential zur Weiterbildung ihrer Mitarbeiter. Nur für rund 20% der Unternehmen besteht derzeit ein spürbares Defizit im Angebot solcher Dienstleistungen.

11.3 Probleme im Strukturwandel, Probleme bei der Akquisition von technischem Personal und die wachsende Bedeutung technologieorientierter Außenbeziehungen

Rund 80% der befragten Unternehmen waren aus eigener Sicht in den vergangenen Jahren **sowohl** von Problemen des Strukturwandels **als auch** von Problemen bei der Personalakquisition betroffen.

Führen, wie zu Beginn der vorliegenden Arbeit unterstellt, die Verschärfung des Innovations- und Wettbewerbsdrucks einerseits und die wachsenden Probleme bei Auf- und Ausbau der innerbetrieblichen FuE-Kapazitäten andererseits zu einer wachsenden Bedeutung technologieorientierter Außenbeziehungen? Hat sich die Relevanz der Nutzung externer FuE-Potentiale in der Wahrnehmung der Unternehmen im Zeitablauf verändert?

Auf eine entsprechende Frage antworteten insgesamt rund 19% aller Unternehmen, daß sie ihre Zusammenarbeit mit anderen Unternehmen und mit den Anbietern von Forschungs- und Beratungsdienstleistungen in den vergangenen fünf Jahren wesentlich intensivieren mußten. Für die kommenden fünf Jahre wird der Ausbau technologieorientierter Außenbeziehungen aus Sicht der Befragten noch wesentlich an Bedeutung zunehmen. Rund 37% aller Unternehmen planen, in den kommenden fünf Jahren ihre Zusammenarbeit mit den Anbietern von Forschungs- und Beratungsdienstleistungen, aber auch mit anderen Unternehmen über das heute bestehende Maß hinaus **wesentlich** zu erhöhen.

Aufschlußreich ist eine Differenzierung des Antwortverhaltens hinsichtlich der Relevanz von Struktur- und Personalproblemen aus Sicht der befragten Unternehmen. Zu diesem Zweck wurden die Unternehmen je nach der Anzahl der für sie zutreffenden Probleme im Bereich der Personalakquisition/Qualifikation und im Zuge des Strukturwandels in Klassen zusammengefaßt.

Tabelle 11: Personalprobleme und die wachsende Bedeutung technologieorientierter Außenbeziehungen

	Anzahl der für die Unternehmen zutreffenden Personalprobleme				
	0	1	2	3	4 und mehr
Wir mußten in den vergangenen fünf Jahren verstärkt mit anderen Akteuren zusammenarbeiten*	19 %	12,9 %	20,9 %	19,5 %	30,3 %
Wir werden in den kommenden fünf Jahren verstärkt mit anderen Akteuren zusammenarbeiten**	16,7 %	27,0 %	36,0 %	51,2 %	59,1 %

Untersuchungsregion: Schwarzwald-Baar-Heuberg N = 492
* sig. = 0,0266
** sig. = 0,0000

Es zeigt sich, daß aus Sicht der Unternehmen sowohl bezogen auf die Anzahl unterschiedlicher Personalprobleme als auch bezogen auf die Anzahl unterschiedlicher Probleme im Zuge des Strukturwandels ein signifikant positiver Zusammenhang hinsichtlich der Bedeutung technologieorientierter Außenbeziehungen im Zeitablauf besteht.

Je mehr unterschiedliche Personalprobleme oder Strukturprobleme für die Unternehmen in der Vergangenheit spürbar wurden, desto häufiger gaben diese an, in den vergangenen fünf Jahren ihre Zusammenarbeit mit anderen Akteuren intensiviert zu haben und desto häufiger planen sie, diese Zusammenarbeit in den kommenden fünf Jahren weiter zu intensivieren.

Tabelle 12: Probleme im Strukturwandel und die wachsende Bedeutung technologieorientierter Außenbeziehungen

	Anzahl der für die Unternehmen zutreffenden Strukturprobleme				
	0	1	2	3	4 und mehr
Wir mußten in den vergangenen fünf Jahren verstärkt mit anderen Akteuren zusammenarbeiten*	8,3 %	16,8 %	16,6 %	21,3 %	37,7 %
Wir werden in den kommenden fünf Jahren verstärkt mit anderen Akteuren zusammenarbeiten**	23,3 %	32,8 %	34,5 %	42,7 %	57,4 %

Untersuchungsregion: Schwarzwald-Baar-Heuberg   N = 492
*   sig. = 0,0006
** sig. = 0,0021

Der Strukturwandel, verbunden mit Problemen beim Auf- und Ausbau der innerbetrieblichen FuE-Kapazitäten, hat also bei vielen Unternehmen zu einer verstärkten Nutzung technologieorientierter Außenbeziehungen geführt. Diese Tendenz wird sich auch in den kommenden Jahren weiter fortsetzen.

Die Frage, welche Formen technologieorientierter Außenbeziehungen **heute** genutzt werden, welche relative Bedeutung dabei einzelnen Formen von Außenbeziehungen zukommt und welche Partner dabei in welchem Ausmaß beteiligt sind, sollen die folgenden Abschnitte der vorliegenden Arbeit beantworten.

11.4 Relevanz technologieorientierter Außenbeziehungen

11.4.1 Informationsaustausch über technische Entwicklungen

Der Austausch von Informationen und Kenntnissen über technische Entwicklungen, über neue Bedürfnisse und neue Anwendungsgebiete für technische Innovationen ist der vergleichsweise am wenigsten formalisierte Weg, technologisches Know-how von außen in den unternehmensinternen Innovationsprozeß einzubeziehen. Dennoch ist häufig gerade ein Mangel an solchen Informationsbeziehungen Ursache für das Scheitern von Innovationsvorhaben. So wurde in einer Reihe von Untersuchungen nachgewiesen, daß sich erfolglose Innovationsversuche nicht selten auf eine ungenügende Informationspolitik der betroffenen Unternehmen zurückführen lassen[229].

In einer 1989 durchgeführten Untersuchung des FhG-ISI[230] wurde deshalb 939 Unternehmen des Verarbeitenden Gewerbes die Frage gestellt, ob sie sich in den vergangenen Jahren über die Pflege der normalen Geschäftsbeziehungen hinaus Informationen über längerfristige technische Entwicklungstrends oder über die Absatzchancen für innovative Produkte beschafft haben und aus welchen Quellen sie diese Informationen bezogen. Die Ergebnisse zeigten, daß sich über 80% der Unternehmen gezielt über längerfristige technische Entwicklungstrends informierten, jedoch nur rund 30% eine Marktrecherche über die Absatzchancen für innovative Produkte für notwendig hielten. Als wichtigste Quellen dienten bei der Beschaffung von Informationen bezüglich technischer Entwicklungstrends das Studium von Fachliteratur[231] und der Besuch von Messen und Ausstellun-

---

[229] Vgl. hierzu etwa Gemünden, H.G., 1991; Rothwell, R., 1974; Science Policy Research Unit (Hrsg.), 1976; Spiller, P. T. / Teubal, H., 1977.

[230] Siehe Becher, G. et al., 1989.

[231] Auf den oft in quantitativer und qualitativer Hinsicht unbefriedigenden Informationsgehalt der "Print-Medien" weisen in diesem Zusammenhang allerdings Mortsiefer und Grans hin. Bei einer Analyse von 243 Fachzeitschriften, Broschüren und sonstigen schriftlichen Informationsmaterialien kommen sie zu dem Ergebnis, daß die Fachbeiträge überwiegend zu klein, unverständlich formuliert und ungünstig platziert sind (vgl. Mortsiefer, J. / Grans, K., 1981.

gen[232]. Erst in zweiter Linie folgten direkte Gespräche mit anderen Unternehmen, Forschungsinstituten und (Fach-)Hochschulen, mit Informationsvermittlungsstellen und privaten Unternehmensberatern. Auch bei der Durchführung von Marktrecherchen über die Absatzchancen für innovative Produkte dominierte die Erstellung von Studien durch Mitarbeiter des eigenen Hauses; auf die Hilfe Externer (Kammern und Verbände, private Unternehmensberater sowie Forschungseinrichtungen und Universitäten) wurde erst in zweiter Linie zurückgegriffen[233].

Welche Bedeutung hat der Informationsaustausch über Fragen der technischen Entwicklung und der Veränderung von Nachfragebedürfnissen nun wirklich für die Innovationsfähigkeit der Unternehmen aus dem Verarbeitenden Gewerbe? Um hierauf eine Antwort geben zu können wurde den 1340 in die vorliegende Untersuchung einbezogenen Unternehmen die Frage gestellt, ob für sie in den vergangenen fünf Jahren der Informationsaustausch mit anderen Akteuren eine **"notwendige Voraussetzung für die Entwicklung bzw. den Einsatz technisch verbesserter oder neuer Produkte und Produktionsverfahren"** war. Rund **zwei Drittel** der Unternehmen beantworteten diese Frage mit **"ja"** (siehe Tabelle 13).

---

[232] Wobei allerdings auch hier das persönliche Gespräch mit Kunden, Lieferanten und Beratern gesucht wird. Auf die Bedeutung der persönlichen Kommunikation verweist auch eine zum Thema Informationsbeschaffung durchgeführte Untersuchung des Instituts der deutschen Wirtschaft (vgl. Pieper, A., 1986).

[233] Vgl. Becher, G., et al., 1989 : 110ff.

Tabelle 13: Informationsbeziehungen als notwendige Voraussetzung für Innovationserfolg

Waren in den vergangenen fünf Jahren einer oder mehrere der folgenden Akteure für Sie als Gesprächspartner notwendig, um bestehende Produkte und Fertigungsverfahren zu verbessern, um neue Produkte und Fertigungsverfahren zu entwickeln oder um Entwicklungstrends in anderen Technologiebereichen abschätzen zu können?

ja, wenigstens einer dieser Partner war notwendig	67,5 %	nein, keiner dieser Partner war notwendig	32,5 %
davon folgende Partner (Mehrfachnennungen möglich)			
Lieferanten	45,6 %		
potentielle Lieferanten	17,0 %		
Zwischenhändler	10,2 %		
Kunden	66,5 %		
potentielle Kunden	36,7 %		
Konkurrenten	18,9 %		
Konzernmitglieder	19,1 %		
sonstige Unternehmen	2,1 %		
Ingenieurbüros	9,0 %		
Verbände und Kammern	7,0 %		
Unternehmensberater	8,1 %		
Forschungsinstitute und (Fach-Hochschulen)	9,3 %		

Untersuchungsregion: Schwarzwald-Baar-Heuberg und Bodensee   N = 1340

Bei einer Differenzierung nach den hierbei relevanten Gesprächspartnern zeigt sich deutlich die **Dominanz von Kunden und Zulieferern.** Diese beiden Gruppen wurden von jeweils etwa der Hälfte derjenigen Unternehmen, die entsprechende Informationsbeziehungen unterhalten, als entscheidende Gesprächspartner genannt. Als weitere wichtige Gruppe wurden von den befragten Unternehmen die **potentiellen Kunden** bezeichnet. Hier deutet sich an, wie wichtig eine frühzeitige Einbindung von potentiellen Abnehmern in Innovationsprozesse sein kann, deren Ziel eine Diversifikation bzw. eine Erweiterung der Produktpalette des eigenen Unternehmens ist.

Von relativ geringerer Bedeutung sind im Vergleich zu den oben genannten Gruppen die Gesprächspartner bei anderen Unternehmen. Beachtenswert ist allerdings, daß immerhin rund 20% der Unternehmen, die ihre Informationsbeziehungen als notwendige Voraussetzung für den Innovationserfolg bezeichnen, diese Informationen (auch) mit ihren Konkurrenten austauschen.

Neben den Unternehmen spielen die **Anbieter von innovationsorientierten Dienstleistungen** als Gesprächspartner beim informellen Informationsaustausch eine **untergeordnete Rolle**. Nur jeweils weniger als 10% der Unternehmen mit wichtigen Informationsbeziehungen unterhalten diese Kontakte mit Ingenieurbüros, Kammern und Verbänden, Unternehmensberatern oder Forschungsinstituten und (Fach-)Hochschulen.

Wozu dienen diese Informationen im einzelnen? Aus Sicht der befragten Unternehmen sind Informationsbeziehungen insbesondere dann wichtig, wenn
- bestehende Produkte (78,3%) oder Fertigungsverfahren (76,3%) verbessert, oder
- neue Produkte entwickelt (83,0%) werden müssen.

Seltener genannt wurde dagegen der Informationsaustausch bei der Entwicklung neuer Fertigungsverfahren (31,7%) oder bei der Einschätzung von Entwicklungstrends in anderen Technologiebereichen (38,0%)[234].

Als **wichtigste Gesprächspartner** dienen bei der Verbesserung bestehender Produkte die aktuellen bzw. die potentiellen Kunden (63,4% bzw. 34,9%), gefolgt von den Zulieferern (43,8%). Noch dominierender ist die Rolle der aktuellen und der potentiellen Kunden bei der Entwicklung völlig neuer Produkte (67,1% bzw. 42,6%). Informationen zur Verbesserung bestehender - oder zur Entwicklung völlig neuer Fertigungsverfahren werden überwiegend von aktuellen oder potentiellen Zulieferern bezogen (48,9%, 27,4% bzw. 27,9%, 21,1%). Ingenieurbüros und Forschungseinrichtungen sind als Gesprächspartner lediglich bei der Entwick-

---

[234] Wobei anzunehmen ist, daß sich den Unternehmen das Problem der Entwicklung eines völlig neuen Fertigungsverfahrens, möglicherweise auch die Notwendigkeit der Beobachtung von Entwicklungstrends in anderen Technologiebereichen seltener stellt als die Notwendigkeit, bestehende Produkte und Fertigungsverfahren zu verbessern oder völlig neue Produkte zu entwickeln, sodaß auf eine geringere Relevanz von Informationsbeziehungen bei der Entwicklung neuer Fertigungsverfahren und bei der Beobachtung von Entwicklungstrends in anderen Technologiebereichen nicht geschlossen werden darf.

lung neuer Fertigungsverfahren und bei der Einschätzung von technischen Entwicklungstrends in anderen Technologiebereichen von einiger Bedeutung (wobei auch hier die Nennungen die 20% - Grenze nie erreichen). Einen detaillierteren Überblick über die Bedeutung einzelner Gesprächspartner für unterschiedliche Zielsetzungen bietet die folgende Tabelle:

Tabelle 14: Bedeutung einzelner Gesprächspartner in Abhängigkeit von der Zielsetzung

	zur Entwicklung neuer Produkte	zur Verbesserung bestehender Produkte	zur Entwicklung neuer Fertigungsverfahren	zur Verbesserung bestehender Fertigungsverfahren	zur Einschätzung von Entwicklungstrends in anderen Technologiebereichen
Insgesamt ...% der befragten Unternehmen bezeichneten hier einen Gesprächspartner als "notwendig" davon:	50,6 %	47,8 %	19,3 %	46,5 %	23,2 %
Lieferanten	27,3 %	43,8 %	27,4 %	48,9 %	22,8 %
potentielle Lieferanten	16,5 %	23,0 %	21,2 %	27,9 %	15,8 %
Zwischenhändler	10,8 %	13,6 %	2,1 %	3,5 %	6,1 %
Kunden	67,1 %	63,4 %	20,0 %	22,7 %	26,3 %
potentielle Kunden	42,6 %	34,9 %	14,7 %	13,5 %	17,5 %
Konkurrenten	18,5 %	20,9 %	17,9 %	17,0 %	15,8 %
Konzernmitglieder	10,8 %	12,3 %	13,7 %	11,4 %	10,5 %
sonstige Unternehmen	5,2 %	8,1 %	4,2 %	7,9 %	2,6 %
Ingenieurbüros	15,3 %	7,7 %	15,8 %	10,0 %	11,4 %
Verbände und Kammern	6,0 %	8,1 %	6,3 %	5,2 %	28,1 %
Unternehmensberater	7,2 %	3,0 %	6,3 %	7,9 %	14,0 %
Forschungsinstitute und (Fach-)Hochschulen	18,5 %	8,1 %	18,9 %	6,1 %	18,4 %

Untersuchungsregion:Schwarzwald-Baar-Heuberg und Bodensee   N = 1340

11.4.2 Beratungsdienstleistungen

Die im Vergleich zu anderen Unternehmen relativ geringe Bedeutung der **Anbieter von Dienstleistungen** als Gesprächspartner beim informellen, d.h. vertraglich nicht fixierten Informationsaustausch im Rahmen von Innovationsprojekten kann insbesondere bei <u>den</u> Institutionen, deren Geschäftsgrundlage der **Verkauf** von Informationen ist (also kommerzielle Unternehmensberater und Ingenieurbüros), kaum verwundern. Nicht unmittelbar einleuchtend ist dieser Zusammenhang dagegen bei Institutionen, die kein - oder nur partiell - Interesse haben, Informationen aus ökonomischen Gründen zurückzuhalten. Es ist deshalb notwendig, auch den vertraglich fixierten und einseitigen Informationstransfer zu betrachten: die Beratung.

Insgesamt **50,9%** der 1340 befragten Unternehmen gaben an, in den vergangenen 5 Jahren über die Steuer- und Rechtsberatung hinaus die Dienste von **Beratern in Anspruch** genommen zu haben (vgl. Tabelle 15).

Tabelle 15:   **Inanspruchnahme von Beratungsdienstleistungen**

Haben Sie in den vergangenen fünf Jahren über die Steuer- und Rechtsberatung hinaus die Dienste von Beratern in Anspruch genommen?

ja 50,9 %		nein 49,1 %
davon erfolgte Beratung in folgenden Bereichen (Mehrfachnennungen möglich)		
Finanzierung	46,8 %	
Personal/Organisation	48,7 %	
Marketing/Vertrieb	41,4 %	
Unternehmensführung	39,1 %	
EDV	67,6 %	
Produktion/Technologie	57,0 %	

Untersuchungsregion: Schwarzwald-Baar-Heuberg und Bodensee   N = 1340

Bei den **Themen der Beratung** waren die Bereiche Finanzierung (46,8%), Personal/Organisation (48,7%), Marketing/Vertrieb (41,1%) und Unternehmensführung

(39,1%) von nahezu gleich großer Bedeutung. **Dominierend** waren bei der Inanspruchnahme von Beratungsdienstleistungen jedoch die Bereiche **EDV** (67,6%) und **Produktion/Technologie** (57,0%).

Tabelle 16: **Beratende Institutionen im Bereich Produktion/Technologie**

Von welchen Partnern erfolgte in den vergangenen fünf Jahren eine Beratung zur Verbesserung bestehender Produkte und Fertigungsverfahren oder zur Entwicklung neuer Produkte und Fertigungsverfahren

(insgesamt 29,0 % aller befragten Unternehmen)	
davon Beratung durch folgende Partner (Mehrfachnennungen möglich)	
private Berater	84,6 %
Forschungsinstitute und (Fach-)Hochschulen	36,5 %
IHK/Handwerkskammern	35,0 %
Fachverbände	42,4 %
Banken/sonstige	18,0 %

Untersuchungsregion: Schwarzwald-Baar-Heuberg und Bodensee   N = 1340

Betrachtet man die **Bedeutung unterschiedlicher Anbieter** von Beratungsdienstleistungen im Bereich Produktion/Technologie, zeigt sich eindeutig die **Dominanz kommerzieller Berater** (84,6%). Mit deutlichem Abstand folgen die Fachverbände (42,4%). Die Dienste von Industrie- und Handelskammern bzw. Handwerkskammern, aber auch von Hochschulen und Forschungseinrichtungen wurden nur von jeweils etwa einem Drittel der Unternehmen, die sich im Bereich Produktion/-Technologie beraten ließen, in Anspruch genommen.

Im Gegensatz zum informellen Informationsaustausch steht bei der Beratung im Bereich Produktion/Technologie nicht die Verbesserung bestehender Produkte (30,4%) oder die Entwicklung neuer Produkte (36,8%), sondern die **Verbesserung bestehender Produktionsverfahren (50,4%) im Vordergrund des Interesses.** Von geringerer Bedeutung sind dagegen als Gegenstand einer Beratung die Entwicklung neuer Produktionsverfahren (26,4%) und die Beobachtung von Entwicklungstrends in anderen Technologiebereichen (25,6%).

11.4.3 Kooperation mit Forschungseinrichtungen und (Fach-)Hochschulen

Der gegenseitige Austausch von Informationen oder der einseitige Bezug von Informationen durch eine Beratung sind jedoch nur zwei von vielen Wegen, unternehmensexternes technologisches Know-how zu beziehen. Um die Rolle von Forschungseinrichtungen und (Fach-)Hochschulen als Partner im Innovationsprozeß richtig beurteilen zu können, ist deshalb die Themenstellung um andere Formen des Technologieaustauschs und des Technologietransfers zu erweitern.

Tabelle 17: **Bedeutung und Formen technologieorientierter Außenbeziehungen zu Forschungseinrichtungen und (Fach-)Hochschulen**

Haben Sie in den vergangenen fünf Jahren technisches Wissen von Forschungsinstituten und/oder (Fach-)Hochschulen bezogen?

ja 24,5 %	noch nicht, aber geplant 8,4 %	nein 67,1 %
davon erfolgte der Bezug technischen Wissens auf folgenden Wegen (Mehrfachnennungen möglich)		
Beratung über die Absatzchancen für neue Produkte		17,7 %
Beratung bei der Lösung technischer Probleme		69,8 %
Teilnahme an Weiterbildungskursen/Vorträgen/Arbeitskreisen		45,4 %
Lizenznahme		9,1 %
gemeinsame Geräte- oder Laborbenutzung		24,1 %
gemeinsame Durchführung von FuE-Projekten		33,5 %
Vergabe von Auftrags-FuE-Projekten		25,9 %
gezielte Suche nach FuE-Personal		17,4 %
gezielte Suche nach akademischem Nachwuchspersonal (außer FuE)		14,6 %
(zeitl. befristete) Abstellung von eigenem FuE-Personal an die Hochschule		5,2 %

Untersuchungsregion: Schwarzwald-Baar-Heuberg und Bodensee   N = 1340

Auf die Frage, ob man in den vergangenen fünf Jahren **technologisches Wissen von Forschungseinrichtungen oder (Fach-)Hochschulen** bezogen hat, antworteten insgesamt **24,5%** der 1.340 befragten Unternehmen mit "ja". Weitere 8,4% gaben an, dies für die kommenden Jahre zu planen.

Betrachtet man die einzelnen **Formen des Know-how-Transfers**, dann zeigt sich, daß die Beratung zwar die mit Abstand wichtigste (69,8%), aber eben nur eine unter vielen Möglichkeiten ist, technologisches Wissen von Forschungseinrichtungen und (Fach-)Hochschulen zu erhalten. Weitere wichtige Beziehungen bestehen über die gemeinsame Arbeit in Arbeitskreisen und auf Weiterbildungsveranstaltungen (45,4%) sowie bei der gemeinsamen Durchführung von FuE-Projekten (33,5%). Von einiger Bedeutung ist darüber hinaus die gezielte Akquisition technologischen Know-hows über Personaltransfers (wobei hier mittlerweile die Einbahnstraße - von den Universitäten zu den Unternehmen - durch die zeitweilige Abstellung von FuE-Personal aus den Unternehmen an die Universitäten wenigstens partiell aufgehoben wird).

Wie kommt der **Kontakt** zwischen Unternehmen und Forschungseinrichtungen zustande? Bei über der Hälfte der Unternehmen (genauer: 56,1%), die technisches Wissen von (Fach-)Hochschulen oder Forschungseinrichtungen bezogen haben, kam der Kontakt zu dieser Institution durch eigene Initiative, d.h. durch die Suche des betreffenden Unternehmens nach einem geeigneten Partner zustande. In weiteren 24,3% aller Fälle wurde der Kontakt zu der Universität oder Forschungseinrichtung durch einen Mitarbeiter des Unternehmens vermittelt, der vorher bei dieser Institution arbeitete oder dort ausgebildet wurde. Durch die Initiative der Hochschulen und Forschungseinrichtungen wurde in 13,1% aller Fälle der erste Kontakt hergestellt. Lediglich bei 6,5% aller Kooperationsbeziehungen zwischen (Fach-)Hochschulen bzw. Forschungseinrichtungen und Unternehmen kam aus Sicht der Befragten der erste Kontakt durch die Vermittlung Dritter zustande.

Durch die Ergebnisse der begleitend zur schriftlichen Umfrage durchgeführten Interviews muß der Eindruck, daß Kontakte zwischen Forschungseinrichtungen und Unternehmen überwiegend durch eigene Initiative, und spezifischer noch durch eine **gezielte Suche** der Unternehmen zustandekommen, allerdings relativiert werden. Hier zeigte sich, daß in vielen Fällen der potentielle Partner (hier die Universität oder Forschungseinrichtung) bereits vor Aufnahme eines ersten Kontaktes aufgrund seiner spezifischen Kenntnisse auf ganz bestimmten technologischen Fachgebieten im Unternehmen bekannt war (durch entsprechende Publikationen, durch Vorträge bei Fachverbänden, auf Fachmessen etc.). Häufiger noch als in der schriftlichen Befragung zeigte sich in den Interviews, daß Kontakte zwischen Forschungseinrichtungen und insbesondere auch (Fach-)Hochschulen einerseits und den Unternehmen andererseits durch Mitarbeiter initiiert werden, die vorher in den entsprechenden Institutionen ausgebildet wurden oder dort als Wissenschaftler gearbeitet hatten. Schließlich spielte in einer Reihe von Beziehungen zwischen Unternehmen und Universitäten der Zufall die entscheidende Rolle für das Zustandekommen von gemeinsamen Entwicklungsprojekten (so wurde beispielsweise die Idee zu einem gemeinsamen Entwicklungsprojekt im Verlauf einer Golfpartie zwischen einem Hochschulmitarbeiter und einem Mitglied der Geschäftsleitung geboren).

Spielt also neben der gezielten Suche nach geeigneten Partnern häufig auch der Zufall eine Rolle für das Zustandekommen von technologieorientierten Außenbeziehungen zwischen Unternehmen und Universitäten, bestätigte sich sowohl in der schriftlichen Umfrage als auch in den begleitend durchgeführten Interviews der Befund, daß eine **Vermittlung durch Dritte**, also beispielsweise durch Industrie- und Handelskammern, durch Fachverbände oder durch Unternehmensberater in quantitativer Hinsicht nur von vergleichsweise **untergeordneter Bedeutung** ist.

Die Zusammenarbeit mit Forschungseinrichtungen verläuft aus Sicht der Unternehmen nicht immer problemlos[235]. Aus einer 1987 veröffentlichten Untersuchung des IFO-Instituts[236] geht beispielsweise hervor, daß viele denkbare Kooperationen zwischen Universitäten und (insbesondere kleinen und mittleren) Unternehmen an den wechselseitig vorhandenen "Berührungsängsten" scheitern.

Diese Berührungsängste entbehren jedoch nicht immer einer Grundlage. So scheitert der Erfolg gemeinsamer Innovationsprojekte nach den Erkenntnissen des IFO-Instituts häufig an der Umsetzung wissenschaftlicher Ergebnisse in die "betriebliche Praxis".

---

[235] Zu den Problembereichen des Technologietransfers zwischen Industrie und Wissenschaft vgl. beispielsweise Bräunling, G., 1986 : 15ff und Bräunling, G. / Maas, M., 1988 : 76ff.

[236] Vgl. Weitzel, G., 1987.

Auch die Ergebnisse der vorliegenden Untersuchung zeigen, daß für eine Reihe von Unternehmen die Zusammenarbeit mit Forschungseinrichtungen und (Fach-)Hochschulen nicht immer problemlos verlaufen ist.

So kam es aus Sicht der Befragten bei insgesamt 18,3% aller Fälle zu Problemen in diesem Zusammenhang. Von etwa gleicher Bedeutung waren dabei mit jeweils etwa 50% der Nennungen[237] **Probleme bei der Einhaltung von Terminen** durch die betreffenden Forschungseinrichtungen oder (Fach-)Hochschulen und bei der **Umsetzung der Forschungsergebnisse in die betriebliche Praxis**. Von erheblicher Bedeutung waren aus Sicht der Befragten schließlich mit rund 30% der Nennungen die **überhöhten Kosten** solcher Entwicklungsprojekte.

Daß gerade die unterschiedlichen Vorstellungen über die zeitliche Dauer von gemeinsamen Entwicklungsprojekten ernste und unter Umständen sogar existenzgefährdende Folgen haben können, zeigt das Beispiel eines kleineren Unternehmens aus dem Bereich Elektrotechnik:

Da der wichtigste Konkurrent dieses Unternehmens eine innovative elektronische Maschinensteuerung entwickelt und mit Patenten gesichert hatte, mußte das Unternehmen gleichfalls eine neue Steuerung entwickeln, die eine adäquate Leistung bei etwa gleichem Preis lieferte. Der Konkurrent konnte mit der überlegenen Steuerung seinen Marktanteil permanent ausbauen, so daß das Innovationsprojekt von Anfang an unter erheblichem Zeitdruck stand. Da zur Entwicklung einer neuen Steuerung Kenntnisse benötigt wurden, über die das kleine Unternehnmen zu diesem Zeitpunkt (noch nicht) verfügte, wandte man sich mit der Bitte um Hilfe an den entsprechenden Lehrstuhl einer Hochschule. Dieser definierte ein gemeinsames Entwicklungsprojekt und nahm die Arbeit auf. Der Erfolg der gemeinsamen Arbeit wollte sich allerdings zunächst nicht einstellen. Kritisch wurde die Lage für das betrachtete Unternehmen, als man einen Großauftrag aus Japan nur mit der Zusage akquirieren konnte, binnen weniger Wochen ein dem Konkurrenzangebot vergleichbares Produkt zu liefern. Zu diesem Zeitpunkt schien die Lösung der anstehenden Probleme allerdings auch nur noch wenige Tage zu dauern. Als in dieser Situation der Entwicklungsleiter des Unternehmens bei dem zuständigen Mitarbeiter der Universität anrief, um die letzten gemeinsamen Entwicklungsarbeiten mit dem Hinweis auf die Dringlichkeit eines Erfolges zu forcieren, erhielt er die Antwort: "Nö, vorläufig geht

---

[237] Mehrfachnennungen möglich.

nichts, ich mach' jetzt erst mal Urlaub". Der Konkurs dieses Unternehmens wurde nur dadurch verhindert, daß der größte Kunde in letzter Minute eine Mehrheitsbeteiligung am Unternehmen erwarb.

Dieses Beispiel aus der betrieblichen Praxis schildert sicherlich einen besonders extrem verlaufenden Einzelfall. Dennoch wurde die (projektierte oder effektive) Zeitdauer von Entwicklungsprojekten mit Forschungseinrichtungen und Hochschulen auch in den begleitenden Interviews von mehreren Unternehmen als ernstes Hemmnis bei abgeschlossenen Projekten (und dementsprechend auch für zukünftige Aufträge) in diesem Bereich bezeichnet.

11.4.4 Kooperation mit anderen Unternehmen

Neben Forschungseinrichtungen und (Fach-)Hochschulen sind andere Unternehmen und Ingenieurbüros die zweite Gruppe von Akteuren, mit denen neues technologisches Wissen kooperativ entwickelt werden kann. Welche Bedeutung hat also die Kooperation mit diesen Partnern für die befragten Unternehmen?

Tabelle 18:   Kooperation mit anderen Unternehmen und Ingenieurbüros

Haben Sie in den vergangenen fünf Jahren mit anderen Unternehmen oder Ingenieurbüros kooperiert?

ja 50,7 %	nein 49,3 %
davon erfolgte Kooperation in folgenden Bereichen (Mehrfachnennungen möglich)	
Beschaffung	40,5 %
Produktion	62,3 %
Vertrieb	51,3 %
FuE	35,6 %
sonstiges	8,5 %

Untersuchungsregion: Schwarzwald-Baar-Heuberg und Bodensee   N = 1340

Über die Hälfte (50,7%) der 1340 befragten Unternehmen gaben an, in den vergangenen fünf Jahren mit wenigstens einem Partner kooperiert zu haben. **Domi-**

nierend sind dabei die Bereiche **Produktion** (62,3%) und **Vertrieb** (51,3%). Von etwas geringerer Bedeutung sind im Vergleich dazu die Bereiche **Beschaffung** (40,5%) sowie **Forschung und Entwicklung** (35,6%).

Bezogen auf die Gesamtheit aller befragten Unternehmen gaben also **18,1%** an, in den vergangenen fünf Jahren bei FuE mit anderen Unternehmen oder Ingenieurbüros kooperiert zu haben. Dieser Wert entspricht etwa den Ergebnissen anderer empirischer Untersuchungen.

In der bereits zitierten Untersuchung des FhG-ISI aus dem Jahre 1989 gaben insgesamt rund 11% der 939 befragten Unternehmen an, in den vergangenen Jahren bei FuE mit anderen Unternehmen kooperiert zu haben[238]. Aus dem Ifo-Innovationstest des Jahres 1985 geht hervor, daß 26% der 5.000 befragten Unternehmen des Verarbeitenden Gewerbes vertraglich fixierte FuE-Kooperationen durchführen[239]. Täger ermittelte in seiner 1987 bei insgesamt 417 Unternehmen des Verarbeitenden Gewerbes durchgeführten Untersuchung, daß 26% der Befragten mit anderen Unternehmen bei FuE kooperierten[240]. In einer Untersuchung von Strothmann kooperieren 21% der befragten 574 Unternehmen (wobei allerdings nur Unternehmen mit mehr als 20 Beschäftigten in die Befragung einbezogen wurden)[241].

Zu deutlich anderen Ergebnissen kommt Rotering mit 53,3%, wobei sich diese Angabe allerdings auf 253 der 500 umsatzstärksten Unternehmen der Bundesrepublik bezieht[242].

Interessant ist der Vergleich mit einer 1977 veröffentlichten Arbeit von Naujoks

---

[238] Siehe Becher, G. et al., 1989 : 134ff.

[239] Siehe Schmalholz, H. / Scholz, L., 1986 : 36f.

[240] Siehe Täger, C., 1988 : 18.

[241] Siehe Strothmann, K.-H., 1984 : 25.

[242] Siehe Rotering, C., 1990 : 68f.

und Pausch[243]. Grundlage dieser Untersuchung bildete (wie auch in der vorliegenden Arbeit) eine Totalerhebung aller Unternehmen bezogen auf Kammerbezirke. Einschränkend muß allerdings hinzugefügt werden, daß bei Naujoks/Pausch auch die Bereiche Bergbau und Bau sowie Groß- und Einzelhandelsunternehmen mit berücksichtigt wurden. Obwohl sich die Angaben der Autoren also auf das **Produzierende Gewerbe** insgesamt richten, ist es möglich, aus den veröffentlichten Tabellen die Angaben des **Verarbeitenden Gewerbes** gesondert zu berechnen. Diese Berechnung zeigt, daß vor etwa 15 Jahren von den 422 Unternehmen aus dem Verarbeitenden Gewerbe nur **3,3%** mit anderen Unternehmen bei Forschung und Entwicklung kooperierten. Obwohl die Untersuchung von Naujoks/Pausch (Kammerbezirk Aachen) und die hier vorliegende Untersuchung (Kammerbezirke aus Baden-Württemberg, Bayern, der Schweiz, Österreich und Liechtenstein) in unterschiedlichen Regionen durchgeführt wurden, **kann die häufig geäußerte These, daß FuE-Kooperationen im Zeitverlauf erheblich an Bedeutung zugenommen hätten**[244]**, durch diesen auf eine relativ breite empirische Basis bezogenen Befund unterstützt werden.**

Die Ergebnisse der begleitend zur schriftlichen Befragung durchgeführten Interviews zeigen darüber hinaus, daß im Rahmen einer schriftlichen Befragung zum Thema FuE-Kooperation die **tatsächliche Bedeutung dieser Zusammenarbeit systematisch unterschätzt** werden könnte. In der schriftlichen Befragung hatten die Unternehmen angegeben, daß nur 43,4% aller FuE-Kooperationsprojekte vertraglich geregelt waren. Dies bedeutet, daß über die Hälfte aller Projekte (56,6%) informell organisiert sind und ohne vertragliche Grundlage durchgeführt werden[245]. In den Interviews zeigte sich nun, daß gerade diese **informellen Kooperationen (insbesondere mit Zulieferern und Kunden) mittlerweile bei vielen Unternehmen zur Routine, zum "Tagesgeschäft" der betroffenen Entwicklungs-**

---

[243] Vgl. Naujoks, W. / Pausch, R., 1977.

[244] Vgl. dazu beispielsweise Rotering, C., 1990 : 70ff.

[245] Zu ähnlichen Ergebnissen kommen auch Naujoks / Pausch. Hier waren 52,8% aller Kooperationsprojekte "formlose Vereinbarungen" ohne vertragliche Grundlage (siehe Naujoks, W. / Pausch, R., 1977 : 66).

abteilungen geworden sind, so daß diese Zusammenarbeit[246] nicht mehr unmittelbar mit dem Begriff "Kooperation" in Verbindung gebracht wird und ihre Bedeutung für das eigene Unternehmen von den Betroffenen häufig erstmals im Verlauf von persönlichen Gesprächen bewußt realisiert wird[247]. Diese Erfahrung wurde in fast allen Interviews bestätigt.

Für weitere Untersuchungen zum Thema FuE-Kooperation ergeben sich daraus zwei wichtige Folgerungen:

1. Die Interviews legen die Vermutung nahe, daß die Bedeutung von FuE-Kooperationen durch die Betroffenen selbst (d.h. die Unternehmen) - und damit auch durch schriftliche Befragungen - generell unterschätzt wird.

2. Trifft dies zu, dann wird auch die Bedeutung einzelner Akteure als Kooperationspartner durch schriftliche Befragungen nur verzerrt wiedergegeben. Wie die Interviews zeigten, bezog sich das "Tagesgeschäft" der Kooperation bei FuE überwiegend auf Zulieferer, in etwas geringerem Maße auch auf Kunden. Dies bedeutet, daß die **horizontalen Kooperationen** (mit komplementären Unternehmen, Wettbewerbern, Ingenieurbüros, aber auch mit (Fach-)Hochschulen und Forschungseinrichtungen) **im Vergleich zu vertikalen Kooperationen** (mit Kunden und insbesondere Zulieferern) in schriftlichen Befragungen **überbewertet** werden könnten.

Welche **Inhalte** haben nun die FuE-Kooperationen der befragten Unternehmen? Die überwiegende Mehrheit aller Kooperationen bezogen sich auf **Produktentwicklungen** (68,2%). Nur in etwas weniger als einem Drittel aller FuE-Kooperationen war die **Modernisierung von Fertigungsverfahren** (31,8%) Ziel der Zusammenarbeit.

---

[246] Diese informelle Zusammenarbeit mit Zulieferern und Kunden ist dabei durchaus als FuE-Kooperation im engeren Sinne zu verstehen, d.h. als gemeinsame Entwicklungsarbeit von Mitarbeitern beider Partnerunternehmen in einem Projekt mit dem Ziel, bestehende Produkte und Fertigungsverfahren zu verbessern oder neue Produkte bzw. Fertigungsverfahren zu entwickeln.

[247] Vgl. hierzu auch Herden, R., 1990 : 30 und 39f.

Tabelle 19:   Die Partner von FuE-Kooperationen

Wenn Sie in den ergangenen fünf Jahren im Bereich FuE kooperiert haben, wer waren Ihre Partner?

(insgesamt 18,1 % aller befragten Unternehmen)	
davon folgende Partner	
(Mehrfachnennungen möglich)	
Lieferanten	42,6 %
Kunden	39,3 %
Konkurrenten	23,6 %
Konzernmitglieder	29,3 %
sonstige Unternehmen	34,7 %
(potentielle Kunden, Lieferanten etc.)	
Ingenieurbüros	32,8 %

Untersuchungsregion: Schwarzwald-Baar-Heuberg und Bodensee   N = 1340

Bevorzugte **Partner** von FuE-Kooperationen sind **Zulieferer** (42,6%) und **Kunden** (39,3%). Kaum weniger bedeutend sind sonstige Unternehmen (darunter insbesondere **potentielle** Kunden und Zulieferer) mit 34,7% und **Ingenieurbüros** (32,8%). Beachtenswert ist, daß immerhin 23,6% aller in FuE kooperierenden Unternehmen auch oder ausschließlich **Wettbewerber** als Partner haben.

Der **Kontakt** zu den betreffenden Kooperationspartnern bestand aus Sicht der befragten Unternehmen in über einem Drittel aller Fälle (36,7%) bereits **vor Aufnahme** der gemeinsamen FuE-Tätigkeit. Bei weiteren 19,7% aller FuE-Kooperationen bestanden zwar vor Aufnahme der Kooperationstätigkeit keine Kontakte, doch war der Partner dem Unternehmen aufgrund seiner spezifischen Fähigkeiten und Kenntnisse auf dem betreffenden Gebiet **bereits als möglicher Partner bekannt.** Eine **gezielte Suche** nach dem Kooperationspartner führten 18,3% der Unternehmen durch. Weitere 9,9% der Kontakte kamen durch eine gezielte **Suche des Partners** zustande. Etwas häufiger als bei Hochschulkontakten spielte die **Vermittlung** beim Zustandekommen von Kooperationsbeziehungen zu anderen Unternehmen eine Rolle. Wichtigster Vermittler sind dabei mit deutlichem Abstand andere Unternehmen (wie die Interviews zeigten, sind dies häufig Kunden oder Zulieferer, in einzelnen Fällen aber auch Konkurrenten) mit 7,0% der Nennungen, private Unternehmensberater, Kammern und Verbände spielen dagegen als Vermittler nur eine untergeordnete Rolle (jeweils unter 2% der Nennunen)[248]. Auf einen **Zufall** führten schließlich in 5,6% aller Fälle die Befragten das Zustandekommen von FuE-Kooperationsbeziehungen zu anderen Unternehmen zurück.

Stärker noch als bei der Zusammenarbeit mit Forschungseinrichtungen und (Fach-)Hochschulen, wo sich rund 20% der kooperierenden Unternehmen mit besonderen Hemmnissen und Schwierigkeiten konfrontiert sahen, zeigte die schriftliche Befragung die Relevanz von **Problembereichen,** die im Verlauf von FuE-Kooperationen **mit anderen Unternehmen** auftreten können. So gaben rund **ein Drittel** (34,3%) aller bei FuE kooperierenden Unternehmen an, daß es im Verlauf ihrer Zusammenarbeit mit anderen Unternehmen zu Problemen gekommen sei, die den "**Bestand der Kooperation gefährdeten**".

Ursache dieser Probleme ist häufig eine **Fehleinschätzung der technologischen Fähigkeiten** des Partners. In rund einem Drittel aller "Problemfälle" (36,1%) zeigte sich für die betroffenen Unternehmen im Verlauf der FuE-Kooperation, daß sie die technologische Kompetenz des Partners überschätzt hatten. Umgekehrt war in 21,7% der Problemfälle die eigene technologische Kompetenz zu gering, um den Anforderungen des Partners gerecht zu werden. Addiert man beide Bereiche, führten **in mehr als der Hälfte aller Problemfälle** wechselseitige Fehleinschätzungen der technologischen Fähigkeiten zu einer ernsthaften Gefährdung der FuE-Kooperation. Wie wichtig das gegenseitige Wissen um die Fähigkeiten, die Ziele und die Zuverlässigkeit des Partners für die erfolgreiche Durchführung von FuE-Kooperationen ist, zeigt auch die Tatsache, daß mangelnde Informationen über den Partner nach Ansicht der befragten Unternehmen in 22,9% aller Fälle zu existenzgefährdenden Problemen führten.

---

[248] Die tendenziell geringe Bedeutung von Vermittlern für das Zustandekommen von Beziehungen trifft jedoch nicht für alle "Unternehmens-Typen" in gleichem Maße zu. So ist beispielsweise neben der Bereitstellung von Kapital die Vermittlung von Marktbeziehungen ein wesentlicher Bestandteil des Dienstleistungsangebotes von Venture-Capital-Gesellschaften (vgl. dazu beispielsweise Heydebreck, P., 1990 : 51ff).

Neben den wechselseitigen Informationsdefiziten rangiert das **"opportunistische Verhalten"** des Partners, also das bewußte Ausnutzen des Vertrauens des Partners zum eigenen Vorteil, nur an **zweiter Stelle** als Ursache für gravierende Differenzen zwischen den Beteiligten. Ein ernstliches Fehlverhalten des Partners im Verlauf der Kooperation registrierten 37,3% aller relevanten Unternehmen. Bei 32,5% aller Fälle bestand zwischen den Partnern Uneinigkeit über die Nutzung des gemeinsam Erreichten. Einen ungewollten Know-how-Abfluß mußten schließlich 36,1% der relevanten Unternehmen im Verlauf der Kooperation hinnehmen.

Andere Ursachen existenzgefährdender Probleme sind neben Informationsdefiziten und opportunistischem Verhalten des Partners aus Sicht der Befragten relativ unbedeutend:

- generelle Einschränkung der Handlungsfreiheit (26,5%);
- Stören der Kooperation durch Dritte (nicht beteiligte Akteure) (18,1%);
- sprachliche oder kulturelle Unterschiede (9,6%) bei der Zusammenarbeit mit ausländischen Partnern[249]
- ein anderes Rechtssystem im Ausland (6,0%).

11.4.5 Fremdbezug innovativer Technologien

Neben der internen Entwicklungstätigkeit und der gemeinsamen (d.h. kooperativen) Entwicklung ist der Fremdbezug, also der Kauf innovativer Technologien die dritte Möglichkeit, den "Know-how-stock" eines Unternehmens zu erhöhen. Viele unterschiedliche Wege, technisches Wissen zu kaufen, sind denkbar (z.B. Kauf innovativer Vorprodukte, Komponenten, Roh- und Hilfsstoffe, Fertigungsanlagen, Software, Datenverarbeitungsanlagen, Kauf von Lizenzen oder Unternehmen bzw. Unternehmensteilen, etc.)[250]. In der vorliegenden Untersuchung sollen für zwei

---

[249] Zu den spezifischen Problemen bei der Kooperation mit ausländischen Partnern vgl. beispielsweise Meyer-Krahmer, F. / Walter, G. H., 1982.

[250] Vgl. hierzu beispielsweise Henfling, M., 1981 : 75ff.

dieser Wege Anhaltspunkte zur Relevanz im Rahmen der Innovationstätigkeit der befragten Unternehmen gegeben werden.

11.4.5.1 Kauf von innovativen Produktions- und Datenverarbeitungsanlagen

Ein Weg, innovatives technologisches Know-how extern zu beziehen, ist der Kauf von Maschinen, Vorprodukten, Komponenten oder Datenverarbeitungsanlagen und Softwarepaketen - sofern diese Produkte von den Zulieferern verbessert oder völlig neu entwickelt wurden. Eine exakte Messung des Innovationstransfers bei Zulieferer/Abnehmer-Beziehungen ist im Rahmen einer schriftlichen Befragung allerdings nur sehr schwer möglich, da

- die Befragten nur in Einzelfällen in der Lage sind, den Anteil innovativer Vorprodukte, Maschinen und Komponenten in Relation zum gesamten Einkaufsvolumen bzw. zum gesamten Investitionsvolumen abzuschätzen;

- die Befragten den Innovationsgehalt der einzelnen Vorprodukte und Maschinen sowie den Entwicklungsaufwand, den die Zulieferer speziell für ihre Unternehmen erbringen, nur selten exakt bewerten können.

Um dennoch zu einer relativ validen Einschätzung der Bedeutung des Know-how-Transfers über den Kauf von innovativen Gütern zu kommen, wurde die entsprechende Frage auf einen Bereich begrenzt, von dem vermutet werden kann, daß ihm durch seine Bedeutung für die Wettbewerbsfähigkeit durch die Unternehmen besondere Beachtung geschenkt wird: dem Kauf innovativer Produktions- und Datenverarbeitungsanlagen.

Darauf bezogen **gaben insgesamt 74,3% der Unternehmen an, in den vergangenen fünf Jahren Produktions- und/oder Datenverarbeitungsanlagen gekauft zu haben, die den Fertigungsprozeß oder andere Funktionsbereiche des Unternehmens entscheidend verändert haben.**

Die Tatsache, daß nahezu drei Viertel aller Unternehmen in den letzten Jahren nach eigener Einschätzung bedeutendes innovatives Know-how durch den Kauf von Fertigungs- und Datenverarbeitungsanlagen bezogen haben, legt die Vermutung nahe, daß dem Kauf innovativer Technologien im Rahmen von Zulieferer-/Abnehmer-Beziehungen generell (d.h. auch bezogen auf Komponenten, Vorprodukte etc.) erhebliche Bedeutung zukommt.

11.4.5.2 Kauf innovativer Technologien durch Lizenznahme

Von einigen Autoren wird die Bedeutung des Transfers von Technologien durch den Lizenzverkehr betont[251]. In der vorliegenden Untersuchung wurde deshalb zunächst gefragt, ob die Unternehmen Patente angemeldet haben.

Insgesamt 32% der Unternehmen beantworteten diese Frage mit "ja". Von diesen 32% gaben lediglich 17,2% an, daß die Patente auch von anderen genutzt werden. Dies bedeutet, daß (bezogen auf die Gesamtheit aller Befragten) **lediglich 5,5% aller Unternehmen eine Lizenz vergeben haben**. Im Vergleich zu anderen Formen des Know-how-Transfers muß der Kauf und Verkauf von Industrie-Lizenzen deshalb (bezogen auf die befragten Unternehmen) als relativ unbedeutend bezeichnet werden.

11.5 Eigenentwicklung, Kooperation und Fremdbezug von Technologien

Nachdem einzelne Formen technologieorientierter Außenbeziehungen hinsichtlich ihrer Bedeutung und ihrer Verbreitung getrennt voneinander analysiert wurden, stellt sich nunmehr die Frage,

- welche **Relevanz die einzelnen Formen** - bezogen auf die Innovationsfähigkeit der Unternehmen - im **Gesamtzusammenhang technologieorientierter Außenbeziehungen** haben, und

---

[251] Vgl. beispielsweise Mittag, H., 1985 oder Rohe, C., 1980.

- welche Bedeutung der **kooperativen Entwicklung** und dem **Fremdbezug** innovativer Technologien im Vergleich zur **unternehmensinternen FuE-Tätigkeit** zukommt.

Um eine Gewichtung der einzelnen Faktoren vornehmen zu können, wurden die Unternehmen deshalb nach ihrer subjektiven Einschätzung zur Bedeutung unterschiedlicher Formen von Eigenentwicklung, kooperativer Entwicklung und Fremdbezug neuer Technologien für die Innovationsfähigkeit des eigenen Unternehmens befragt.

Tabelle 20: **Bedeutung der verschiedenen Formen von Eigenentwicklung, kooperativer Entwicklung und Fremdbezug innovativer Technologien**

Folgende Aktivitäten waren für uns in den vergangenen fünf Jahren notwendige Voraussetzung für die erfolgreiche Verbesserung bestehender Produkte und Fertigungsverfahren oder für die erfolgreiche Entwicklung neuer Produkte und Fertigungsverfahren (Mehrfachnennungen möglich):

FuE im eigenen Unternehmen	43,1 %
Kauf neuartiger Materialien, Komponenten, Produkte	36,3 %
Kauf von Software	44,6 %
Inanspruchnahme von Beratungs- oder Informationsdienstleistungen	16,4 %
Lizenznahme	3,7 %
Vergabe von FuE-Aufträgen an Hochschulen	3,1 %
Entwicklungsaufträge an andere Unternehmen, Ingenieurbüros	6,0 %
FuE-Kooperationen mit anderen Unternehmen, Ingenieurbüros	3,1 %
FuE-Kooperationen mit Hochschulen	3,8 %
interne technische Weiterbildung des eigenen Personals	43,8 %
externe technische Weiterbildung des eigenen Personals	33,2 %

Untersuchungsregion: Schwarzwald-Baar-Heuberg   N = 492

Das Ergebnis zeigt, daß nach eigener Einschätzung die interne FuE sowie die interne und externe Weiterbildung des eigenen Personals als notwendige Voraussetzung für die Entwicklung und den Einsatz innovativer Produkte und Fertigungsverfahren dominieren. Von kaum geringerer Bedeutung als die Eigenentwicklung ist aus Sicht der Unternehmen der Kauf innovativer Materialien, Vorprodukte, Komponenten und der Kauf von Software. Die Zusammenarbeit mit anderen Unternehmen und mit (Fach-)Hochschulen bzw. Forschungseinrichtungen spielte im Vergleich dazu in den vergangenen fünf Jahren eine relativ geringe

Tabelle 21:   **Eigenentwicklung, kooperative Entwicklung und Fremdbezug im Vergleich**

Von den befragten Unternehmen wurde als notwendige Voraussetzung für den Innovationserfolg der vergangenen fünf Jahre bezeichnet (Mehrfachnennungen möglich):

Nutzung und Ausbau interner Ressourcen	52,8 %
kooperative Entwicklungen	13,0 %
Fremdbezug neuer Technologien	34,8 %

Untersuchungsregion: Schwarzwald-Baar-Heuberg   N = 492

Eine Zusammenfassung der einzelnen Formen von technologieorientierten Außenbeziehungen und Ausbau bzw. Nutzung interner FuE-Kapazitäten macht die unterschiedliche Bewertung von Eigenentwicklung, kooperativer Entwicklung und Fremdbezug noch deutlicher:

- Die Nutzung bzw. der Ausbau **interner FuE-Kapazitäten** war für insgesamt **52,8%** der Befragten eine notwendige Voraussetzung für die Innovationsfähigkeit und den Innovationserfolg des eigenen Unternehmens.

- Von geringerer Bedeutung war relativ dazu der **Kauf technologischen Knowhows** (durch Bezug von Vorprodukten, Maschinen, Software, durch Lizenznahme bzw. durch die Vergabe von Auftragsforschungs- und Entwicklungsprojekten an Hochschulen, Forschungseinrichtungen, Ingenieurbüros und andere Unternehmen). Nur **34,8%** der Befragten bezeichnete wenigstens eine dieser Formen des Fremdbezuges als "notwendig" für die Innovationsfähigkeit des eigenen Unternehmens.

- Die geringste Bedeutung messen die Unternehmen im Vergleich zur internen FuE-Kapazität und zum Fremdbezug der **kooperativen Entwicklung** innovativer Technologien zu. Nur **13%** bezeichnen FuE-Kooperationen mit Unternehmen, Ingenieurbüros, Forschungseinrichtungen und (Fach-)Hochschulen als "notwendig" für den Innovationserfolg.

Die nach der Einschätzung der Unternehmen relativ geringe Bedeutung kooperativer Entwicklung wird auch durch eine andere Zahl belegt. Befragt nach dem Anteil, der schätzungsweise vom gesamten FuE-Budget für Kooperationen aufgewendet wird, antworteten 60% der Unternehmen, die in den vergangenen fünf Jahren im Bereich FuE kooperiert hatten, dieser Anteil liege bei weniger als 10%. Weitere 29,1% gaben an, daß der entsprechende Wert für ihr Unternehmen bei 10%-30% liege. Nur 7,3% der Unternehmen wenden zwischen 30% und 50% ihres FuE-Budgets für Kooperationsprojekte auf. Über 50% ihres FuE-Budgets geben lediglich 3,6% der Unternehmen für Kooperationsprojekte aus.

Tabelle 22:   **Aufwendungen für FuE-Kooperationen bezogen auf das FuE-Budget**

Wenn Sie in den vergangenen fünf Jahren im Breich FuE kooperiert haben, schätzen Sie: Wie hoch ist etwa der Anteil am gesamten FuE-Budget Ihres Unternehmens, den Sie intern für die oben genannten FuE-Kooperationen aufwenden?

weniger als 10 %	60,0 %
zwischen 10 % und 30 %	29,1 %
zwischen 30 % und 50 %	7,3 %
über 50 %	3,6 %

Untersuchungsregion: Schwarzwald-Baar-Heuberg   N = 492

Dieser Befund entspricht im wesentlichen den Ergebnissen Roterings[252], der in seiner eigenen Umfrage einen Durchschnittswert von 10% ermittelte (wobei allerdings zu berücksichtigen ist, daß dabei ausschließlich Großunternehmen befragt wurden).

Zu deutlich anderen Ergebnissen kommt dagegen Håkansson[253]. Gemessen am "relative share of development activities conducted in collaboration with external units" finden bei

---

[252]   Siehe Rotering, C., 1990 : 110f.

[253]   Siehe Håkansson, H., 1989 : 54.

- 7% der Unternehmen weniger als 10%,

- 28% der Unternehmen zwischen 10% und 30%,

- 14% der Unternehmen zwischen 30% und 50% und

- 51% der Unternehmen über 50%

der Entwicklungsaktivitäten im Rahmen von Kooperationsprojekten statt.

Die Ergebnisse Håkanssons basieren auf einer Zusammenfassung von 123 Interwiews mit Unternehmen aus Schweden. Die deutliche Diskrepanz beider Befunde kann als ein weiteres Indiz für die These gewertet werden, daß die Bedeutung kooperativer Entwicklung von den Unternehmen selbst - und damit auch in schriftlichen Umfragen - unterschätzt wird, und daß erst durch persönliche Gespräche mit den Beteiligten die Relevanz kooperativer Entwicklungstätigkeit offensichtlich wird.

Auch in den begleitend zur schriftlichen Umfrage durchgeführten eigenen Interviews zeigte sich, daß nach Abschluß der Gespräche die Bedeutung kooperativer FuE im eigenen Unternehmen von einigen Gesprächspartnern überhaupt erstmals realisiert wurde und die Aufwendungen für Kooperationsprojekte im Durchschnitt deutlich höher angesetzt wurden als in der schriftlichen Umfrage.

Nachden die Unternehmen zu ihrer Einschätzung von Eigenentwicklung, Kooperation und Fremdbezug **in den vergangenen fünf Jahren** befragt wurden, sollten sie abschließend bewerten, welche Bedeutung sie diesen Quellen innovativer Entwicklung bezogen auf ihr eigenes Unternehmen **in Zukunft** beimessen.

Tabelle 23: **Zukünftige Bedeutung von Eigenentwicklung, Kooperation und Fremdbezug im Vergleich**

Für die Innovationsfähigkeit des Unternehmens werden folgende Aktivitäten in den kommenden Jahren an Bedeutung gewinnen (Mehrfachnennungen möglich):

Neueinstellungen von FuE-Personal	30,9 %
Lizenznahme / Vergabe	18,3 %
Kauf innovativer Produktionsgüter	33,7 %
Informationsaustausch	50,4 %
Kooperation	37,4 %
Kauf von Unternehmen oder Unternehmensteilen	26,1 %

Untersuchungsregion: Bodensee   N = 848

Bezogen auf die Zukunft zeigt sich, daß die Unternehmen den Ausbau des **Informationsaustauschs über technische Entwicklungen (50,4%)** und die verstärkte **kooperative Entwicklung innovativer Technologien (37,4%)** höher bewerten als den weiteren Ausbau der **internen FuE-Kapazitäten (30,9%)** durch die Neueinstellung von FuE-Personal und den verstärkten **Fremdbezug** innovativer Technologien durch den Kauf von Maschinen und Vorprodukten **(33,7%)**, durch Lizenznahme **(18,3%)** oder den (technologisch motivierten) Kauf von Unternehmen oder Unternehmensteilen **(26,1%)**.

11.6 Diffusionsgrad kooperativ entwickelter Technologien

These 1:

Innovative Technologien, die in Form einer FuE-Kooperation gemeinsam mit anderen Unternehmen entwickelt wurden, zeichnen sich durch einen mittleren Diffusionsgrad und eine relativ geringe Relevanz dieser Technologie für die eigene Wettbewerbsfähigkeit aus.

These 2:

Innovative Technologien, die gemeinsam mit Forschungseinrichtungen oder (Fach-)Hochschulen entwickelt wurden, zeichnen sich aus Sicht des betroffenen Unternehmens durch einen relativ geringeren Diffusionsgrad und eine höhere Relevanz dieser Technologie für die eigene Wettbewerbsfähigkeit aus.

Nachdem im vorangehenden Abschnitt der vorliegenden Arbeit die Bedeutung kooperativer Entwicklung in Relation zum Fremdbezug und zur Eigenentwicklung innovativer Technologien untersucht wurde stellt sich nunmehr die Frage, durch welche Charakteristika sich innovative Technologien beschreiben lassen, die kooperativ, d.h. in Zusammenarbeit mit anderen Akteuren entwickelt werden, und wie sich diese Technologien gegenüber rein unternehmensintern entwickelten Innovationen abgrenzen. In Abschnitt 5.5 der vorliegenden Arbeit wurde versucht, diese Frage mit Hilfe des Transaktionskostenansatzes zu beantworten. Als Ergebnis dieser Analyse wurden zwei Faktoren ermittelt, die die Entscheidung zwischen Eigenentwicklung, kooperativer Entwicklung und Fremdbezug innovativer Technologien maßgeblich beeinflussen:

- der (subjektive) Diffusionsgrad der Technologie und
- der Grad der Relevanz dieser Technologie für die Funktions- und Wettbewerbsfähigkeit der eigenen Produkte.

Der Einfluß dieser Variablen auf die Eigenentwicklungs-, Kooperations- oder Fremdbezugsentscheidung ließ sich aus der Transaktionskostenanalyse jedoch nur ableiten, sofern es sich bei den Interaktionspartnern um **Profit-Organisationen** handelt. Für **Non-Profit-Organisationen** konnte ein Einfluß der oben genannten Variablen aus Sicht des Transaktionskostenansatzes dagegen nicht in gleichem

Maße unterstellt werden. Gerade bei Technologien mit sehr geringem Diffusions-grad, insbesondere im Bereich der Grundlagenforschung, verfügen häufig nur Hochschulen und Forschungseinrichtungen über die notwendigen FuE-Kapazitä-ten. Die Gefahr opportunistischen Verhaltens wird jedoch bei solchen Partnern sowohl vom Gesetzgeber als auch von den Hochschulen und Forschungseinrich-tungen selbst stark eingeschränkt und reglementiert. Die potentiell sehr hohen situationsspezifischen Transaktionskosten werden damit aus Sicht des kooperie-renden Unternehmens erheblich verringert.

Um den (subjektiv empfundenen) Diffusionsgrad kooperativ entwickelter Techno-logien zu erfassen, wurde den Unternehmen die Frage gestellt, ob aus ihrer Sicht das im Verlauf einer Zusammenarbeit für das eigene Unternehmen gewonnene neue technologische Know-how auch für alle anderen Akteure völlig neu war, oder ob einige Akteure bereits **vor** der Kooperation über dieses oder ähnliches Know-how verfügten.

Bezogen auf die Zusammenarbeit mit (Fach-)Hochschulen und Forschungsein-richtungen zeigte sich, daß das für das befragte Unternehmen neue technologi-sche Wissen in 55,4% aller Fälle auch keinem anderen Akteur vorlag, d.h. völlig neu entwickelt werden mußte. In weiteren 11,6% aller Fälle verfügten ausschließ-lich (Fach-)Hochschulen oder Forschungseinrichtungen bereits vor Aufnahme der Zusammenarbeit über das entsprechende Wissen. **Lediglich in 14% aller Fälle arbeiteten andere Unternehmen bereits vor Aufnahme der Zusammenarbeit mit entsprechendem innovativen Know-how.** In den verbleibenden 19% aller Fälle war das technologische Know-how in dieser oder ähnlicher Form bereits vor Auf-nahme der Zusammenarbeit in der Fachliteratur zu finden.

Anders ist die "Qualität" des neuen Wissens zu bewerten, das den Unternehmen im Verlauf von Kooperationen mit Profit-Organisationen zugeflossen ist. **Hier arbeiteten bereits in 57,7% aller Fälle andere Unternehmen mit dem gleichen oder ähnlichen Technologien, bevor dieses Wissen auch dem befragten Unterneh-men durch eine FuE-Kooperation zugänglich wurde.** Bei der Mehrzahl dieser "anderen Unternehmen" handelte es sich um **Wettbewerber** des befragten Unter-nehmens.

Faßt man beide Befunde zusammen, lassen sich die oben aufgestellten Thesen anhand der hier vorliegenden empirischen Ergebnisse bestätigen. FuE-Kooperationen zwischen Unternehmen beziehen sich tendenziell auf Technologien mit einem mittleren Diffusionsgrad, Kooperationen zwischen Unternehmen und Non-Profit-Organisationen beziehen sich dagegen eher auf Technologien mit einem relativ geringen Diffusionsgrad.

Zu ähnlichen Ergebnissen kommt auch Rotering. Hier wurden die in FuE kooperierenden Unternehmen gebeten, die den Kooperationen zugrundeliegenden Technologien mit Hilfe einer siebenstufigen Ratingskala nach ihrem Reifegrad zu ordnen. Bezogen auf den Reifegrad der Technologie und die Zahl der Nennungen ergab sich dabei ein umgekehrt U-förmiger Verlauf. Die überwiegende Mehrzahl aller FuE-Kooperationen mit anderen Unternehmen bezog sich auch bei Rotering weder auf Technologien mit sehr geringem - noch auf Technologien mit einem sehr hohen Reifegrad. Die Masse der befragten Unternehmen kooperierte mit anderen Unternehmen bei der Entwicklung von Technologien mit mittlerem Diffusionsgrad[254].

Als zweite - die Eigenentwicklungs-, Kooperations- oder Fremdbezugsentscheidung beeinflussende - Variable ergab sich aus der Transaktionskostenanalyse der Grad der **Relevanz dieser Technologie für die Funktions- und Wettbewerbsfähigkeit der eigenen Produkte.** Inwieweit auch diese Variable die Entscheidung zwischen Eigenentwicklung, kooperativer Entwicklung und Fremdbezug innovativer Technologien beeinflußt zeigte sich am Beispiel eines Unternehmens aus dem Fachbereich Medizintechnik:

Dieses Unternehmen produziert und vertreibt sämtliche zur Ausrüstung einer Klinik oder einer Arztpraxis notwendigen Geräte und Instrumente. Das "Angebot aus einer Hand" ist dabei neben der technischen Überlegenheit der Produkte ein wichtiges Merkmal der Wettbewerbsfähigkeit des Unternehmens. Andererseits hat sich dieses Unternehmen dem Wettbewerb spezialisierter Unternehmen zu stellen, die sich jeweils auf die Weiterentwicklung eines spezifischen Gerätes oder Instrumentes konzentrieren. Aus diesem Grunde kann sich das besagte Unternehmen am Wettlauf um die in technischer Hinsicht jeweils be-

---

[254] Siehe Rotering, C., 1990 : 134ff.

sten Produkte trotz hohem eigenem FuE-Aufwand nicht mehr alleine beteiligen. In den letzten Jahren ist das Unternehmen deshalb verstärkt dazu übergegangen, externe Ressourcen in den Innovationsprozeß einzubeziehen und hat sich zu diesem Zweck ein Netz von Kontakten zu Forschungseinrichtungen, Hochschulen und zu komplementären Unternehmen geschaffen.

Bezogen auf sein Produktspektrum prüft dieses Unternehmen, welchen Technologien hier im Hinblick auf die zukünftige Entwicklung "strategische Bedeutung" zukommt (beispielsweise Optoelektronik, Lasertechnologie etc.). Bei diesen "strategisch wichtigen" Technologien wird die Entwicklungstätigkeit ausschließlich im eigenen Unternehmen - bzw. gemeinsam mit den genannten Forschungseinrichtungen und Hochschulen - durchgeführt. Handelt es sich dagegen um keine "strategische Technologie" (beispielsweise Feinmechanik, Steuerungstechnik etc.), sucht das Unternehmen geeignete Partner, mit denen zunächst gemeinsame Entwicklungsprojekte durchgeführt werden. Bewährt sich der Kooperationspartner im Verlauf einiger Projekte, wird ihm anschließend die alleinige Verantwortung für die Weiterentwicklung der entsprechenden Komponente übertragen, das betreffende Unternehmen wird in den Kreis der Zulieferer integriert.

Wie sich auch am Beispiel anderer Interviews zeigte, differenzieren Unternehmen häufig (allerdings nicht immer und nicht immer systematisch) zwischen solchen Technologien, deren Beherrschung entscheidende Voraussetzung für ihre (zukünftige) Wettbewerbsfähigkeit ist, und solchen Technologien, denen diese Bedeutung nicht (oder nicht mehr) zukommt. Die Kompetenz für "strategisch wichtige" Technologien bleibt im Unternehmen oder wird dort aufgebaut, andere Technologien werden kooperativ entwickelt oder fremdbezogen[255].

---

[255] Dies zeigte sich beispielsweise auch bei der Diffusion der Mikroelektronik im Bereich der feinmechanischen und optischen Industrie. Für die Unternehmen aus dem Fachbereich **Meßtechnik** gehört die Mikroelektronik (mittlerweile) zu den "Kernbereichen" technologischer Kompetenz (Sensorik). Die Integration dieser Technologie erfolgte bei den hierzu befragten Unternehmen aus dem Fachbereich Meßtechnik ausschließlich durch den Aufbau **interner** Ressourcen. Die anderen Unternehmen aus der feinmechanischen und optischen Industrie integrierten die Mikroelektronik dagegen überwiegend durch Kooperationen mit Unternehmen aus der Elektrotechnik (vgl. Herden, R., 1990 : 79ff).

11.7 Determinanten technologieorientierter Außenbeziehungen

11.7.1 Strukturvariable: Technologieorientierte Wettbewerbsstrategie

These 3:

Der Technologieführer kooperiert bei der Entwicklung innovativer Technologien relativ häufiger mit Zulieferern und Forschungseinrichtungen als Anpassungsspezialisten und Kostenführer. Kunden (relativ zu Anpassungsspezialisten) und Equipment-Zulieferer (relativ zu Kostenführern) sind ebenso wie Wettbewerber für den Technologieführer als FuE-Kooperationspartner von unterdurchschnittlicher Bedeutung.

Anpassungsspezialisten kooperieren bei der Entwicklung innovativer Technologien relativ häufiger mit Kunden und Wettbewerbern als Technologieführer und Kostenführer. Die Bedeutung der Zusammenarbeit mit Zulieferern und (Fach-)Hochschulen bzw. Forschungseinrichtungen ist dagegen für Anpassungsspezialisten, relativ zu Unternehmen, die eine Strategie der Technologieführung verfolgen, geringer.

Die Zusammenarbeit mit Kunden spielt (relativ zu Anpassungsspezialisten) ebenso wie eine Zusammenarbeit mit den Zulieferern von Vorprodukten (relativ zu Technologieführern) für technologieorientierte Kostenführer eine untergeordnete Rolle. Eine überdurchschnittliche Bedeutung hat dagegen die Beziehung zu Akteuren, die sich mit der Entwicklung und Verbesserung von Fertigungsanlagen befassen (Equipment-Zulieferer und entsprechend orientierte Forschungseinrichtungen).

Partner Strategie	(Fach-)- Hochschulen Forschungs- einrichtun- gen	Zulieferer (Vorproduk- te, Kompo- nenten, Roh- stoffe)	Zulieferer (Equipment)	Kunden	Wettbewer- ber
Technologie- führer	"hoch"	"hoch"	"gering"	"gering"	"gering"
Anpassungs- spezialist	"gering"	"gering"	"gering"	"hoch"	"mittel"
Kostenführer	"mittel"	"gering"	"hoch"	"gering"	"gering"

Um diese These überprüfen zu können wurden die in der schriftlichen Umfrage erfaßten 1.340 Unternehmen anhand folgender Kriterien klassifiziert:

1. Nach dem technologischen Stand ihrer Hauptprodukte.
2. Nach dem wichtigsten Wettbewerbsvorteil ihrer Hauptprodukte.
3. Nach der Form der Produktion - bezogen auf ihre Hauptprodukte.

Wie bereits in der Diskussion über den vermuteten Zusammenhang zwischen der Wettbewerbsstrategie und der Struktur technologieorientierter Außenbeziehungen betont wurde (vgl. Abschnitt 7.1.3) bezieht sich eine Wettbewerbsstrategie jeweils auf **ein** Produkt oder **eine** Produktlinie. Die relevante Analyseeinheit ist deshalb die **Strategische Geschäftseinheit**, die mit der Entwicklung und Produktion des betrachteten Produktes oder der Produktlinie befaßt ist. Diese Strategische Geschäftseinheit <u>kann</u> identisch sein mit einem Betrieb, dies ist jedoch nicht zwangsläufig der Fall. Da für die schriftliche Umfrage der vorliegenden Arbeit aufgrund pragmatischer Überlegungen[256] **der Betrieb** und nicht die Strategische Geschäftseinheit als Untersuchungsgegenstand gewählt wurde, wurden die Befragten gebeten, ihre für die folgende Analyse relevanten Angaben auf das (aus ihrer Sicht wichtigste) Hauptprodukt zu beziehen. Diese Vorgehensweise kann bei einem Auseinanderfallen von Betrieb und Strategischer Geschäftseinheit zu folgenden "Unschärfen" führen:

- Der betrachtete Betrieb wird in <u>seiner Gesamtheit</u> einer Wettbewerbsstrategie zugeordnet, die lediglich <u>eine</u> (allerdings aus seiner Sicht die wichtigste) seiner Strategischen Geschäftseinheiten verfolgt.
- Die technologieorientierten Außenbeziehungen wurden jeweils für den gesamten Betrieb erhoben. Verfolgen die einzelnen Strategischen Geschäftseinheiten die-

---

[256] Da weder die Zahl der Strategischen Geschäftseinheiten noch die Namen der dabei relevanten Ansprechpartner innerhalb der einzelnen Betriebe bekannt war, hätte jedem Anschreiben eine größere Zahl von Fragebögen beigelegt werden müssen mit der Bitte, diese gegebenenfalls an die zuständigen Personen zu verteilen. Da es ein wesentliches Ziel der Untersuchung war, trotz der notwendigen Komplexität der Fragebögen eine möglichst hohe Rücklaufquote zu erzielen und befürchtet werden mußte, daß gerade bei kleinen und mittleren Unternehmen die Antwortbereitschaft aufgrund des (u.U. von den Betroffenen lediglich vermuteten) Mehraufwandes erheblich sinken könnte, wurde auf diese Vorgehensweise verzichtet.

ses Betriebes für ihre Produkte völlig unterschiedliche Wettbewerbsstrategien, werden deren technologieorientierte Außenbeziehungen ebenfalls der Strategie der (wichtigsten) Strategischen Geschäftseinheit zugeordnet.

Unter Berücksichtigung dieser "Unschärfen" wurden in die Gruppe der **Technologieführer** solche Betriebe aufgenommen, die

- den technologischen Stand ihrer Hauptprodukte als "international" oder wenigstens "national führend" bezeichneten,
- als "entscheidenden Wettbewerbsvorteil" ihrer Hauptprodukte die "Neuartigkeit ihrer Produkte" nannten und
- die Wettbewerbsvorteile "Flexibilität bei der Anpassung an Kundenwünsche" sowie "Preis" nicht entscheidend für den Absatz der eigenen Hauptprodukte hielten.

Als **Anpassungsspezialisten** wurden diejenigen Unternehmen bezeichnet,
- deren Hauptprodukte in technologischer Hinsicht wenigstens "auf dem Stand der Branche" lagen,
- die den entscheidenden Wettbewerbsvorteil in der "Flexibilität bei der Anpassung an Kundenwünsche" sahen, für die jedoch die "Neuartigkeit ihrer Produkte" oder der "Preis" ihrer Hauptprodukte keine entscheidende Rolle spielten und
- die ihre Hauptprodukte in "Kleinserie" oder in "Einzelfertigung" herstellen.

Als technologieorientierter **Kostenführer** wurden schließlich solche Unternehmen bezeichnet,
- deren Hauptprodukte in technologischer Hinsicht "auf dem Stand der Branche" lagen,
- für die der "Preis" der entscheidene Wettbewerbsvorteil ihrer Hauptprodukte war, die "Neuartigkeit ihrer Produkte" oder die "Flexibilität bei der Anpassung an Kundenwünsche" jedoch keine entscheidende Rolle spielten und
- die ihre Hauptprodukte in Großserie bzw. in Prozeßfertigung herstellten.

Abb. 10: Die Kriterien zur Klassifikation technologieorientierter Wettbewerbsstrategien im Überblick

	Technologieführer	Anpassungsspezialist	Kostenführer
technischer Stand der Hauptprodukte	National oder international führend	National oder international führend oder auf dem Stand der Branche	Auf dem Stand der Branche
wichtigster Wettbewerbsvorteil	Neuartigkeit der Produkte	Flexibilität bei Kundenwünschen	Preis
Art der Produktion	–	Kleinserie/ Einzelfertigung	Großserie/ Prozeßfertigung

Anhand der beschriebenen Vorgehensweise zur Klassifikation unterschiedlicher Wettbewerbsstrategien wurden solche Unternehmen, die

- ihre Hauptprodukte in technologischer Hinsicht als "nicht ganz auf dem Stand der Branche" oder als "zur Zeit mit erheblichem Nachholbedarf" bezeichneten und die

- als entscheidenden Wettbewerbsvorteil weder die "Neuartigkeit ihrer Produkte" noch die "Flexibilität bei der Anpassung an Kundenwünsche" noch den "Preis" ihrer Hauptprodukte nannten,

in der Gruppe **"Unternehmen ohne technologieorientierte Wettbewerbsstrategie"**(keine t.W.) zusammengefaßt. Für diese Unternehmen sind andere Wettbewerbsvorteile, wie etwa die "Termintreue", die "Sortimentsbreite/tiefe" oder der "Kundendienst" entscheidende Differenzierungsmerkmale ihrer Produkte.

Schließlich wurde eine kleine Gruppe von Betrieben identifiziert, die die Merkmale aller drei technologieorientierten Wettbewerbsstrategien erfüllten und keiner Strategie eindeutig zugeordnet werden konnten (für diese Betriebe waren sowohl die "Neuartigkeit ihrer Produkte" als auch die "Flexibilität bei Kundenwünschen" als auch der "Preis" der Hauptprodukte entscheidende Wettbewerbsvorteile. Sie bezeichneten sich als in technologischer Hinsicht "national" oder "international führend" und produzierten ihre Produkte in "Großserie" oder "Prozeßfertigung".

Die Frage, ob diese Unternehmen die entsprechenden Angaben auf mehrere unterschiedliche Hauptprodukte bezogen (also für mehrere Strategische Geschäftseinheiten antworteten), ob sich die Angaben auf ein einziges Produkt bezogen (ob also für ein einzelnes Produkt unterschiedliche technologieorientierte Wettbewerbsstrategien verfolgt werden) oder ob die antwortenden Personen die Bedeutung einzelner Wettbewerbsvorteile generell überschätzten, ließ sich anhand des vorliegenden Materials leider nicht endgültig beantworten. Die Tatsache, daß sich diese Unternehmen von allen anderen betrachteten Unternehmen in signifikantem Maße hinsichtlich ihrer Größe und ihrer Branchenzugehörigkeit unterscheiden (es handelt sich dabei um überdurchschnittlich große Unternehmen aus der Grundstoff- und Produktionsgüterindustrie und aus der Nahrungs- und Genussmittelindustrie), unterstützt jedoch die Vermutung, daß sich die Angaben hier möglicherweise doch auf unterschiedliche Produkte (bzw. Strategische Geschäftseinheiten) beziehen könnten, für die unterschiedliche technologieorientierte Wettbewerbsstrategien verfolgt werden. Betriebe dieses Typs wurden als Betriebe mit einer **Misch-Strategie** bezeichnet.

Für die 1.340 in die Untersuchung einbezogenen Betriebe ergab sich folgende Verteilung hinsichtlich der relevanten Wettbewerbsstrategien:

Abb. 11: Verteilung der Unternehmen nach Wettbewerbsstrategien

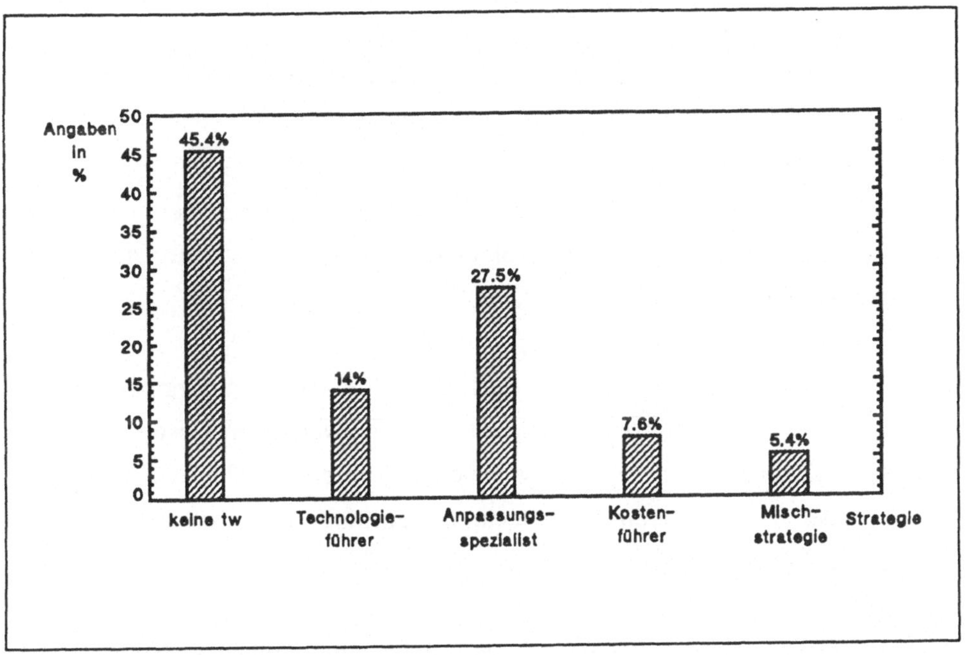

Insgesamt 187 Unternehmen (14,0%) verfolgen nach dieser Klassifikation eine Strategie der Technologieführung, 369 Unternehmen (27,5%) eine Strategie der Anpassungsspezialisierung, 102 Unternehmen (7,6%) eine Strategie der Kostenführung und 73 Unternehmen (5,4%) eine Misch-Strategie. Die verbleibenden 609 Unternehmen (45,4%) verfolgen nach der hier verwendeten Klassifikation keine technologieorientierte Wettbewerbsstrategie.

Bezüglich der Struktur ihrer technologieorientierten Außenbeziehungen lassen sich deutliche Unterschiede für die einzelnen "Strategie-Typen" feststellen. Unter Verwendung von Kreuztabellen zeigten sich folgende Ergebnisse:

Für Unternehmen ohne technologieorientierte Wettbewerbsstrategie war die Inanspruchnahme externer Gesprächspartner generell in geringerem Maße eine "notwendige Voraussetzung für die erfolgreiche Entwicklung neuer Produkte oder Produktionsverfahren" (60,0%) als für Technologieführer (78,1%), Anpassungsspezialisten (71,0%), Kostenführer (68,6%) und Unternehmen mit einer Misch-Strategie (91,8%)[257].

Zulieferer sind als Gesprächspartner bei solchen Informationsbeziehungen für Technologieführer wichtiger (für 40,0% der Technologieführer waren die Zulieferer der "notwendige" Partner) als für Anpassungsspezialisten (35,2%), Kostenführer (30,3%) oder Unternehmen ohne technologieorientierte Wettbewerbsstrategie (31,9%). Nur für Unternehmen mit einer Misch-Strategie hatten die Zulieferer eine noch größere Bedeutung (62,7%)[258].

Auch ihre Kunden bezeichneten Unternehmen mit einer Misch-Strategie (79,7%) und Technologieführer (62,6%) häufiger als die "notwendigen" Gesprächspartner bei Innovationsprojekten als Anpassungsspezialisten (54,3%), Kostenführer (47,2%) oder Unternehmen ohne technologieorientierte Wettbewerbsstrategie (50,1%)[259].

Einen deutlich geringeren Stellenwert als Kunden oder Zulieferer haben für alle Strategie-Typen die Konkurrenten als Gesprächspartner. Dennoch bezeichneten 28,1% der Unternehmen mit einer Misch-Strategie, 24,3% der Anpassungsspezialisten, 18,9% der Technologieführer, 11,8% der Kostenführer und 13,8% der Unternehmen ohne technologieorientierte Wettbewerbsstrategie ihre Konkurrenten als entscheidende Gesprächspartner bei der erfolgreichen Entwicklung oder Einführung innovativer Produkte oder Fertigungstechnologien[260].

---

[257] Signifikanz = 0.0000

[258] Signifikanz = 0.0001

[259] Signifikanz = 0.0000

[260] Signifikanz = 0.0002

Abb. 12: Wettbewerbsstrategie und Informationsverhalten

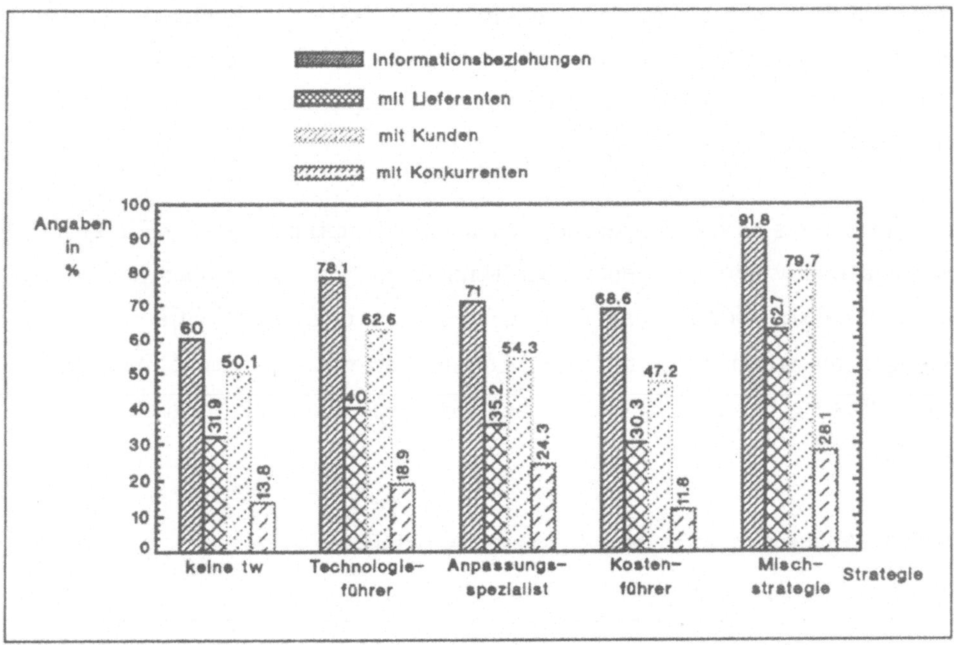

Die FuE-Kooperation mit anderen Unternehmen hat im Innovationsmanagement der Technologieführer einen deutlich höheren Stellenwert als bei allen anderen Unternehmen. Insgesamt kooperierten 30,5% der Technologieführer, 27,4% der Unternehmen mit einer Misch-Strategie, 18,7% der Anpassungsspezialisten, 16,7% der Kostenführer und 13,1% der Unternehmen ohne technologieorientierte Wettbewerbsstrategie mit anderen Unternehmen im Bereich Forschung und Entwicklung[261].

Zulieferer waren dabei für Technologieführer (14,4%) und Unternehmen mit einer Misch-Strategie (15,1%) wichtiger als für Anpassungsspezialisten (9,2%), Kostenführer (6,9%) oder Unternehmen ohne technologieorientierte Wettbewerbsstrategie (4,9%)[262].

---

[261] Signifikanz = 0.0000

[262] Signifikanz = 0.0001

Kunden sind als FuE-Kooperationspartner für Anpassungsspezialisten (wenn auch geringfügig) wichtiger (10,6%) als für Technologieführer (10,2%). Nur relativ selten kooperierten dagegen Kostenführer (2,9%) oder Unternehmen ohne technologieorientierte Wettbewerbsstrategie (4,6%) mit ihren Kunden. Die größte Bedeutung hatten Kunden als FuE-Kooperationspartner für Unternehmen mit einer Misch-Strategie (17,8%)[263].

Konkurrenten sind als Kooperationspartner für Unternehmen aller Strategie-Typen von relativ geringer Bedeutung. Tendenziell zeigt sich jedoch, daß Anpassungsspezialisten (6,5%) und Unternehmen mit einer Misch-Strategie (8,2%) häufiger mit Wettbewerbern kooperieren als Technologieführer (5,3%), Kostenführer (3,9%) oder Unternehmen ohne technologieorientierte Wettbewerbsstrategie (2,1%)[264].

Abb. 13: Wettbewerbsstrategie und FuE-Kooperationsverhalten

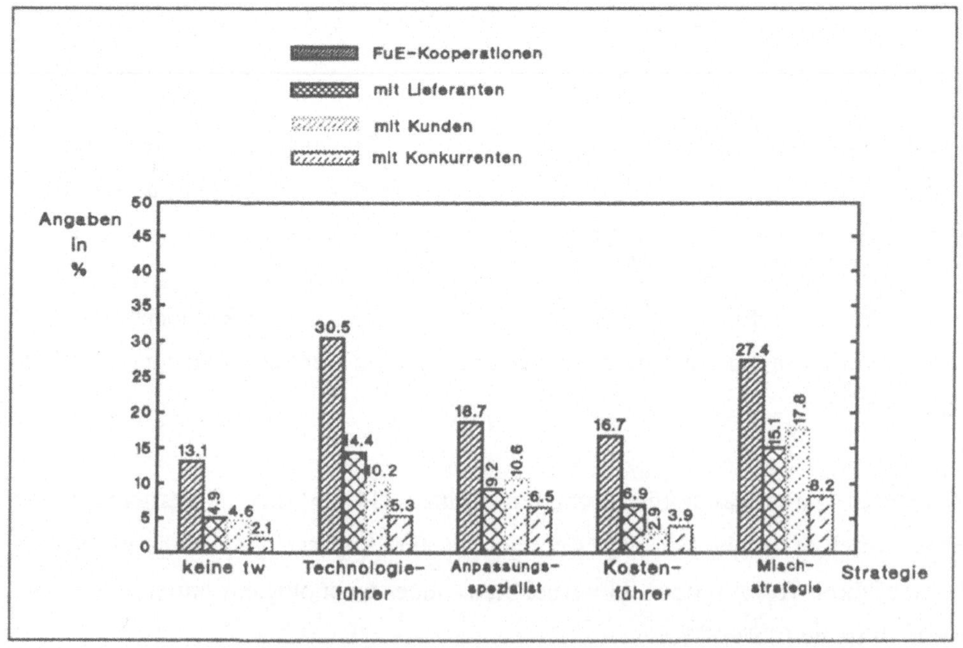

---

[263] Signifikanz = 0.0000

[264] Signifikanz = 0.0054

Auch in bezug auf Hochschulkontakte zeigen sich signifikante Unterschiede hinsichtlich der verschiedenen Wettbewerbsstrategien. Technologieführer (40,3%) und Unternehmen mit einer Misch-Strategie (49,3%) unterhalten häufiger technologieorientierte Beziehungen zu (Fach-)Hochschulen und Forschungseinrichtungen als Kostenführer (30,0%), Anpassungsspezialisten (22,7%) oder Unternehmen ohne technologieorientierte Wettbewerbsstrategie (17,5%)[265].

Differenziert man nach der Art dieser Beziehungen zu (Fach-)Hochschulen und Forschungseinrichtungen, so führen 15,5% der Technologieführer und 26,0% der Unternehmen mit einer Misch-Strategie gemeinsame FuE-Kooperationsprojekte mit diesen Institutionen durch. Dagegen kooperieren nur 8,4% der Anpassungsspezialisten, 10,8% der Kostenführer und 3,4% der Unternehmen ohne technologieorientierte Wettbewerbsstrategie mit (Fach-)Hochschulen oder Forschungseinrichtungen im Bereich FuE[266].

Ähnliche Ergebnisse zeigen sich auch bei der Vergabe von Auftragsforschungsprojekten. 21,9% der Unternehmen mit einer Misch-Strategie, 12,8% der Technologieführer, 8,8% der Kostenführer, 5,4% der Anpassungsspezialisten und nur 2,6% der Unternehmen ohne technologieorientierte Wettbewerbsstrategie vergaben in den letzten fünf Jahren Auftragsforschungsprojekte an (Fach-)Hochschulen bzw. Forschungseinrichtungen[267].

---

[265] Signifikanz = 0.0000

[266] Signifikanz = 0.0000

[267] Signifikanz = 0.0000

Abb. 14: Wettbewerbsstrategie und Hochschulkontakte

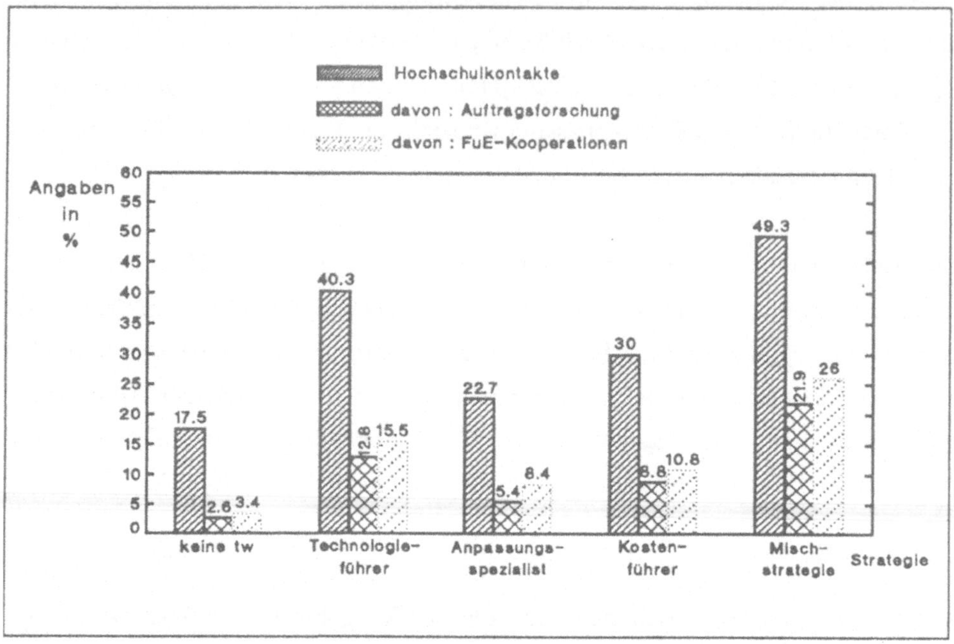

Die Ergebnisse der bivariaten Analyse bestätigen die eingangs aufgestellten Hypothesen bezüglich der Struktur technologieorientierter Außenbeziehungen einzelner Wettbewerbsstrategien. Ob sich diese Zusammenhänge jedoch wirklich auf die Verfolgung unterschiedlicher Wettbewerbsstrategien zurückführen lassen, oder ob andere Faktoren hinter diesen Zusammenhängen stehen, kann nur mit Hilfe multivariater Analyseverfahren untersucht werden[268].

Anhand einer logistischen Regression wurde deshalb der Einfluß mehrerer Determinanten auf die einzelnen Verflechtungsvariablen simultan überprüft, um so die Relevanz der Determinante "Wettbewerbsstrategie" isoliert betrachten zu können.

---

[268] So wäre es beispielsweise denkbar, daß nur die Unternehmensgröße die Struktur technologieorientierter Außenbeziehungen beeinflußt und die signifikanten Zusammenhänge zwischen der Wettbewerbsstrategie und der Struktur technologieorientierter Außenbeziehungen sich ausschließlich auf Unterschiede hinsichtlich der Größenverteilung innerhalb der einzelnen wettbewerbsstrategischen Gruppen zurückführen ließen.

Tabelle 24: **Die technologieorientierten Außenbeziehungen in Abhängigkeit von der Wettbewerbsstrategie der Unternehmen (Exp(B)-Werte)**

	keine technische Wettbewerbsstrategie	Technologieführer	Anpassungsspezialist	Kostenführer	Mischstrategie
Informationsbeziehungen	0,56	1,13	0,61	0,96	2,69
zu Lieferanten	0,68	0,87	0,88	0,99	1,92
zu Kunden	0,66	0,89	0,76	0,74	3,00
zu Konkurrenten	0,81	0,72	1,12	0,81	1,87
Hochschulkontakte	0,60	1,16	0,68	1,13	1,87
Auftragsforschung	0,43	1,27	0,63	1,05	2,76
gemeinsame FuE-Projekte	0,41	1,13	0,70	1,37	2,25
FuE-Kooperation	0,71	1,40	0,96	0,80	1,31
mit Lieferanten	--	--	--	--	--
mit Kunden	0,62	1,06	1,39	0,45	2,42
mit Konkurrenten	--	--	--	--	--

Untersuchungsregion: Schwarzwald-Baar-Heuberg und Bodensee   N = 1340

Wie bereits die Ergebnisse der Kreuztabellen zeigten, sind die Außenbeziehungen der Unternehmen ohne technologieorientierte Wettbewerbsstrategie deutlich unterdurchschnittlich ausgeprägt. Die Exp(B)-Werte liegen für alle Verflechtungsvariablen wesentlich unter dem Wert 1. Unabhängig von allen anderen in diesem Modell simultan berücksichtigten Determinanten (Branchenzugehörigkeit, Standort, Unternehmensgröße, Alter, rechtliche bzw. ökonomische Abhängigkeit) nutzen diese Unternehmen externe FuE-Potentiale in geringerem Maße als Unternehmen mit einer technologieorientierten Wettbewerbsstrategie.

Bestätigt wurde durch die multivariate Analyse auch die sehr intensive Verflechtung der Unternehmen mit einer Misch-Strategie. Innovationsorientierte Informationsbeziehungen, Hochschulkontakte und FuE-Kooperationen mit anderen Unternehmen werden von diesen Unternehmen überdurchschnittlich häufig in betriebliche Innovationsprojekte eingebunden.

Vergleicht man die Struktur der technologieorientierten Außenbeziehungen von Technologieführern, Anpassungsspezialisten und Kostenführern, dann zeigt sich, daß Unternehmen mit einer Strategie der Technologieführung externes Knowhow häufiger in den Innovationsprozeß einbeziehen als Anpassungsspezialisten oder Kostenführer.

Innovationsrelevante Informationsbeziehungen, Hochschulkontakte und FuE-Kooperationsbeziehungen zu anderen Unternehmen werden von Technologieführern häufiger unterhalten als von Anpassungsspezialisten oder Kostenführern.

Bei einer Differenzierung nach der Art der FuE-Kooperationspartner lagen die Signifikanzwerte bezogen auf Zulieferer und Konkurrenten über dem 5%-Niveau und wurden deshalb nicht in das Modell aufgenommen. Bei den Kunden bestätigte sich der in der These vermutete Zusammenhang. Anpassungsspezialisten kooperieren im Bereich FuE häufiger mit Kunden als Technologieführer oder Kostenführer.

Die Relevanz des in der theoretischen Betrachtung diskutierten Zielkonfliktes zwischen Technologieführer und Lead-user, der eine Kooperation bei der Entwicklung innovativer Produkte zwischen diesen Akteuren erschwert bzw. verhindert (vgl. Abschnitt 7.1.3.1 der vorliegenden Arbeit), konnte auch bei verschiedenen Interviews festgestellt werden. Im Rahmen dieser Gespräche zeigte es sich jedoch auch, daß unter bestimmten Voraussetzungen eine FuE-Kooperation zwischen Technologieführer und Lead-user trotz dieses Zielkonfliktes zustandekommen kann.

So arbeitet ein Unternehmen aus dem Bereich der glasverarbeitenden Industrie in mehreren Projektteams gemeinsam mit Maschinenbau- und Elektronikunternehmen an der Verbesserung und Weiterentwicklung verschiedener Fertigungsverfahren. Sobald es gelungen ist, eine Maschine zu verbessern oder eine neue Maschine zu entwickeln, wird das innovative Produkt durch den entsprechenden Zulieferer standardisiert und wenige Monate später den Konkurrenten des Glasherstellers angeboten. Obwohl also durch diese FuE-Kooperationen permanent Know-how an die Konkurrenten "abfließt", ohne daß der Kunde für seine eigenen Aufwendungen bei der Entwicklung durch die Partner finanziell entschädigt würde, kooperiert das Unternehmen weiter mit seinen Equipment-Zulieferern, da es durch Standortnachteile gezwungen ist, die hohen Transportkosten durch permanente Innovationen im Bereich der Fertigungstechnologien auszugleichen. Der Zeitvorsprung von wenigen Monaten, der jeweils zwischen der Innovation und der Diffusion liegt, genügt diesem Unternehmen zur Amortisation seiner Entwicklungsaufwendungen.

Mit dem (relativ geringen) Zeitvorsprung zwischen Innovation und Diffusion begründete auch ein Unternehmen aus der Textilindustrie seine FuE-Kooperationsbeziehungen mit verschiedenen Maschinenbauunternehmen bei der Verbesserung von Fertigungsanlagen.

In einem anderen Fall kooperiert ein Unternehmen aus der Elektronikindustrie mit einem Zulieferer von Komponenten. Auch hier erfolgt nach der Innovation die Standardisierung durch den Zulieferer, der das neue Produkt anschließend an die Konkurrenten des Elektronikunternehmens verkauft. Hier wurde jedoch vor Aufnahme der Kooperation eine finanzielle Beteiligung des Lead-users an den mit dem innovativen Produkt erzielten Gewinnen des Zulieferers vereinbart. Der Lead-user verzichtet auf Exklusivität der Innovation und wird für seinen Aufwand bei der gemeinsamen Entwicklungsarbeit durch den Partner finanziell entschädigt.

In einem kleinen Marktsegment im Bereich der Textilindustrie gibt es ein informelles "Agreement" zwischen den Wettbewerbern und einem maßgeblichen Maschinenbauhersteller. Dieser Maschinenbauhersteller kooperiert bei der Verbesserung seiner Produkte abwechselnd mit allen wichtigen Textilunternehmen. Auch hier wird das neue Produkt standardisiert und wenige Monate später allen Konkurrenten verkauft. Durch den häufigen Wechsel der Partner bei den einzelnen FuE-Kooperationen profitieren jedoch alle beteiligten Textilunternehmen in etwa gleichem Maße. So faßte einer der Gesprächspartner die Situation zusammen: "Know-how-Abfluß durch die Kooperation mit diesem Zulieferer ist für uns kein Problem. Heute profitiert unsere Konkurrenz, morgen profitieren wir. In der Summe haben wir alle gewonnen".

Zusammenfassend kann These 3 durch den empirischen Befund bestätigt werden.

Technologieführer kooperieren überdurchschnittlich häufig mit (Fach-)Hochschulen und Forschungseinrichtungen sowie mit Zulieferern und im Bereich FuE. Von geringerer Bedeutung sind dagegen (relativ zu Anpassungsspezialisten) Kunden und Konkurrenten als FuE-Kooperationspartner.

Anpassungsspezialisten kooperieren dagegen überdurchschnittlich häufig mit Kunden und Konkurrenten und (relativ zu Technologieführern) seltener mit Zulieferern und (Fach-)Hochschulen bzw. Forschungseinrichtungen.

Kostenführer kooperieren vorwiegend mit (Equipment-)Zulieferern und (Fach-)Hochschulen bzw. Forschungseinrichtungen. Kunden und Konkurrenten sind dagegen (relativ zu Anpassungsspezialisten) von geringerer Bedeutung als FuE-Kooperationspartner.

Diese bivariaten Befunde konnten - bezogen auf die Kooperationspartner "Kunden" und "Hochschulen" - durch die multivariate Analyse bestätigt werden.

11.7.2 Strukturvariable: Räumliche Nähe

These 4:

Wenn (Fach-)Hochschulen, Forschungseinrichtungen, Unternehmensberater oder Wettbewerber die Partner technologieorientierter Außenbeziehungen sind, so stammen diese relativ häufiger aus der unmittelbaren Umgebung des betrachteten Unternehmens, als wenn die Partner Kunden oder Zulieferer sind.

Der These 4 lag die Vermutung zugrunde, daß bereits bestehende ökonomische Austauschbeziehungen zwischen zwei Partnern die für Aufnahme und Nutzung technologieorientierter Außenbeziehungen aufzuwendenden Transaktionskosten reduzieren und somit die räumliche Nähe zu einem potentiellen Partner als weiterer transaktionskostensenkender Faktor insbesondere dann eine entscheidende Rolle spielt, wenn es sich um den Aufbau horizontaler Beziehungen handelt. Die "Region" müßte deshalb als Standort der Partner von technologieorientierten Außenbeziehungen bei (Fach-)Hochschulen, Forschungseinrichtungen, Beratern und auch Wettbewerbern relativ häufiger genannt werden, als bei Zulieferern und Kunden.

Der Begriff "Region" wurde in der Untersuchung als ein Raum definiert, der "innerhalb einer Stunde erreichbar" ist. Diese Definition ist sehr vage gehalten und kann bestenfalls als ein "grober" Indikator für die Bedeutung der räumlichen Nähe zwischen zwei Partnern betrachtet werden. Die sich aus dieser Definition ergebenden Befunde sind deshalb nur unter tendenziellen Gesichtspunkten zu interpretieren.

Eine Auswertung der Frage, ob die Partner technologieorientierter Außenbeziehungen aus der Region stammen, führte zu folgenden Ergebnissen:

Tabelle 25: **Bedeutung der Region als Standort der Partner von technologieorientierten Außenbeziehungen**

	aus der Region		nicht aus der Region		Nennungen ingesamt
Informationsbeziehungen	29 %		71 %		4.570
davon: Kunden		27 %		73 %	1.785
Zulieferer		29 %		71 %	1.281
Wettbewerber		23 %		77 %	514
Berater im Bereich Produktion/Technologie	42 %		58 %		1.185
davon: Private Berater		40 %		60 %	502
IHK		62 %		38 %	170
Kontakte zu Hochschulen/ Forschungseinrichtungen	56 %		44 %		633
FuE-Kooperationen mit anderen Unternehmen	33 %		67 %		709
davon: Kunden		32 %		68 %	223
Zulieferer		31 %		69 %	207
Wettbewerber		25 %		75 %	79

Untersuchungsregion: Schwarzwald-Baar-Heuberg und Bodensee   N = 1340

Wie ein Vergleich zeigt, ist die Region als Standort von Partnern, zu denen neben technologieorientierten auch ökonomische Beziehungen bestehen (also Kunden und Zulieferer), weniger wichtig, als bei Akteuren, zu denen a priori keine ökonomischen Bindungen bestehen[269]. Dieser Zusammenhang gilt allerdings nur für (Fach-)Hochschulen/Forschungseinrichtungen und Berater, nicht aber für die Wettbewerber der betrachteten Unternehmen. Eine mögliche Erklärung dieses Befundes könnte darin zu suchen sein, daß sich der Standort von Wettbewerbern relativ zu anderen vertikalen Partnern seltener in der Region des betrachteten Unternehmens befindet. Alternativ oder ergänzend hierzu könnte das Ergebnis als Hinweis darauf gewertet werden, daß durch die Arbeit von Industrieverbänden

---

[269] Die Bedeutung der regionalen Nähe für das Zustandekommen von Beziehungen zwischen kleinen und mittleren Unternehmen und Hochschulen bzw. Forschungseinrichtungen wird auch in einer Untersuchung des FhG-ISI zur Erfassung regionaler Innovationsdefizite betont: "Bei Fachhochschulen, Hochschulen und anderen Forschungseinrichtungen ist eine große räumliche Entfernung .. hinderlich" (siehe Meyer-Krahmer, F. et al., 1984 : 12).

"Transaktionsbarrieren" zwischen Wettbewerbern verringert werden, Such- und Informationskosten durch die gemeinsame Mitgliedschaft in den entsprechenden Verbänden entfallen.

Der (abgesehen von den Wettbewerbern) bestehende Zusammenhang zwischen der Struktur der Beziehungen (horizontal oder vertikal) und der Relevanz der Region als Standort der Partner wird durch den Befund einer entsprechenden Analyse Håkanssons unterstützt:

"Comparing the propensity to co-operate of different partners in relation to one another, we find that - compared with other partners among suppliers or customers - horizontal partners are more often located within the same region. Thus local/regional networks seem to be more important when there is no ongoing commercial exchange to provide a basis for collaboration. Or, conversely, ongoing commercial exchange is a good way of overcoming the problems arising from greater distance"[270].

Auch die im Zuge der Untersuchung durchgeführten Interviews mit Unternehmen, Intermediären und Vertretern von (Fach-)Hochschulen und Forschungseinrichtungen unterstützten die Vermutung, daß die regionale Nähe insbesondere bezüglich horizontaler Partner eine wichtige Rolle spielt:

So kam der erste Kontakt zu (Fach-)Hochschulen bei den befragten Unternehmen häufig durch Mitarbeiter zustande, die Absolventen einer dieser "benachbarten" Institutionen waren. Teilweise wurde eine Kontaktaufnahme mit solchen Einrichtungen durch Vorträge von Hochschulmitarbeitern bei der örtlichen Industrie- und Handelskammer angeregt. In einem Fall wurde die Idee zu einem FuE-Kooperationsprojekt zwischen einem Unternehmen und einem Hochschul-Institut bei einer gemeinsamen Golf-Partie im örtlichen Club geboren.

Alle befragten Intermediäre (Leiter von Technologietransfer-Stellen, Innovationsberater von Industrie- und Handelskammern, private Unternehmensberater) erklärten übereinstimmend, daß sich ihre Vermittlungsaktivitäten sehr stark auf die

---

[270] Siehe Håkansson, H., 1989 : 109.

jeweils relevante Region richten, da ihr "Kontaktnetz" in der Region wesentlich "dichter" sei.

Etwas differenzierter zeigt sich die Situation dagegen bei den Kunden und bei den Zulieferern der befragten Unternehmen. Hier lassen sich die Eindrücke aus den Gesprächen wie folgt zusammenfassen:

1. **"Qualität geht vor regionaler Nähe"**. Die technologische Kompetenz des Partners war für alle Gesprächspartner das entscheidende Auswahlkriterium.

2. **"Regionale Nähe ist wichtig für die Effizienz der Zusammenarbeit"**. Nur unter der Voraussetzung, daß eine entsprechende Qualifikation vorliegt, werden Kunden und Zulieferer aus der Umgebung des Unternehmens als Partner technologieorientierter Außenbeziehungen bevorzugt. Bei Technologien, die einen relativ hohen Diffusionsgrad erreicht haben, werden die Kooperationspartner deshalb auch gezielt in der näheren Umgebung gesucht. Die Möglichkeit, sich mit einem Partner schnell und häufig auch persönlich austauschen zu können, wurde dabei generell als "hilfreich", häufig sogar als "entscheidend" für den Erfolg gemeinsamer FuE-Projekte bezeichnet.

3. **"Wenn es Probleme gibt, sprechen wir Schwaben eine Sprache"**. Eine wichtige Voraussetzung dafür, ob Kooperationsbeziehungen zwischen Institutionen aufgenommen werden, und ob gemeinsame Projekte zu einem erfolgreichen Abschluß geführt werden können, ist das persönliche Verhältnis der handelnden Personen zueinander. Die Mentalität der Beteiligten <u>kann</u> unter Umständen ausschlaggebend dafür sein, sich für einen Partner aus der Region zu entscheiden.

Bezogen auf die **Art der Kooperationspartner** können die Ergebnisse der schriftlichen Umfrage und der Interviews so zusammengefaßt werden, daß die regionale Nähe zu einem (potentiellen) Partner insbesondere dann wichtig ist, wenn keine ökonomischen Austauschbeziehungen bestehen.

Um die Bedeutung der räumlichen Nähe bei der Zusammenarbeit mit Kunden und Zulieferern weiter differenzieren zu können, wurde in der schriftlichen Umfrage auch der Vorleistungsanteil, der aus der Region bezogen - und der Umsatzanteil der in der Region realisiert wird, erhoben. Es ergab sich ein durchschnittlich aus der Region bezogener Vorleistungsanteil von 28% und ein durchschnittlicher Umsatzanteil in der Region von 40%. Aufgrund dieser Werte kann von einer Konzentration der vertikalen Partner technologieorientierter Außenbeziehungen in der näheren Umgebung der betrachteten Unternehmen nicht gesprochen werden.

These 4 kann durch die empirischen Ergebnisse in Bezug auf private Berater und (Fach-)Hochschulen bzw. Forschungseinrichtungen als Partner technologieorientierter Außenbeziehungen bestätigt werden. Nicht bestätigt hat sich These 4 dagegen bei den Wettbewerbern der betrachteten Unternehmen.

11.7.3 Intensitätsvariable: Unternehmensinterne FuE-Intensität

These 5:
FuE-Intensive Unternehmen nutzen technologieorientierte Außenbeziehungen intensiver als weniger FuE-intensive Unternehmen.

In These 5 wird unterstellt, daß externe Wissenspotentiale im betrieblichen Innovationsprozeß vorwiegend komplementären und nur selten substitutiven Charakter bezüglich der internen Foschungs- und Entwicklungstätigkeit besitzen. Interne Kenntnisse sind häufig eine notwendige Voraussetzung, um die von anderen Akteuren entwickelten oder verbesserten Technologien verstehen, bewerten und implementieren zu können. Internes Know-how ist aber auch wichtig, um als Partner für gemeinsame Entwicklungsarbeit oder als Tauschpartner für innovative Erkenntnisse attraktiv zu sein.

Als Indikator für die unternehmensinterne FuE-Intensität wurde für die folgende Untersuchung das Verhältnis zwischen den FuE-Aufwendungen und dem Umsatz bezogen auf das Jahr 1989 gewählt. Nach Abschluß der schriftlichen Befragung zeigte sich, daß nur rund 45% aller Unternehmen diese Frage beantwortet hatten. Zudem sind in der Gruppe derjenigen Unternehmen, die die entsprechende Frage beantwortet hatten, Großunternehmen und Unternehmen aus der Investitionsgüterindustrie relativ zum gesamten Rücklauf überrepräsentiert. Die Übertragbarkeit der Ergebnisse auf die Grundgesamtheit aller Unternehmen des Verarbeitenden Gewerbes in den Untersuchungsregionen muß deshalb eingeschränkt werden.

Tabelle 26: Die technologieorientierten Außenbeziehungen in Abhängigkeit von der FuE-Intensität der Unternehmen (Exp(B)-Werte)

	Durchschnittlicher Aufwand für FuE am Gesamtumsatz			
	weniger als 1 %	zwischen 1 % - 3 %	zwischen 3 % - 5 %	über 5 %
Informationsbeziehungen	0,46	0,78	1,60	1,73
zu Lieferanten	--	--	--	--
zu Kunden	--	--	--	--
zu Konkurrenten	0,74	0,80	1,11	1,52
Hochschulkontakte	0,43	1,11	0,92	2,30
Auftragsforschung	0,32	1,30	0,79	3,05
gemeinsame FuE-Projekte	0,21	1,56	1,45	2,09
FuE-Kooperation	0,51	1,23	1,20	1,35
mit Lieferanten	0,45	*1,36	0,96	1,73
mit Kunden	--	--	--	--
mit Konkurrenten	--	--	--	--
Beratung im Bereich Produktion/Technologie	0,73	0,80	1,20	1,42

Untersuchungsregion: Schwarzwald-Baar-Heuberg und Bodensee   N = 1340

Für die Analyse im Rahmen der logistischen Regression wurden die Unternehmen nach ihrer FuE-Intensität in 4 Klassen unterteilt:

FuE-Anteil am Umsatz < 1%   = 28,1% (169 Unternehmen),
 " - "   1% und 3%   = 21,5% (129 Unternehmen),
 " - "   3% und 5%   = 24,1% (145 Unternehmen) und
 " - "   über 5%   = 26,3% (158 Unternehmen).

Bezogen auf die Intensität technologieorientierter Außenbeziehung zeigten sich folgende Ergebnisse:

Eindeutig unterdurchschnittliche Relevanz besitzen technologieorientierte Außenbeziehungen offensichtlich für die Unternehmen mit einer FuE-Intensität von weniger als 1%. Sämtliche Exp(B)-Werte liegen hier weit unter dem Wert 1. Nicht ganz so eindeutig sind dagegen die Ergebnisse für die Unternehmen der beiden mittleren Klassen.

Die Nutzung innovationsrelevanter Informationsbeziehungen und die Inanspruchnahme von Beratungsdienstleistungen im Bereich Produktion/Technologie sind eindeutig positiv mit der FuE-Intensität korreliert. FuE-intensive Unternehmen beziehen für ihre Innovationsvorhaben häufiger externe Informationen als weniger FuE-intensive Unternehmen. Keine deutlichen Unterschiede bezüglich der beiden Gruppen mit mittlerer FuE-Intensität zeigen sich dagegen bei der Nutzung von Hochschulkontakten und FuE-Kooperationsbeziehungen mit anderen Unternehmen. Tendenziell nutzen Unternehmen mit einer FuE-Intensität zwischen 1% und 3% diese Formen technologieorientierter Außenbeziehungen sogar etwas intensiver als Unternehmen mit einer FuE-Intensität zwischen 3% und 5%. Ein Blick auf die Art der Hochschulkontakte bzw. die Art der FuE-Kooperationspartner zeigt diese Unterschiede deutlicher. Unternehmen mit einer relativ geringen FuE-Intensität vergeben häufiger Auftragsforschungsprojekte an (Fach-)Hochschulen bzw. Forschungseinrichtungen und kooperieren häufiger mit ihren Zulieferern als Unternehmen mit einer FuE-Intensität zwischen 3% und 5%. Dieser Befund könnte als Anzeichen dafür interpretiert werden, daß es, ein bestimmtes innerbetriebliches "Basis-Know-how" vorausgesetzt, doch in gewissem Rahmen zu Substitutionseffekten zwischen interner und externer FuE kommt. Es kann vermutet werden, daß Unternehmen mit einer FuE-Intensität zwischen 1% und 3% tendenziell in Technologiegebieten tätig sind, die sich durch einen relativ langsam verlaufenden technologischen Fortschritt auszeichnen, die vergleichsweise "ausgereift" sind und bereits einen hohen Diffusionsgrad aufweisen. Hier ist es unter wettbewerbstrategischen Gesichtspunkten unter Umständen eher möglich, technologisches Know-how (ganz oder teilweise) extern entwickeln zu lassen, als in Technologiebereichen mit relativ rasch verlaufendem Fortschritt, in denen sich ein zeitlicher Rückstand bei der Entwicklung oder Einführung innovativer Technologien sehr schnell negativ auf die Marktanteile der betreffenden Unternehmen auswirken kann.

Bei Unternehmen mit einer FuE-Intensität über 5% zeigt sich für alle Formen technologieorientierter Außenbeziehungen ein deutlich positiver Zusammenhang. Unterstellt man, daß diese Unternehmen in Technologiegebieten mit sehr rasch verlaufendem technischen Wandel tätig sind, zeigt dieser Befund, daß steigende Kosten für Forschung und Entwicklung, verbunden mit immer kürzer werdenden Innovationszyklen, die Unternehmen zwingen, verstärkt komplementäre externe Ressourcen in den betrieblichen Innovationsprozeß einzubeziehen.

Zusammenfassend kann die These 5 der Untersuchung durch den empirischen Befund bestätigt werden. Unabhängig von anderen Determinanten (wie beispielsweise der Branchenzugehörigkeit, der Unternehmensgröße, dem Standort des Unternehmens etc.) nutzen FuE-intensive Unternehmen technologieorientierte Außenbeziehungen intensiver als weniger FuE-intensive Unternehmen.

Differenzierend ist allerdings hinzuzufügen, daß es offensichtlich Bereiche gibt, in denen technische Innovationen zwar eine relativ wichtige Rolle für die Wettbewerbsfähigkeit der betreffenden Unternehmen spielen, in denen die "Geschwindigkeit" des technischen Wandels die Unternehmen allerdings noch nicht zu einer Konzentration ihrer Kapazitäten auf die Weiterentwicklung einzelner "strategischer" Technologien zwingt. Dieser Bereich, der bei einer internen FuE-Intensität von etwa 3% bis 5% liegen könnte, erlaubt es den Unternehmen noch relativ häufig, alle zur (Weiter-)Entwicklung ihrer Produkte relevanten Technologien mit unternehmensinternen Ressourcen zu bearbeiten, ohne auf externe FuE-Potentiale ausweichen zu müssen.

11.7.4 Intensitätsvariable: Unternehmensgröße

These 6:

Große Unternehmen nutzen technologieorientierte Außenbeziehungen intensiver als kleine Unternehmen.

Tabelle 27: **Die technologieorientierten Außenbeziehungen in Abhängigkeit von der Größe der Unternehmen (Exp(B)-Werte)**

	Zahl der Beschäftigten			
	unter 20	20 - 99	100 - 499	über 500
Informationsbeziehungen	0,62	0,90	1,47	1,22
zu Lieferanten	0,63	0,73	1,01	2,17
zu Kunden	0,40	0,75	1,06	3,16
zu Konkurrenten	0,62	0,94	1,31	1,33
Hochschulkontakte	0,32	0,59	1,32	4,03
Auftragsforschung	0,26	0,45	1,71	5,04
gemeinsame FuE-Projekte	0,22	0,79	1,61	3,70
FuE-Kooperation	0,43	0,75	1,36	2,32
mit Lieferanten	0,57	0,76	1,16	2,01
mit Kunden	--	--	--	--
mit Konkurrenten	0,28	0,81	1,45	3,08
Beratung im Bereich Produktion/Technologie	0,30	0,80	1,36	3,03

Untersuchungsregion: Schwarzwald-Baar-Heuberg und Bodensee   N = 1340

Der These 6 liegt die Vermutung zugrunde, daß große Unternehmen, unabhängig von anderen Determinanten, spezifische Vorteile besitzen, die es ihnen erlauben oder erleichtern, technologieorientierte Außenbeziehungen aufzubauen und/oder zu nutzen. Vorteile dieser Art könnten in der Möglichkeit, Personal für die Suche nachgeeigneten Partnern abzustellen, oder in einer relativ größeren Risikobereitschaft dieser Unternehmen zu suchen sein.

Als Indikator für die Unternehmensgröße wurde in der vorliegenden Untersuchung die Zahl der Beschäftigten im Jahre 1989 gewählt.

Wie die Ergebnisse der logistischen Regression zeigen, bestätigt sich die These 6 für alle Formen technologieorientierter Außenbeziehungen. Unabhängig von der Branchenzugehörigkeit, der Wettbewerbsstrategie, der rechtlichen oder ökonomischen Abhängigkeit, unabhängig vom Alter und vom Standort nutzen größere Unternehmen Informations-, Kooperations- und Beratungsbeziehungen häufiger als kleinere Unternehmen[271].

Besonders deutlich zeigen sich diese Unterschiede bei den "intensiveren" Formen technologieorientierter Außenbeziehungen (FuE-Koopeation, Hochschulkontakte). Die Relevanz der in Abschnitt 11.3.3 der vorliegenden Arbeit bereits zitierten "Berührungsängste" zwischen Kleinunternehmen und (Fach-)Hochschulen bzw. Forschungseinrichtungen wird durch diesen multivariaten Befund noch einmal bekräftigt.

Wie die begleitend durchgeführten Interviews zeigten, sind einige Großunterneh-

---

[271]   Zu ähnlichen Ergebnissen kommt beispielsweise auch Maas in einer empirischen Untersuchung. In Bezug auf die Inanspruchnahme technischer Beratungsdienstleistungen im Bereich Produktion stellt er darüber hinaus fest, daß "insbesondere in kleineren Betrieben / Unternehmen (..) eine technische Beratung zumeist als wenig erfolgversprechend eingestuft (wird). Die Mehrzahl der Manager halten sich selbst aufgrund langjähriger Erfahrung für die Fachleute hinsichtlich der betrieblichen Produktionstechnik. Wenn Berater im technischen Bereich der Produktion überhaupt in Anspruch genommen werden, kommt ihnen in kleineren Unternehmen allem Anschein nach häufig eine eher psychologische Bedeutung zu. Sie sollen den Argumenten der Geschäftsleitung gegenüber der Belegschaft mehr Nachdruck verleihen bzw. unpopuläre Entscheidungen ohne Störungen der innerbetrieblichen Harmonie durchsetzen" (siehe Maas, C., 1990 : 282).

men in den letzten Jahren dazu übergegangen, nicht nur einzelne Personen für den Aufbau und die Koordination technologieorientierter Außenbeziehungen freizustellen, sondern eine ganze Abteilung zu gründen, deren einzige Aufgabe das Management solcher innovationsrelevanten Beziehungen ist.

Im Gegensatz dazu ist die Informationsbeschaffung und die Informationsbewertung bei kleinen und mittleren Unternehmen auch heute noch "überwiegend Aufgabe der Geschäftsleitung, also unter Umständen einer einzigen Person, (...) die zudem eine Vielzahl anderer Funktionen wahrnehmen muß und sich (...) bei der Bewältigung der "Informationsflut" (..) eher über- als unterfordert fühlt"[272]. In diesem Zusammenhang wird häufig auch von einem generellen "Informationsengpaß" kleiner und mittlerer Unternehmen gesprochen[273].

---

[272]   Siehe Becher, G., et al., 1989 : 115.

[273]   Vgl. hierzu beispielsweise Pieper, A., 1986 : 27.

11.7.5 Intensitätsvariable: Alter des Unternehmens

These 7:

Ältere Unternehmen nutzen technologieorientierte Außenbeziehungen intensiver als junge Unternehmen.

Aus dem Argument, daß der Aufbau von Beziehungen generell - und der Aufbau innovationsrelevanter Beziehungen insbesondere - Zeit erfordert und älteren Unternehmen (potentiell) mehr Zeit zur Verfügung stand, diese Beziehungen aufzubauen und vor allem zu festigen, leitete sich die These 7 ab.

Tabelle 28: Die technologieorientierten Außenbeziehungen in Abhängigkeit vom Alter der Unternehmen (Exp(B)-Werte)

	Alter der Unternehmen in Jahren						
	bis 10	10-20	20-30	30-40	40-50	50-60	über 60
Hochschulkontakte	--	--	--	--	--	--	--
Auftragsforschung	--	--	--	--	--	--	--
gemeinsame FuE-Projekte	1,53	1,53	0,38	0,59	0,78	1,40	1,74
FuE-Kooperation	1,75	1,25	0,85	0,87	1,31	0,77	0,62
mit Lieferanten	--	--	--	--	--	--	--
mit Kunden	--	--	--	--	--	--	--
mit Konkurrenten	--	--	--	--	--	--	--

Untersuchungsregion: Schwarzwald-Baar-Heuberg und Bodensee   N = 1340

Wie die Ergebnisse der logistischen Regression zeigen, konnte ein signifikanter Zusammenhang mit dem Unternehmensalter nur in Bezug auf FuE-Kooperationen mit Hochschulen bzw. mit anderen Unternehmen festgestellt werden.

Tendenziell kooperieren "junge" Unternehmen häufiger im Bereich Forschung und Entwicklung als ältere Unternehmen, wobei die Grenze dieser "Trendwende" bei ca. 20 Jahren liegt. Eine mögliche Interpretation dieses Befundes könnte lauten, daß das Management "junger" Unternehmen der Option, innovatives Know-how gemeinsam mit anderen Akteuren zu entwickeln, tendenziell etwas vorbehaltloser gegenübersteht, als das Management älterer Unternehmen (diese Vermutung wird auch durch die in den Interviews gewonnenen Eindrücke unterstützt).

11.7.6 Intensitätsvariable: Rechtliche Abhängigkeit

These 8:
Konzernabhängige Unternehmen nutzen technologieorientierte Außenbeziehungen (zu nicht im Konzernverbund stehenden Akteuren) weniger intensiv als unabhängige Unternehmen.

Tabelle 29: Die technologieorientierten Außenbeziehungen konzernabhängiger Unternehmen (Exp(B)-Werte)

Informationsbeziehungen	0,32
zu Lieferanten	0,63
zu Kunden	--
zu Konkurrenten	--
Hochschulkontakte	0,48
Auftragsforschung	--
gemeinsame FuE-Projekte	0,48
FuE-Kooperation	0,49
mit Lieferanten	0,43
mit Kunden	0,51
mit Konkurrenten	--

Untersuchungsregion: Schwarzwald-Baar-Heuberg und Bodensee   N = 1340

Die These, daß Unternehmen durch ihre rechtliche Abhängigkeit von anderen Akteuren in ihrer freien Entscheidung bezüglich der Nutzung externer Wissenspotentiale eingeschränkt sind, wird durch den empirischen Befund bestätigt:

Konzernzugehörige Unternehmen nutzen innovationsrelevante Informationsbeziehungen, Hochschulkontakte und FuE-Kooperationen deutlich seltener als andere Unternehmen. Signifikante Zusammenhänge zeigten sich auch bei der **Art der Partner**. Konzernzugehörige Unternehmen unterhalten relativ selten innovationsrelevante Informationsbeziehungen zu ihren (nicht im Konzernverbund stehenden) Zulieferern. Mit diesen Zulieferern werden auch nur in wenigen Fällen FuE-Kooperationen durchgeführt. Der gleiche Zusammenhang gilt für die (nicht konzernzugehörigen) Kunden dieser Unternehmen. Lediglich bei der Inanspruchnahme von Beratungsdienstleistungen im Bereich Produktion/Technologie zeigten konzernzugehörige Unternehmen kein in signifikantem Maße vom Durchschnitt abweichendes Verhalten.

Die in den Interviews mit konzernzugehörigen Unternehmen gewonnenen Eindrücke bestätigten die Kausalität dieses Zusammenhanges:

Ein Geschäftsführer bestätigte, daß in den vergangenen Jahren eine strikte Anweisung der (amerikanischen) "Konzern-Mutter" vorgelegen habe, die jede Form der Zusammenarbeit mit Unternehmen außerhalb des Konzernverbundes bei FuE ohne ausdrückliche Zustimmung der Konzernleitung untersagte. Eine solche Zustimmung sei aber nur sehr selten erteilt worden. Diese Haltung habe sich allerdings im letzten Jahr vollkommen geändert. Im Hinblick auf die bevorstehende Realisierung des gemeinsamen EG-Binnenmarktes dränge das Management der amerikanischen "Konzern-Mutter" nun geradezu darauf, daß sich die "Konzern-Töchter" in Europa ein eigenes, unabhängiges "Netz" von technologieorientierten Außenbeziehungen schaffen.

11.7.7 Intensitätsvariable: Ökonomische Abhängigkeit

These 9:
Unternehmen, die in ökonomischen Abhängigkeitsverhältnissen stehen, nutzen technologieorientierte Außenbeziehungen weniger intensiv als ökonomisch unabhängige Unternehmen.

Eine Beschränkung der Handlungsfreiheit bezüglich der Gestaltung technologie-orientierter Außenbeziehungen kann sich für das Management einer Unternehmung nicht nur aus rechtlichen, sondern auch aus ökonomischen Abhängigkeits-verhältnissen ergeben.

Als Indikator für solche ökonomischen Abhängigkeitsverhältnisse wurden in der vorliegenden Untersuchung verwendet:

1. Der Anteil der Vorleistungen (in %), der von den fünf größten Zulieferern bezogen wird.
2. Der Umsatzanteil (in %), der mit den fünf größten Kunden erzielt wird.

Ein von anderen Einflüssen unabhängiger Zusammenhang zwischen der ökonomi-schen Abhängigkeit eines Unternehmens und der Nutzung technologieorientierter Außenbeziehungen konnte bezüglich beider Indikatoren **nicht festgestellt werden**. Lediglich bei der Art der FuE-Kooperationspartner zeigte sich ein signifikanter (allerdings nicht linearer) Zusammenhang zwischen dem Vorleistungsanteil, der von den fünf größten Zulieferern bezogen wird und der Häufigkeit, mit der die betrachteten Unternehmen im Bereich FuE mit Konkurrenten kooperieren.

Es stellt sich die Frage, ob die hier verwendeten Indikatoren zur Messung ökono-mischer Abhängigkeitsverhältnisse ausreichend sind. Die einfache Quantifizierung von Vorleistungs- oder Umsatzanteilen differenziert nicht nach der strategischen Bedeutung einzelner Geschäftspartner.

So ist es beispielsweise denkbar, daß ein Unternehmen Macht und damit Einfluß auf seine Zulieferer nicht aufgrund großer Umsatzanteile, sondern aufgrund sei-ner Funktion als Lead-user einer Branche besitzt. Umgekehrt ist es möglich, daß ein Zulieferer Einfluß auf die Entscheidungen seiner Kunden hat, weil er die Monopolstellung für eine wichtige Komponente besitzt (ohne daß der Anteil dieser Komponente an dem gesamten Vorleistungsbezug der Kunden besonders hoch wäre).

Für künftige empirische Untersuchungen zu diesem Thema erscheint eine weitere Differenzierung der betreffenden Indikatoren zur Messung ökonomischer Abhängigkeitsverhältnisse notwendig, um den "strategischen Aspekt" von Hersteller-Verwender-Beziehungen stärker zu betonen.

Anhand der hier verwendeten Indikatoren kann These 9 nicht bestätigt werden.

11.7.8 Intensitätsvariable: Branchenzugehörigkeit des Unternehmens

These 10:

Unabhängig von anderen Determinanten läßt sich ein branchenspezifischer Einfluß auf die Nutzung technologieorientierter Außenbeziehungen feststellen.

Daß Unternehmen aus unterschiedlichen Branchen in Technologiebereichen tätig sind, die sich durch ihre Entwicklungsdynamik teilweise sehr drastisch unterscheiden, und daß der Bedarf und die Nutzung technnologieorientierter Außenbeziehungen aufgrund dieser Unterschiede in der Entwicklungsdynamik einzelner Technologiefelder von Branche zu Branche sehr stark differiert, ist unmittelbar einleuchtend.

Ziel der folgenden Analyse war es jedoch, zu untersuchen, ob sich **branchenspezifische** Unterschiede in der Nutzung technologieorientierter Außenbeziehungen zeigen, die sich nicht unmittelbar auf Unterschiede in der Entwicklungsdynamik der jeweils relevanten Technologiefelder zurückführen lassen. Die Ursachen solcher (von der FuE-Intensität unabhängigen) branchenspezifischen Unterschiede könnten einerseits bei den Industrieverbänden der einzelnen Branchen gesucht werden. Plausibler scheint allerdings die Begründung zu sein, daß sich solche Unterschiede auf Förderschwerpunkte staatlicher Akteure zurückführen lassen. Solche Förderschwerpunkte können zum einen das Angebot geeigneter Kooperationspartner erhöhen (Auf- oder Ausbau von staatlichen Forschungseinrichtungen oder Verbandsforschungsinstituten); sie können aber auch die Nachfrage nach externem technologischen Know-how bei den Unternehmen einzelner Branchen erhöhen (so zielt gerade in den letzten Jahren die Mehrzahl aller staatlichen

Förderprogramme auf eine Erhöhung der zwischen- und überbetrieblichen "Vernetzung" ab).

Um branchenspezifische Effekte zu isolieren, wurde im Rahmen der logistischen Regressionsanalyse die unternehmensinterne FuE-Intensität mit berücksichtigt. Unterstellt man, daß diese unternehmensinterne FuE-Intensität ein geeigneter Indikator für die Dynamik der jeweils relevanten Technologiebereiche ist, können somit branchenspezifische Unterschiede bei der Verflechtungsintensität einzelner Branchen isoliert betrachtet werden.

Tabelle 30: Die technologieorientierten Außenbeziehungen in Abhängigkeit von der Branchenzugehörigkeit der Unternehmen (Exp(B)-Werte)

	Grundstoff- u. Produktionsgüter	Investitionsgüter	Konsumgüter	Nahrungs- und Genußmittel
Informationsbeziehungen	0,96	1,55	0,99	0,67
zu Lieferanten	--	--	--	--
zu Kunden	1,03	1,95	1,14	0,44
zu Konkurrenten	--	--	--	--
Hochschulkontakte	0,84	1,25	0,56	1,71
Auftragsforschung	1,08	2,06	0,27	1,67
gemeinsame FuE-Projekte	1,09	3,06	0,43	0,70
FuE-Kooperation	--	--	--	--
mit Lieferanten	1,82	2,24	1,16	0,21
mit Kunden	0,96	1,70	0,54	1,13
mit Konkurrenten	2,42	1,74	0,74	0,32

Untersuchungsregion: Schwarzwald-Baar-Heuberg und Bodensee   N = 1340

Ein Vergleich der Verflechtungsstrukturen der einzelnen Industriebereiche zeigt deutliche Unterschiede. Unternehmen aus der Investitionsgüterindustrie unterhalten weitaus häufiger innovationsrelevante Informationsbeziehungen als andere Unternehmen. Insbesondere Kunden sind für die Unternehmen aus der Investitionsgüterindustrie als Gesprächspartner bei Innovationsvorhaben wichtiger als für andere Unternehmen.

Auffallend häufig unterhalten Unternehmen aus der Nahrungs- und Genußmittelindustrie Kontakte zu Forschungseinrichtungen und (Fach-)Hochschulen. Diese Kontakte bestehen in starkem Maße in der Vergabe von Auftragsforschungsprojekten. Gemeinsame, d.h. kooperativ durchgeführte FuE-Projekte stehen dagegen bei Unternehmen aus der Investitionsgüterindustrie im Vordergrund, wenn es um die Zusammenarbeit mit Hochschulen bzw. Forschungseinrichtungen geht.

Keine signifikanten Unterschiede zeigten sich zwischen den Unternehmen der einzelnen Industriebereiche bei der FuE-Kooperation mit anderen Unternehmen. Eine differenzierte Betrachtung der bevorzugten Kooperationspartner zeigt jedoch, daß für Unternehmen aus der Grundstoff- und Produktionsgüterindustrie die Lieferanten und insbesondere auch die Konkurrenten, für Unternehmen aus der Investitionsgüterindustrie die Lieferanten und die Kunden von besonderer Bedeutung als FuE-Kooperationspartner sind.

Zusammenfassend läßt sich festhalten, daß die Bedeutung einzelner Gruppen von Akteuren als Partner von FuE-Kooperationen je nach Branchenzugehörigkeit des betrachteten Unternehmens stark differiert. Weiter zeigt sich, daß, unabhängig von der internern FuE-Intensität, Unternehmen aus der Investitionsgüterindustrie und aus der Nahrungs- und Genußmittelindustrie häufiger (Fach-)Hochschulen und Forschungseinrichtungen in ihr Innovationsmanagement einbeziehen als Unternehmen aus der Konsumgüterindustrie und der Grundstoff- und Verbrauchsgüterindustrie.

These 10 wird durch den empirischen Befund bestätigt.

11.7.9 Intensitätsvariable: Standort des Unternehmens

These 11:
Unabhängig von anderen Determinanten läßt sich ein standortspezifischer Einfluß auf die Nutzung technologieorientierten Außenbeziehungen feststellen.

Wie bereits die Untersuchung zur Bedeutung der räumlichen Distanz zwischen den Partnern für die Struktur technologieorientierter Außenbeziehungen gezeigt hat (vgl. Abschnitt 11.7.2 der vorliegenden Arbeit), stammen insbesondere die "horizontalen" Partner solcher Beziehungen tendenziell aus der näheren Umgebung des eigenen Standortes (teils, weil sie gezielt in der Region gesucht werden, teils, weil die Wahrscheinlichkeit einer zufälligen Kontaktaufnahme innerhalb einer Region größer ist, teils auch, weil einzelne Akteure, deren Aufgabe die Vermittlung von Kontakten ist, stark regional orientiert arbeiten).

Es kann deshalb vermutet werden, daß Unternehmen aus unterschiedlichen Untersuchungsregionen, die sich durch einen differierenden Besatz mit geeigneten Partnern auszeichnen, technologieorientierte Außenbeziehungen (insbesondere zu "horizontalen" Partnern) auch in unterschiedlichem Maße nutzen.

Eine Differenzierung der Unternehmen nach ihrem Standort bestätigt, daß (unabhängig vom unterschiedlichen Besatz einzelner Regionen hinsichtlich der dort vertretenen Branchen, Unternehmensgrößenklassen etc.) deutliche regionale Disparitäten hinsichtlich der Nutzung technologieorientierter Außenbeziehungen bestehen.

Tabelle 31: Die technologieorientierten Außenbeziehungen in Abhängigkeit vom Standort der Unternehmen (Exp(B)-Werte)

	Schweiz	Österreich	Liechtenstein	Bodensee-Oberschwaben Konstanz	Schwarzwald-Baar-Heuberg	Bayern
Informationsbeziehungen	1,05	0,41	3,63	1,63	0,48	0,81
zu Lieferanten	1,42	0,56	3,77	1,09	0,42	0,74
zu Kunden	0,96	0,50	1,21	1,56	0,74	1,49
zu Konkurrenten	--	--	--	--	--	--
Hochschulkontakte	0,58	0,64	3,41	1,58	0,46	1,10
Auftragsforschung	--	--	--	--	--	--
gemeinsame FuE-Projekte	--	--	--	--	--	--

Untersuchungsregion: Schwarzwald-Baar-Heuberg und Bodensee   N = 1340

Diese Unterschiede beziehen sich insbesondere auf die Nutzung innovationsrelevanter Informationsbeziehungen und auf die Unterhaltung von Hochschulkontakten. Signifikante Unterschiede bei der Durchführung von FuE-Kooperationen sowie bei der Inanspruchnahme von Beratungsdienstleistungen im Bereich Technologie/Produktion konnten dagegen nicht festgestellt werden.

Die Unternehmen aus Bayern (Allgäu) und aus dem Kammerbezirk Bodensee-Oberschwaben/Konstanz unterhalten häufiger Hochschulkontakte als die Unternehmen aus dem Kammerbezirk Schwarzwald-Baar-Heuberg, aus der Schweiz und aus Österreich.

Auf welche Ursachen lassen sich diese regionalspezifischen Unterschiede zurückführen? Um diese Frage beantworten zu können, wurden zwei der Untersuchungsregionen (Schwarzwald-Baar-Heuberg und Bodensee-Oberschwaben einschließlich Landkreis Konstanz) näher betrachtet. Das Ergebnis zeigte, daß für die beobachteten Disparitäten sowohl Angebots- als auch Nachfrageeffekte eine Rolle spielen dürften.

Nach Angaben des Statistischen Landesamtes Baden-Württemberg waren im Jahre 1985 im Bereich FuE (Öffentlicher Bereich und Unternehmen ohne IfG):

- in Schwarzwald-Baar-Heuberg 2584 Personen (davon 2559 in der Industrie) und
- in Bodensee-Oberschwaben 3702 Personen (davon 3588 in der Industrie)

tätig.

Der Besatz und damit das Angebot potentiell geeigneter Partner von technologieorientierten Außenbeziehungen ist im Kammerbezirk Bodensee-Oberschwaben also wesentlich "dichter" als im Kammerbezirk Schwarzwald-Baar-Heuberg. Die große Bedeutung des regionalen Angebotes innovationsunterstützender Dienstleistungen zeigte sich insbesondere auch bei den Fachhochschulen. Wichtigster Partner in diesem Bereich ist aus Sicht der befragten Unternehmen eindeutig die örtliche Fachhochschule. Kontakte zu Fachhochschulen außerhalb der Region sind dagegen eher die Ausnahme.

So wurden im Rahmen der schriftlichen Umfrage bei den insgesamt 492 Unternehmen aus dem Kammerbezirk Schwarzwald-Baar-Heuberg 43 Fachhochschulkontakte erfaßt (daneben 34 Hochschulkontakte und 47 Kontakte zu Forschungseinrichtungen). Von den 43 Fachhochschulkontakten bezogen sich 30 auf die örtliche FH Furtwangen.

Im Kammerbezirk Bodensee-Oberschwaben und im Landkreis Konstanz wurden bei den insgesamt 207 Unternehmen 74 Fachhochschulkontakte erfaßt (daneben 75 Hochschulkontakte und 56 Kontakte zu Forschungseinrichtungen). Von den 74 Fachhochschulkontakten bezogen sich 49 auf die örtlichen Fachhochschulen Konstanz, Ravensburg-Weingarten und Sigmaringen.

Läßt sich die unterschiedliche Intensität, mit der die Unternehmen aus beiden Untersuchungsregionen Fachhochschulen und andere Unternehmen als Partner technologieorientierter Außenbeziehungen in Anspruch nehmen, möglicherweise auf Disparitäten im regionalen Angebot zurückführen, so ist das unterschiedliche Verhalten der Unternehmen hinsichtlich der Nutzung von Kontakten zu Hochschulen und Forschungseinrichtungen aus der regionalen Angebotsstruktur heraus nicht zu erklären (die einzige in den Untersuchungsregionen ansässige Hochschule (Konstanz) spielt als Partner technologieorientierter Außenbeziehungen offensichtlich keine große Rolle).

Auf welche Ursachen das unterschiedliche Nachfrageverhalten der Unternehmen aus beiden Untersuchungsregionen bezüglich der Inanspruchnahme von Hochschulen und Forschungseinrichtungen zurückgeführt werden kann (z.B. Unterschiede bei der Mentalität des Managements der Unternehmen, Unterschiede bei Quantität oder Qualität der Intermediäre, Unterschiede bei der (Verkehrs-)Infrastruktur usw.) konnte im Rahmen der vorliegenden Untersuchung nicht abschließend geklärt werden.

Zusammenfassend bleibt festzuhalten, daß These 11, bezogen auf Hochschulkontakte und innovationsrelevante Informationsbeziehungen, bestätigt werden kann.

11.8 Technologieorientierte Außenbeziehungen und Innovation

These 12:

Unternehmen, die technologieorientierte Außenbeziehungen nutzen, sind innovativer als Unternehmen ohne technologieorientierte Außenbeziehungen.

Um das Innovationsverhalten von Unternehmen messen zu können, wurde in der Untersuchung auf zwei verschiedene Indikatoren zurückgegriffen. Zunächst wurden die Unternehmen gefragt, ob - und in welchem Ausmaß - sie in den vergangenen fünf Jahren Produkte in ihr Produktionsprogramm aufgenommen haben, die "technische Verbesserungen enthielten oder für das Unternehmen neu waren", wobei "Detailänderungen" explizit nicht berücksichtigt werden sollten. Mit dieser Frage sollte festgestellt werden, ob die betrachteten Unternehmen in den vergangenen Jahren (technologische) Produktinnovationen erfolgreich durchgeführt hatten, wobei sich der Begriff "Erfolg" hier auf die Tatsache bezieht, daß aus den Innovationsprojekten Produkte hervorgingen, die anschließend auch in die Produktpalette der Unternehmen aufgenommen wurden. Als in technologischer Hinsicht "innovativ" wurden in der Untersuchung solche Unternehmen bezeichnet, die laut eigener Aussage in den vergangenen fünf Jahren technische Produktinnovationen in "erheblichem Umfang" durchgeführt hatten (rund ein Drittel der befragten Unternehmen). Als in technologischer Hinsicht "nicht innovativ" wurden dagegen solche Unternehmen bezeichnet, die technische Produktinnovationen nicht oder nur "in begrenztem Umfang" durchgeführt hatten.

Die "technische Innovationsrate" eines Unternehmens sagt jedoch nichts darüber aus, ob die Innovationsprojekte auch in ökonomischer Hinsicht erfolgreich waren, d.h., ob mit innovativen Produkten auch ein wesentlicher Anteil des Umsatzes bestritten wird. Deshalb wurde den Unternehmen die Frage gestellt, welchen Umsatzanteil sie mit Produkten erzielen, die in den letzten fünf Jahren neu in den Markt eingeführt wurden. Als in ökonomischer Hinsicht "innovativ" wurden solche Unternehmen bezeichnet, die einen Umsatzanteil mit neuen Produkten von mehr als 30% realisierten (46% der Unternehmen).

Welche Faktoren die "technische Innovationsrate" der betrachteten Unternehmen beeinflussen, zeigt die folgende Abbildung:

Abb. 15:   Die Determinanten der technischen Innovationsrate

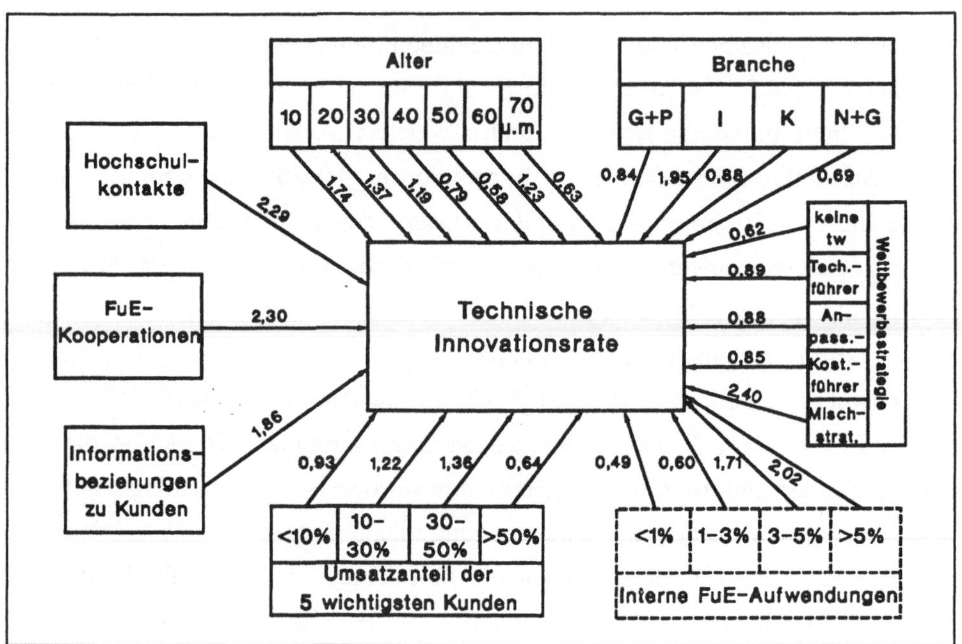

Untersuchungsregion: Bodensee   N = 848

Die Ergebnisse der Analyse machen deutlich, daß die "technische Innovationsrate" eines Unternehmens von einer Vielzahl unterschiedlicher Faktoren abhängt.

"Junge" Unternehmen sind (in dem oben definierten Sinne) innovativer als "älte-re" Unternehmen. Dieser Befund kann möglicherweise auf unterschiedliche Ursa-chen zurückgeführt werden. Zum einen ist es denkbar, daß "ältere" Unternehmen in ihren Märkten tendenziell stärker "etabliert" sind, als "junge" Unternehmen, daß sie aufgrund ihrer langen Präsenz auf bestimmten Märkten über relativ stabi-le Beziehungen zu ihren Abnehmern verfügen, daß der "Markenname", das "Mar-kenimage" ihrer Produkte es diesen Unternehmen erlaubt, sich dem "Innovationsdruck" in stärkerem Maße zu entziehen, als es "jüngeren" Unternehmen gelingt. Andererseits könnte dieses Ergebnis aber auch so interpretiert werden, daß die unternehmensinternen Innovationsstrukturen "junger" Unternehmen tendenziell günstiger sind, als dies bei "älteren" Unternehmen der Fall ist; daß die hierarchischen Strukturen "junger" Unternehmen weniger "verkrustet" sind, daß das Management dieser Unternehmen Innovationsprojekten aufgeschlossener gegenübersteht, als das Management "älterer" Unternehmen.

Bei einer Differenzierung hinsichtlich der einzelnen Industriezweige zeigt sich, daß Unternehmen aus der Investitionsgüterindustrie häufiger technische Produktinnovationen durchführen, als andere Unternehmen. Der technische Fortschritt verläuft hier wesentlich schneller als in anderen Bereichen.

Relativ schwach zeigt sich der Einfluß unterschiedlicher Wettbewerbsstrategien auf die "technische Innovationsrate". Zwar sind Unternehmen mit einer technologieorientierten Wettbewerbsstrategie generell innovativer als Unternehmen ohne eine auf technische Innovationen bezogene Strategie, doch sind innerhalb dieser Gruppe lediglich die Unternehmen mit einer Misch-Strategie überdurchschnittlich innovativ. Technologieführer, Anpassungsspezialisten und Kostenführer gaben dagegen in etwa gleichem Maße an, ihre Produktpalette in den vergangenen Jahren "in erheblichem Umfang" verbessert zu haben. Ein deutlich differenzierterer Zusammenhang zwischen dem Innovationsverhalten und der Verfolgung unterschiedlicher technologieorientierter Wettbewerbsstrategien zeigte sich erst bei der Analyse der "ökonomischen Innovationsrate".

Signifikant zeigte sich auch der Zusammenhang zwischen der "technischen Innovationsrate" eines Unternehmens und dem Umsatzanteil, den die fünf wichtigsten Kunden auf sich vereinigen. Innovativ waren hier insbesondere solche Unternehmen, bei denen der entsprechende Umsatzanteil zwischen 10% und 50% lag. Akzeptiert man den Umsatzanteil der wichtigsten fünf Kunden als einen (wenn auch sehr undifferenzierten) Indikator für die Marktstruktur (und damit unter Umständen auch für die Machtstruktur), der sich ein Unternehmen gegenübersieht, dann kann der Befund in folgender Weise interpretiert werden:

Bietet das Unternehmen auf einem "anonymen Markt" an, der sich durch eine sehr große Zahl von Abnehmern und durch das Fehlen einzelner, durch ihren Umsatzanteil besonders wichtiger Kunden auszeichnet, dann ist das betreffende Unternehmen der Notwendigkeit weitgehend enthoben, auf eine Veränderung der Bedürfnisse einzelner Nachfrager mit entsprechenden Produktinnovationen zu reagieren. Erst eine generell spürbare Veränderung der nachgefragten Produkteigenschaften zwingt zur Innovation. Mit zunehmender Bedeutung einzelner Abnehmer steigt für das betrachtete Unternehmen die Notwendigkeit, seine Produkte den veränderten Bedürfnissen dieser Kunden anzupassen. Überschreitet die Bedeutung einzelner Abnehmer (und damit tendenziell auch die ökonomische Abhängigkeit von diesen Abnehmern) allerdings einen "kritischen Wert", dann reduziert sich die Bedeutung technischer Innovationen als Instrument zur Erhaltung der Wettbewerbsfähigkeit erneut. Die Geschäftsbeziehungen solcher "abhängigen Zulieferer" mit ihren Abnehmern basieren in vielen Fällen nicht auf der Innovationsfähigkeit der Zulieferer, sondern auf deren Lieferflexibilität oder auf (für die Abnehmer) günstigen Preisvereinbarungen. Umgekehrt könnte auch dahingehend argumentiert werden, daß weniger innovative Unternehmen häufiger in ökonomische Abhängigkeit zu einigen wenigen Kunden geraten, als innovativere Unternehmen.

Eine deutlich positive Korrelation besteht zwischen dem unternehmensinternen Aufwand für Forschung und Entwicklung und der "technischen Innovationsrate". FuE-intensive Unternehmen sind innovativer als weniger FuE-intensive Unternehmen.

Unabhängig von allen anderen hier diskutierten Determinanten, unabhängig insbesondere auch von der Höhe des internen Forschungs- und Entwicklungsaufwandes, sind Unternehmen, die Hochschulkontakte unterhalten, die im Bereich FuE mit anderen Unternehmen kooperieren und/oder die innovationsrelevante Informationsbeziehungen zu ihren Kunden unterhalten innovativer als solche Unternehmen, die diese Formen technologieorientierter Außenbeziehungen nicht nutzen.

Dieser Befund unterstützt die "bisher nur schwach belegte"[274] These bezüglich der Effizienz kooperativer Entwicklungsprozesse. Er unterstreicht weiterhin die von verschiedenen Autoren[275] aus einzelnen Fallstudien abgeleitete These, daß eine enge Zusammenarbeit mit den Verwendern innovativer Technologien eine entscheidende Voraussetzung für die erfolgreiche Durchführung von Entwicklungsprojekten ist[276].

These 12 wird durch den Befund der multivariaten Analyse in Bezug auf die "technische Innovationsrate" eindeutig bestätigt. Es stellt sich allerdings die Frage, ob die erfolgreiche Verbesserung von Produkten auch zu einem ökonomischen Erfolg führt. Bestreiten die Unternehmen, die in den vergangenen Jahren ihre Produkte in "erheblichem Maße" verbessert haben, heute auch einen wesentlichen Anteil ihres Umsatzes mit diesen neuen Produkten?

---

[274] Siehe Brockhoff, K., 1989 : 22.

[275] Vgl. hierzu beispielsweise Clark, P. A., 1987; Foxall, G. R., 1984 und 1986; Gemünden, H. G., 1980, 1981, 1985, 1988; Rothwell, R., 1976 und 1987, Rothwell, R. / Beesley, W., 1988; Utterback, J., 1971.

[276] In den Arbeiten v. Hippels zeigt sich beispielsweise, daß in bestimmten Branchen die wesentlichen Aufgaben im Rahmen von Innovationsprozessen teilweise durch die Kunden selbst übernommen werden. Diese Kunden führen den Entwicklungsprozeß bis zur Konstruktion eines Prototyps im eigenen Unternehmen durch und suchen erst dann nach einem geeigneten Hersteller, der das innovative Produkt fertigt und sie damit beliefert (vgl. hierzu v. Hippel, E., 1976, 1977(a), 1977(b), 1978(a), 1978(b), 1980, 1982(a), 1982(b), 1986 und 1988).

Abb. 16: Die Determinanten der ökonomischen Innovationsrate

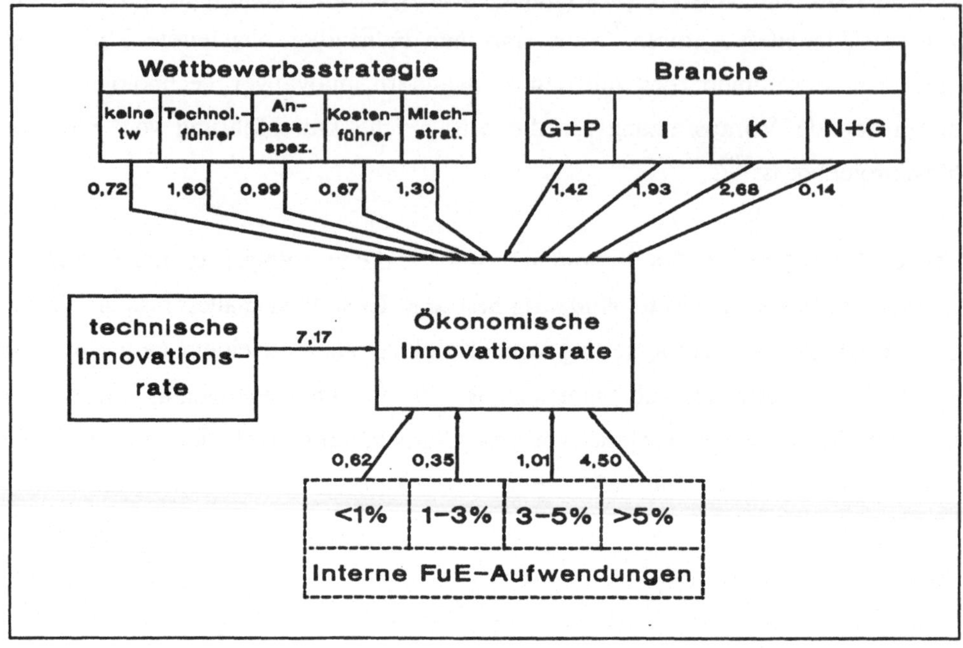

Untersuchungsregion: Bodensee   N = 848

Wie die Abbildung 16 zeigt, läßt sich diese Frage eindeutig mit "ja" beantworten. Die "ökonomische Innovationsrate" wird in sehr starkem Maße von der "technischen Innovationsrate" der Unternehmen beeinflußt. Weiter zeigen sich bezüglich der "ökonomischen Innovationsrate" erhebliche Unterschiede zwischen den verschiedenen technologieorientierten Wettbewerbsstrategien. Technologieführer sind hier innovativer als alle anderen Unternehmen.

Bei den einzelnen Industriezweigen sind Unternehmen aus der Investitionsgüterindustrie überdurchschnittlich häufig innovativ. Dieser Zusammenhang gilt auch für die Unternehmen aus der Konsumgüterindustrie, die, bezogen auf die "technische Innovationsrate" noch (leicht) unterdurchschnittlich "erfolgreich" waren (was so interpretiert werden kann, daß im Bereich der Konsumgüterindustrie tendenziell auch mit geringeren technischen Verbesserungen erhebliche Umsatzanteile erzielt werden können). Entscheidend für die "ökonomische Innovationsrate" ist schließlich auch der interne Aufwand, der zur Entwicklung der innovativen Produkte erbracht wurde.

Zusammenfassend kann These 12 bestätigt werden. Unternehmen, die innovationsrelevante Kontakte zu Hochschulen und Kunden unterhalten und/oder FuE-Kooperationen mit anderen Unternehmen durchführen, sind in technischer und damit auch in ökonomischer Hinsicht innovativer als Unternehmen, die über diese technologieorientierten Außenbeziehungen nicht verfügen.

11.9 Industrielle Netzwerke - Relevanz und Auswirkungen auf das Innovationsverhalten

11.9.1 Empirische Relevanz industrieller Netzwerke

Wie die vorangegangenen Analysen in Abschnitt 11.8 der Arbeit zeigten, besteht ein nachweisbarer Zusammenhang zwischen den technologieorientierten Außenbeziehungen und dem Innovationsverhalten einer Unternehmung. Auch im Rahmen des Netzwerk-Ansatzes wird die Bedeutung einer verstärkten Einbeziehung unternehmens**externer** Ressourcen in den Innovationsprozeß von den betreffenden Autoren immer wieder betont[277]. Über diese Erkenntnis hinausgehend wird von den Vertretern des Netzwerk-Ansatzes jedoch unterstellt, daß

- kooperative Innovationsprozesse überwiegend im Rahmen von **Netzwerk-Beziehungen** stattfinden und

- kooperative Innovationsprozesse zwischen Akteuren **innerhalb** eines industriellen Netzwerkes effizienter verlaufen als zwischen Akteuren aus **unterschiedlichen** industriellen Netzwerken.

Konstituierende Merkmale einer Netzwerk-Beziehung sind die **Dauerhaftigkeit** dieser Beziehung und daraus resultierend der Aufbau von **gegenseitigem Vertrauen** in die Zuverlässigkeit des Partners, **wechselseitige Anpassungen** der Produktionsabläufe, die Entwicklung einer "**gemeinsamen Sprache**", **gemeinsamer Standards und Normen** und auch eine wachsende **gegenseitige Abhängigkeit** der Beteiligten voneinander. All diese Entwicklungen dienen der Senkung von Transaktionskosten zwischen den beteiligten Netzwerk-Akteuren (verringerte Informations-, Vertrags- und Kontrollkosten). Die Reduzierung der Transaktionskosten schließlich, so die Argumentation im Rahmen des Netzwerk-Ansatzes, gewährleistet eine Steigerung der Effizienz kooperativer Innovationsprozesse und sichert damit die Wettbewerbsfähigkeit der einzelnen Partner.

---

[277] Vgl. etwa Håkansson, H., 1987 : 3ff und 1989 : 15ff; Laage-Hellman, J., 1989 : 129ff.

Diese "positivistische" Sichtweise wird in jüngerer Zeit von einigen Autoren relativiert, die darauf verweisen, daß eine zu enge Einbindung in Netzwerke, eine zu einseitige Orientierung der Innovationsanstrengungen auf die Bedürfnisse der Netzwerkpartner dann problematisch wird, wenn es diesen Partnern nicht gelingt, den Problemen im Rahmen des Strukturwandels erfolgreich zu begegnen[278]. Enge Verflechtungsbeziehungen, so die Vertreter der Gegenposition, **können** die Wettbewerbsfähigkeit der Beteiligten fördern, jedoch nur dann, wenn sich dieses Netzwerk in einer relativ stabilen Umwelt befindet. Kommt es aber zu einem rasch verlaufenden Wandel der technologischen oder ökonomischen Rahmenbedingungen, dann können sich zu enge Bindungen rasch in einen **"Hemmschuh"** der Innovations- und Wettbewerbsfähigkeit verwandeln.

Die Vertreter beider Denkrichtungen innerhalb des Netzwerk-Ansatzes stützen sich bei ihrer Argumentation auf Erfahrungen, die im wesentlichen auf (wenn auch teilweise sehr zahlreichen) **Fallstudien** basieren. Eine **breite empirische Untersuchung** über die Relevanz von Netzwerkbeziehungen bei der kooperativen Durchführung von Innovationsprozessen liegt dagegen bisher nicht vor. Für die eigene empirische Untersuchung ergeben sich deshalb zwei Fragestellungen:

1. Welche Relevanz haben industrielle Netzwerke im Rahmen der technologieorientierten Außenbeziehungen der untersuchten Unternehmen?

2. Läßt sich im Sinne der oben aufgestellten These ein positiver Zusammenhang zwischen der Einbindung in innovationsorientierte Netzwerke und dem Innovationsverhalten der Unternehmen feststellen?

Um auf diese Fragen eine Antwort geben zu können, wurden die Unternehmen über ihr Verhältnis zu den jeweiligen Partnern ihrer technologieorientierten Außenbeziehungen befragt[279]. Als beschreibende Merkmale industrieller Netzwer-

---

[278] Vgl. Grabher, G., 1990(b).

[279] Die entsprechenden Fragen zur Einbindung in industrielle Netzwerke wurden erstmals in der Untersuchungsregion Schwarzwald-Baar-Heuberg gestellt. Die Analysen zum Netzwerkansatz beziehen sich deshalb nur auf 492 der insgesamt 1340 Unternehmen.

ke wurden dabei die **Dauerhaftigkeit der Bindung** und die **Mehrmaligkeit der Interaktionen** herangezogen.

Tabelle 32: Technologieorientierte Außenbeziehungen und industrielle Netzwerke

Für die folgenden Aktivitäten haben wir:

	Informationsaustausch	technische Beratung	FuE-Koop. mit Hochschulen	FuE-Koop. mit Unternehmen
- einen festen Kreis von Partnern, an die wir uns immer wieder wenden	26,1 %	25,3 %	26,5 %	20,4 %
- einen festen Kreis von Partnern, fallweise suchen wir jedoch auch Spezialisten	53,4 %	50,4 %	44,1 %	46,3 %
- zu keinem der Partner eine feste Beziehung, wir suchen vielmehr für jedes Problem einen neuen Spezialisten	20,5 %	24,3 %	29,4 %	33,3 %

Untersuchungsregion: Schwarzwald Baar-Heuberg   N = 492

Wie bereits ein erster Blick auf Tabelle 32 zeigt, bezieht die Mehrzahl aller Unternehmen technisches Wissen ausschließlich oder wenigstens teilweise von Partnern, zu denen enge und langandauernde Bindungen bestehen. Es ist allerdings auch festzustellen, daß die **Bedeutung von Netzwerken mit der Intensität der Beziehung zurückgeht.**

Während nahezu 80% aller Unternehmen ihre für die eigenen Innovationsprojekte notwendigen Informationen teilweise oder ausschließlich von einer festen Gruppe von Partnern beziehen und über 75% der Unternehmen sich bei der Suche nach technischen Beratungsdienstleistungen immer wieder an die gleichen Anbieter wenden, nimmt die Bedeutung von engen und langandauernden Bindungen bei **Kooperationsprojekten** ab.

Dabei sind Netzwerkbindungen zu den Kooperationspartnern aus der Gruppe der (Fach-)Hochschulen und Forschungseinrichtungen (70,6%) **geringfügig häufiger** anzutreffen als zu den Kooperationspartnern aus dem Bereich der Unternehmen (66,7%).

Die Frage, ob technologieorientierte Außenbeziehungen vorwiegend zu anderen Netzwerkakteuren unterhalten werden, kann also anhand der hier vorliegenden Ergebnisse eindeutig mit "ja" beantwortet werden. Wie steht es aber um die Effizienz solcher Netzwerkbindungen in Bezug auf das Innovationsverhalten?

11.9.2 Effizienz industrieller Netzwerke

These 13:
Unternehmen, die technologieorientierte Außenbeziehungen im Rahmen industrieller Netzwerke unterhalten, sind innovativer als Unternehmen, die keine technologieorientierten Außenbeziehungen im Rahmen industrieller Netzwerke unterhalten.

Um die These zur Effizienz von Netzwerkbeziehungen überprüfen zu können, wurden die Unternehmen in zwei Gruppen geteilt:

- Der ersten Gruppe wurden diejenigen Unternehmen zugeteilt, die nicht über technologieorientierten Außenbeziehungen verfügen oder diese Beziehungen nicht im Rahmen industrieller Netzwerke unterhalten.

- Die zweite Gruppe wurde mit den Unternehmen gebildet, die angegeben hatten, ihre technologieorientierten Außenbeziehungen ausschließlich oder wenigstens teilweise im Rahmen industrieller Netzwerke zu unterhalten.

Anschließend wurde der Einfluß dieser neu gebildeten Netzwerk-Variable auf die "ökonomische Innovationsrate" überprüft.

Abb. 17: Der Einfluß von Netzwerkbeziehungen auf die ökonomische Innovationsrate

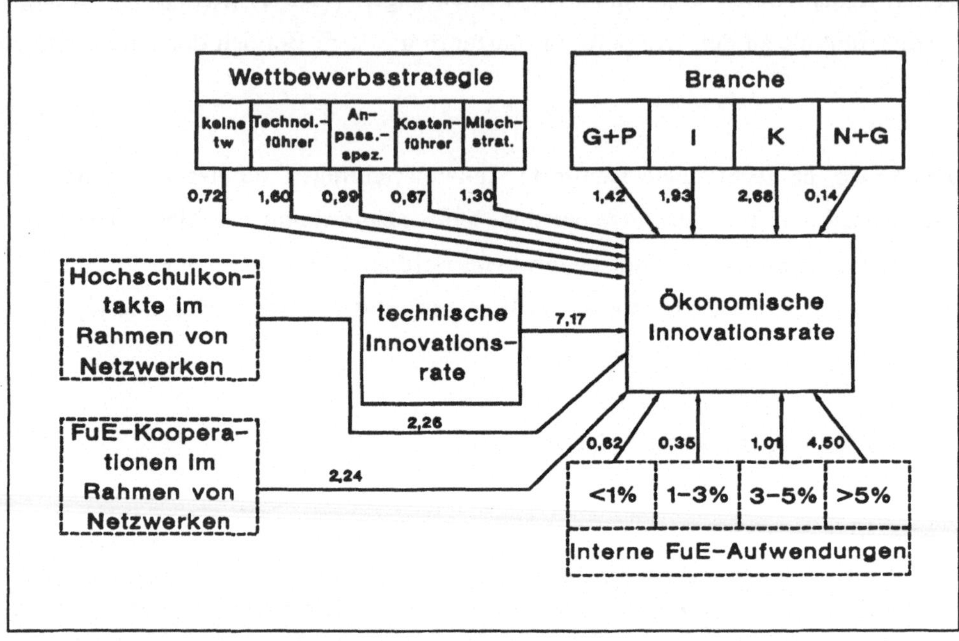

Untersuchungsregion: Schwarzwald-Baar-Heuberg   N = 492

Für die **492** in diese Analyse einbezogenen Unternehmen hat sich der positive Einfluß von Netzwerkbeziehungen auf das Innovationsverhalten eindeutig bestätigt. Unternehmen, die Hochschulkontakte oder FuE-Kooperationsbeziehungen im Rahmen industrieller Netzwerke unterhalten, sind innovativer als Unternehmen, die diese Kontakte nicht, bzw. nicht im Rahmen industrieller Netzwerke unterhalten.

These 13 kann anhand der hier vorliegenden Ergebnisse bestätigt werden.

11.10 Innovation und Unternehmenserfolg

These 14:
Unternehmen, die innovativ sind, sind ökonomisch erfolgreicher als andere Unternehmen.

Technische Innovation ist **eines** von vielen denkbaren Instrumenten, um bestimmte Ziele zu erreichen. Für die Unternehmen, die dieses Instrument anwenden, heißt das Ziel: **Erhalt oder Ausbau der Wettbewerbsfähigkeit**. Wie läßt sich der "Erfolg" des Instrumentes Innovation messen? Wie läßt sich der "Unternehmenserfolg" selbst definieren?

Eine abschließende und umfassende Antwort auf diese Fragen können nur die direkt Betroffenen (hier also z.B. die Geschäftsleitung) aufgrund ihrer Kenntnis über die spezifische Situation und die relevanten Ziele des Unternehmens geben.

So verfolgen viele Unternehmen Ziele wie etwa eine Steigerung der Gewinnspanne, des Umsatzes oder der Marktanteile. Hier wäre der "Unternehmenserfolg" an der Differenz zwischen dem Ziel und dem tatsächlich Erreichten relativ einfach zu messen. Andere Ziele, wie beispielsweise eine Diversifikation der Produktpalette, eine Verbesserung der Umweltschutzmaßnahmen oder eine langfristige Sicherung von Rohstoffbezugsquellen sind dagegen nur schwer zu quantifizieren.

Da im Rahmen einer schriftlichen Befragung der Raum für eine umfangreiche Darstellung dieser Unternehmensziele und der dabei relevanten Rahmenbedingungen nicht gegeben war, und eine einfache Einschätzung der Befragten (wie etwa "Ziel erreicht" bzw. "Ziel nicht erreicht") als zu "vage" betrachtet wurde, mußte, trotz aller gerechtfertigten Bedenken, auf Wachstumsmaße (Umsatz- und Beschäftigtenwachstum) als Indikator für den Unternehmenserfolg zurückgegriffen werden[280].

---

[280] Im Pretest wurde versuchsweise nach der Entwicklung von Indikatoren wie beispielsweise der "Gewinnspanne" oder dem "Return on Investment" gefragt. Es zeigte sich jedoch, daß solche Angaben von den Befragten als zu "sensibel" beurteilt wurden und die Antwortbereitschaft deshalb entsprechend gering war.

Berechnet wurde das Umsatz- und das Beschäftigtenwachstum, das die befragten Unternehmen zwischen 1986 und 1989 realisiert hatten. Unternehmen mit einem Umsatzwachstum über 20% (47,6% der Unternehmen) bzw. mit einem Beschäftigtenwachstum über 25% (26,1% der Unternehmen) wurden als "erfolgreich" bezeichnet[281].

Abb. 18: Innovation und Umsatzwachstum

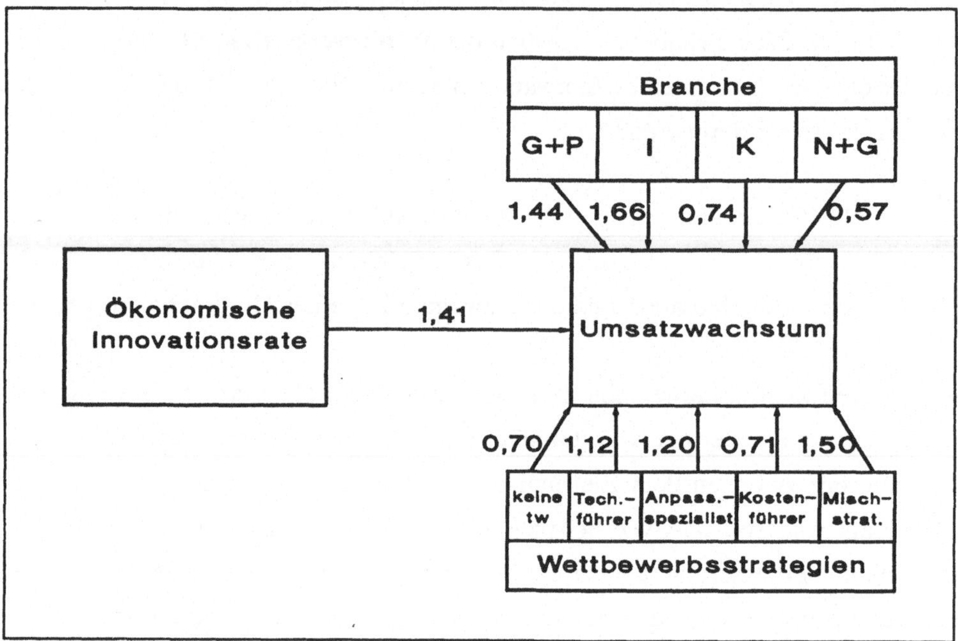

Untersuchungsregion: Schwarzwald-Baar-Heuberg und Bodensee   N = 1340

---

[281] An dieser Stelle muß auf eine weitere Schwäche der beiden Wachstumsindikatoren hingewiesen werden. Es ist anzunehmen, daß zwischen dem "Innovationserfolg" und dem Unternehmenswachstum ein mehr oder minder großes "time-lag" besteht. Fryxell stellt allerdings in seiner Untersuchung fest, daß sich ein signifikanter Einfluß der **FuE-Aufwendungen** für Produktinnovationen auf den ROI lediglich für die ein bis zwei folgenden Jahre feststellen läßt (vgl. Fryxell, G.E., 1990 : 640). Es kann vermutet werden, daß das "time-lag" zwischen der **Markteinführung** innovativer Produkte und dem Umsatz- bzw. Beschäftigtenwachstum tendenziell noch kleiner ist. Korrekterweise hätte dennoch als Erfolgsindikator das erwartete Umsatz- bzw. Beschäftigtenwachstum der kommenden Jahre verwendet werden müssen. Da solche Angaben nur auf relativ unsicheren Schätzungen der Befragten beruhen können, wurden die Wachstumsindikatoren trotz der möglicherweise unzureichenden Berücksichtigung des "time-lags" auf die vergangenen Jahre bezogen.

Abbildung 18 zeigt, daß das Umsatzwachstum der Unternehmen von der "ökonomischen Innovationsrate" in signifikantem Maße beeinflußt wurde. Innovative
Unternehmen realisierten durchschnittlich ein höheres Umsatzwachstum als nicht-
innovative Unternehmen.

Das Umsatzwachstum zeigte sich weiterhin abhängig von der Branchenzugehörigkeit. Unabhängig von der "Innovationsrate" konnten Unternehmen aus der Investitionsgüterindustrie und aus der Grundstoff- und Verbrauchsgüterindustrie
durchschnittlich ein größeres Umsatzwachstum erzielen, als Unternehmen aus
dem Konsumgüterbereich und aus der Nahrungs- und Genußmittelindustrie.

Auch die Wettbewerbsstrategie korrelierte in signifikantem Maße mit dem Umsatzwachstum. Unternehmen, die eine Misch-Strategie verfolgen, waren hier besonders häufig "erfolgreich". Wenn die Annahme, daß es sich hier um Unternehmen handelt, die für verschiedenen Produkte unterschiedliche technologieorientierte Wettbewerbsstrategien verfolgen, richtig ist, könnte dieser Befund als Hinweis dafür interpretiert werden, daß nicht nur eine Diversifikation der Produktpalette, sondern auch eine Diversifikation der auf die einzelnen Produkte bezogenen
Wettbewerbsstrategien sich stabilisierend auf die Umsatzentwicklung auswirken
kann.

Technologieführer zeichnen sich durch ein insgesamt überdurchschnittliches, relativ zu Anpassungsspezialisten jedoch leicht geringeres Umsatzwachstum aus.[282]
Vergleichsweise ungünstig hat sich der Umsatz sowohl bei den Kostenführern als
auch bei den Unternehmen ohne technologieorientierte Wettbewerbsstrategie
entwickelt.

---

[282] Bezogen auf die Gewinnsituation stellt auch Zörgiebel fest, daß diese "... bei Unternehmen
mit späterem Einstieg in neue Technologien durchschnittlich besser ist, als die der technologischen Führer" (siehe Zörgiebel, W.W., 1983 : 210). Brockhoff formuliert unter Bezugnahme
auf eine Arbeit von Meyer und Roberts die Hypothese, daß die "höchste Ergebniswirkung
weder durch das Beharren auf herkömmlichen Technologien und Märkten erreicht wird
noch durch dauernde Versuche zur Implementierung "radikaler Neuheiten" (...), sondern
durch eine Mischung beider Strategien, die im Durchschnitt nur zur Realisierung geringer
Neuigkeitsgrade führt" (siehe Brockhoff, K., 1987 : 67f).

Abb. 19: Innovation und Beschäftigtenwachstum

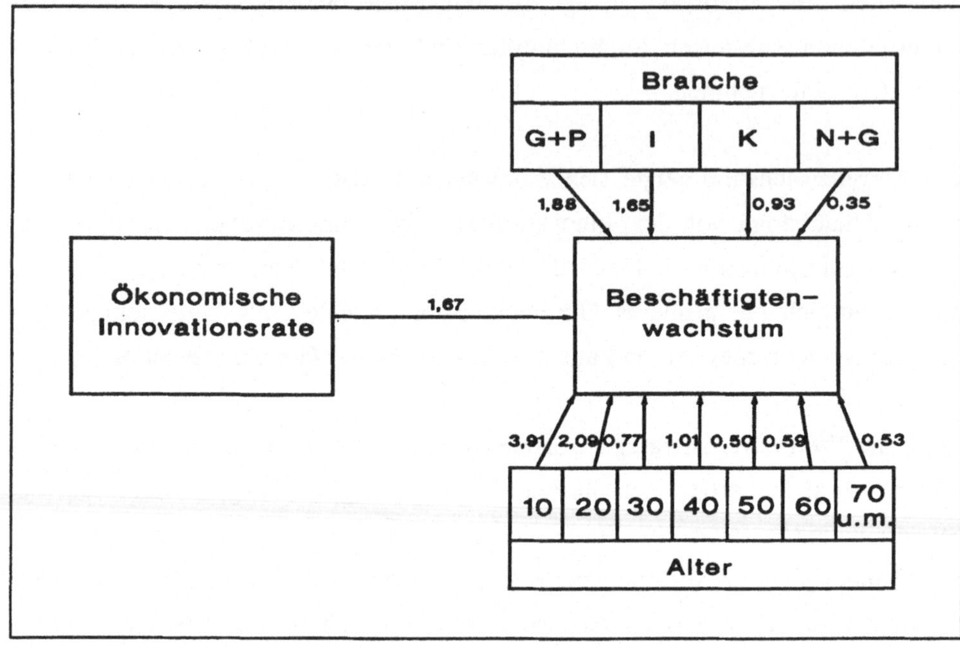

Untersuchungsregion: Schwarzwald-Baar-Heuberg und Bodensee   N = 1340

Einen signifikanten Einfluß hatte die "ökonomische Innovationsrate" auch auf das Beschäftigtenwachstum. Innovative Unternehmen verzeichneten ein höheres Beschäftigtenwachstum als nicht-innovative Unternehmen.

Entsprechend der Umsatzentwicklung waren auch bei der Beschäftigtenentwicklung Unternehmen aus der Investitionsgüterindustrie und aus der Grundstoff- und Produktionsgüterindustrie "erfolgreicher" als Unternehmen aus der Konsumgüter- und aus der Nahrungs- und Genußmittelindustrie.

Im Gegensatz zur Umsatzentwicklung zeigte sich bei der Beschäftigtenentwicklung keinen signifikanter Einfluß der Wettbewerbsstrategie. Dagegen spielte hier das Alter der Unternehmen eine wichtige Rolle. "Junge" Unternehmen verzeichneten unabhängig von der Branchenzugehörigkeit und unabhängig vom Innovationsverhalten einen größeren Beschäftigtenzuwachs als ältere Unternehmen.

Unter Berücksichtigung der bereits angedeuteten Schwächen, die die hier gewählten Indikatoren für den "Unternehmenserfolg" kennzeichnen, kann These 14 durch die Untersuchung bestätigt werden. Innovative Unternehmen konnten in den vergangenen Jahren ein höheres Umsatz- und Beschäftigtenwachstum erzielen und waren in diesem Sinne erfolgreicher als nicht-innovative Unternehmen.

12. Zusammenfassung

Zunehmender internationaler Konkurrenzdruck, verkürzte Innovationszyklen und steigende Kosten für Forschung und Entwicklung verändern die Wettbewerbssituation zahlreicher Unternehmen und führen zu neuen Anforderungen an das betriebliche Innovationsmanagement. Der Aufbau und die Nutzung technologieorientierter Außenbeziehungen sind bereits heute wichtige Voraussetzungen für die Effizienz betrieblicher Innovationsprozesse. In Zukunft wird jedoch der Umgang mit externen Know-how-Potentialen maßgeblich darüber entscheiden, ob es den Unternehmen aus westlichen Industrienationen gelingt, ihre internationale Wettbewerbsfähigkeit auch langfristig zu sichern.

Vor dem Hintergrund dieser Hypothese war es das Ziel der vorliegenden Arbeit, **fünf zentrale Fragestellungen** aus dem bisher in der wirtschaftswissenschaftlichen Literatur kaum thematisierten Bereich aufzugreifen und bestehende Lücken mit Hilfe einer empirischen Untersuchung zu schließen. Bei der Beantwortung dieser Fragen stützte sich die Arbeit auf zwei vom Fraunhofer-Institut für Systemtechnik und Innovationsforschung in den Jahren 1989 und 1990 durchgeführte empirische Untersuchungen mit insgesamt 1340 antwortenden Betrieben und 53 vertiefenden Interviews, an denen der Autor maßgeblich mitgewirkt hat.

1. Greifen Unternehmen, die mit Problemen des Strukturwandels konfrontiert sind und dabei zunehmend an die Grenzen eines weiteren Ausbaus ihrer internen Forschungs- und Entwicklungskapazitäten stoßen, bei betrieblichen Innovationsvorhaben verstärkt auf externe Know-how-Potentiale zurück?

Obwohl dem Thema Strukturwandel in den vergangenen Jahren in der wirtschaftswissenschaftlichen Literatur breite Aufmerksamkeit geschenkt wurde, liegen empirische Untersuchungen, die sich mit den Auswirkungen dieser Tendenzen auf die zwischen- und überbetriebliche Arbeitsteilung bei Forschung und Entwicklung befassen, bisher kaum vor. Es war deshalb ein Ziel der vorliegenden Arbeit, mögliche Zusammenhänge zwischen Strukturproblemen und Hemmnissen beim weiteren Ausbau der innerbetrieblichen FuE-Kapazitäten einerseits und einer verstärkten Nutzung externer Know-how-Potentiale andererseits aufzuzeigen. Zunächst galt es, die Relevanz unterschiedlicher Strukturprobleme zu erfassen. Die Untersuchung führte zu folgenden Ergebnissen:

Mit einzelnen **Problemen im Zuge des Strukturwandels** sahen sich insgesamt 83% der hierzu befragten Unternehmen konfrontiert. Rund die Hälfte der Unternehmen beobachtete in den vergangenen Jahren eine **drastische Verschärfung der Konkurrenzsituation** in ihrer Branche. Bei über 23% der Unternehmen haben sich die **Lebenszyklen ihrer Hauptprodukte deutlich verringert.** Etwa 30% der Unternehmen mußten in den vergangenen fünf Jahren neue **Technologiegebiete erschließen, die völlig außerhalb ihrer bisherigen Entwicklungstätigkeit** lagen. Rund 30% der Unternehmen mußten **völlig neue Produkte entwickeln, um neue Absatzmärkte zu erschließen.** Bei über 43% aller Unternehmen wurde in den vergangenen fünf Jahren eine **grundlegende Modernisierung der Fertigungsabläufe** durchgeführt. Der durch diese Entwicklungen zum Ausdruck kommende **Anpassungsdruck** betrifft Unternehmen aller Größenklassen und aller Industriezweige in nahezu gleichem Maße und wird sich aus Sicht der Befragten auch in den kommenden Jahren nicht verringern.

Gleichzeitig behindern **Personalakquisitions- und Personalqualifikationshemmnisse** den weiteren Ausbau der innerbetrieblichen Innovationspotentiale. Rund 95% der Unternehmen hatten hier wenigstens in einem Bereich Probleme. An erster Stelle stehen Schwierigkeiten bei der **Akquisition technisch qualifizierten Personals** für die **Produktion** (86%), für **Forschung und Entwicklung** (43%) und **Vertrieb** (42%). Die Probleme bei der Akquisition führen fast zwangsläufig zu einem weiteren Hemmnis: Mehr als die Hälfte der Unternehmen hat **unzureichende interne Kapazitäten für die notwendige Einarbeitung von qualifiziertem Nachwuchspersonal.**

Strukturwandel und Personalprobleme sind eng miteinander verknüpft. Rund **80%** der befragten Unternehmen waren aus eigener Sicht in den vergangenen Jahren **sowohl** von Problemen des Strukturwandels **als auch** von Problemen bei der Personalakquisition betroffen.

Hochsignifikant zeigte sich der Zusammenhang zwischen **Struktur- bzw. Personalproblemen** und der Notwendigkeit, **mit anderen Akteuren** bei der Entwicklung neuer Produkte und Fertigungsverfahren **zu kooperieren**. Je mehr unterschiedliche Probleme für die einzelnen Unternehmen zutreffend waren, desto häufiger gaben sie an, ihre Zusammenarbeit in den vergangenen Jahren intensiviert zu haben und diese auch in den kommenden Jahren weiter ausbauen zu müssen.

Anhand der hier gewonnenen Ergebnisse konnte erstmals auf der Grundlage einer schriftlichen Befragung der Zusammenhang zwischen Strukturproblemen, Schwierigkeiten beim weiteren Ausbau der betriebsinternen FuE-Kapazitäten und der verstärkten Nutzung externer Ressourcen nachgewiesen werden. Die Kausalität dieser Zusammenhänge wurde in zahlreichen Interviews bestätigt. Erhöhte Anforderungen an die Innovationsfähigkeit bei gleichzeitig wachsenden Problemen im Bereich der Akquisition von qualifiziertem technischem Personal zwingen die Unternehmen, ihre Zusammenarbeit mit anderen Unternehmen, aber auch mit Forschungseinrichtungen und (Fach-)Hochschulen auszubauen und zu intensivieren.

2. Welche Faktoren entscheiden über die Effizienz der Optionen Eigenentwicklung, kooperative Entwicklung oder Fremdbezug innovativer Technologien?

Ein kurzer Überblick über die wichtigsten Ansätze im Rahmen der Make-or-buy-Diskussion hat gezeigt, daß eine Beantwortung der Frage nach der Effizienz der Optionen Eigenentwicklung, Kooperation oder Fremdbezug bei der Entwicklung innovativer Technologien ohne die Berücksichtigung der situationsspezifischen Transaktionskostenstruktur kaum möglich ist. Die Transaktionskosten, also diejenigen Kosten, die bei der Interaktion zwischen zwei oder mehr Akteuren entstehen, entscheiden neben den eigentlichen Entwicklungskosten und der möglichen Existenz von Synergiepotentialen darüber, wann Eigenentwicklung und wann Kooperation oder Fremdbezug die adäquate Form der Entwicklung innovativer Technologien ist.

Die Höhe der Transaktionskosten wird aus Sicht des einzelnen Unternehmens maßgeblich durch zwei Faktoren beeinflußt:

- durch den Diffusions- bzw. Standardisierungsgrad der betreffenden Technologie und

- durch die strategische Relevanz dieser Technologie für die Wettbewerbsfähigkeit des Unternehmens.

Ein geringer Diffusions- bzw. Standardisierungsgrad verbunden mit einer hohen Relevanz der betreffenden Technologie für die Wettbewerbsfähigkeit des Produktes führt c.p. zu hohen situationsspezifischen Transaktionskosten und fördert damit die Effizienz der Option Eigenentwicklung. **Die Eigenentwicklung einer innovativen Technologie minimiert dabei ausschließlich die Transaktionskosten.**

Ein hoher Diffusionsgrad verbunden mit geringer Relevanz der Technologie für die Wettbewerbsfähigkeit des Unternehmens spricht dagegen c.p. für den Fremdbezug. **Der Fremdbezug einer innovativen Technologie minimiert ausschließlich die intern aufzuwendenden Entwicklungskosten.**

Kooperation, d.h. die gemeinsame Entwicklung innovativer Technologien **reduziert dagegen** aus Sicht des einzelnen Unternehmens **sowohl die Transaktions- als auch die internen Entwicklungskosten.** Darüber hinaus eröffnet eine Kooperation die Möglichkeit zur Realisierung von Kosten- und/oder Erlössynergien. Kooperativ entwickelte Technologien zeichnen sich aus Sicht der Unternehmen deshalb tendenziell durch einen mittleren Diffusionsgrad und eine mittlere Relevanz dieser Technologien für die eigene Wettbewerbsfähigkeit aus.

Am Fallbeispiel eines Unternehmens konnte darüber hinaus gezeigt werden, daß sich die effiziente Grenze der Optionen Eigenentwicklung, Kooperation und Fremdbezug im Zeitablauf verändert:

Entwickelt dieses Unternehmen innovative Technologien zunächst weitgehend im eigenen Hause, so geht es mit zunehmendem Diffusions- bzw. Reifegrad dazu über, geeignete Partner zu suchen, mit denen diese Technologie gemeinsam, d.h. kooperativ weiterentwickelt werden kann. Bewährt sich die Zusammenarbeit, so wird der Partner in den Kreis der Zulieferer aufgenommen und die Verantwortung für die Weiterentwicklung der entsprechenden Technologie schrittweise ganz auf den Partner übertragen.

3. Welche Bedeutung haben einzelne Formen technologieorientierter Außenbeziehungen heute? Welchen relativen Stellenwert hat dabei aus Sicht der Unternehmen die Kooperation im Vergleich zu Eigenentwicklung und Fremdbezug innovativer Technologien?

Bedeutung, Struktur und Umfang technologieorientierter Außenbeziehungen sind in bezug auf ihre empirische Relevanz bisher nur unzureichend untersucht worden. Dies ist darauf zurückzuführen, daß die wenigen hierzu vorliegenden empirischen Untersuchungen das Thema FuE entweder nur als eines unter vielen anderen Kooperationsgebieten betrachten (was keine ausreichend differenzierten Ergebnisse zuläßt) oder sich auf einzelne Teilaspekte technologieorientierter Außenbeziehungen konzentrieren (beispielsweise nur auf Informationsbeziehungen, nur auf Kooperationsbeziehungen, nur auf die Zusammenarbeit zwischen Unternehmen oder nur auf die Außenbeziehungen von Großunternehmen), jedoch andere, ebenso relevante Gesichtspunkte aus der Betrachtung ausschließen.

Eines der Ziele der vorliegenden Arbeit war es deshalb, eine möglichst umfassende Bestandsaufnahme der Formen, der Inhalte und der dabei relevanten Partner technologieorientierter Außenbeziehungen zu geben. Weiterhin sollte geprüft werden, welchen **Stellenwert** die Unternehmen **der Kooperation** für die eigene Innovations- und Wettbewerbsfähigkeit im Vergleich zu Eigenentwicklung und Fremdbezug zuordnen und wie sich die Bedeutung dieser drei Optionen in Zukunft entwickeln wird. Die Untersuchung führte zu folgenden Ergebnissen:

- Für rund **zwei Drittel** der befragten Unternehmen war der **Informationsaustausch** mit anderen Akteuren in den vergangenen Jahren eine "notwendige Voraussetzung" für die erfolgreiche Entwicklung bzw. den erfolgreichen Einsatz technisch verbesserter oder neuer Produkte und Fertigungsverfahren. Dominierende Partner sind dabei die Kunden und Zulieferer der Unternehmen. Gegenstand des Informationsaustausches war in der überwiegenden Mehrzahl der Fälle die

o Verbesserung bestehender Produkte und Fertigungsverfahren sowie
o die Entwicklung neuer Produkte.

- **Rund 30%** der Unternehmen haben in den vergangenen fünf Jahren im Bereich Produktion/Technologie **Beratungsdienstleistungen** in Anspruch genommen. Dominierende Partner waren hier kommerzielle Beratungsunternehmen (84,6% der Nennungen), mit deutlichem Abstand folgten Fachverbände, Industrie- und Handelskammern sowie Forschungseinrichtungen und (Fach-)Hochschulen. Im Gegensatz zum informellen Informationsaustausch steht bei der Inanspruchnahme von Beratungsdienstleistungen die Verbesserung bestehender Produktionsverfahren im Vordergrund des Interesses.

- Etwa **ein Viertel** der Unternehmen bezog in den vergangenen fünf Jahren technologisches Wissen von **Forschungseinrichtungen und/oder (Fach)Hochschulen**. Als wichtigste Formen des Know-how-Transfers erwiesen sich

o die Beratung (69,8% der Nennungen),
o die Teilnahme an Weiterbildungsveranstaltungen bzw. die Mitarbeit in Arbeitskreisen (45,4%),
o die Durchführung von FuE-Kooperationen (33,5%) und
o die Vergabe von Auftragsforschungsprojekten (25,9%).

In rund 20% aller Fälle kam es aus Sicht der Befragten zu ernsten Problemen bei der Zusammenarbeit mit diesen Einrichtungen. An erster Stelle stehen dabei differierende Auffassungen über die Zeitdauer der Projekte und Probleme bei der Umsetzung der Forschungsergebnisse in die betriebliche Praxis.

- **Rund 18%** der Unternehmen führten in den vergangenen fünf Jahren **FuE-Kooperationen mit anderen Unternehmen** durch. Wichtigste Partner sind dabei die Kunden und die Zulieferer der Unternehmen. Nur rund 40% der Projekte wurden auf der Basis einer vertraglichen Regelung durchgeführt. Im Rahmen der

Interviews zeigte sich, daß gerade die informellen Kooperationen (insbesondere mit Zulieferern und Kunden) mittlerweile bei vielen Unternehmen zur Routine, "zum Tagesgeschäft„ geworden sind und diese Zusammenarbeit von den betroffenen Entwicklungsabteilungen nicht mehr unmittelbar mit dem Begriff "Kooperation" in Verbindung gebracht wird. Den Betroffenen wurde häufig erst im persönlichen Gespräch das volle Ausmaß der kooperativen Entwicklungstätigkeit ihres Unternehmens bewußt. Es kann deshalb angenommen werden, daß die Bedeutung von FuE-Kooperationen sowie die Bedeutung der Kunden und Zulieferer als Partner von FuE-Kooperationen durch schriftliche Umfragen erheblich unterbewertet werden.

- Um eine Einschätzung über die Bedeutung des Fremdbezuges innovativer Technologien zu erhalten, wurden in der schriftlichen Befragung zwei Bereiche exemplarisch untersucht. Dabei zeigte sich, daß **rund drei Viertel** der befragten Unternehmen in den vergangenen fünf Jahren **Fertigungs- oder Datenverarbeitungsanlagen gekauft** haben, die den Fertigungsprozeß oder andere Funktionsbereiche des Unternehmens **entscheidend** veränderten. Im Vergleich dazu hat der Know-how-Transfer über Lizenzvergabe quantitativ nur eine untergeordnete Bedeutung. Lediglich **5%** der befragten Unternehmen hatten in den vergangenen fünf Jahren eine **Lizenz** an andere Unternehmen **vergeben**.

Ein Vergleich dieser Untersuchungsergebnisse mit anderen aktuellen empirischen Studien zu Teilaspekten der technologischen Verflechtung zeigt keine wesentlichen Differenzen hinsichtlich der Relevanz einzelner Verflechtungsformen oder Partner. Bezogen auf Untersuchungen zum Thema FuE-Kooperation aus den siebziger Jahren unterstützen die hier referierten Ergebnisse jedoch die Annahme, daß die Bedeutung zwischen- und überbetrieblicher Kooperation bei der Entwicklung innovativer Technologien in den letzten zehn bis fünfzehn Jahren **erheblich zugenommen** hat.

Welchen **relativen Stellenwert** messen die Unternehmen der **Eigenentwicklung, der kooperativen Entwicklung und dem Fremdbezug neuer Technologien** für Erhalt und Ausbau ihres innerbetrieblichen Innovationspotentials zu?

Die Untersuchungsergebnisse zeigen, daß aus Sicht der befragten Unternehmen in den vergangenen Jahren vor allem der **Nutzung der internen FuE-Ressourcen** (rund 50% der Nennungen) und dem **Fremdbezug innovativer Technologien** (rund 35%) entscheidende Bedeutung zukam. Die kooperative Entwicklung neuer Technologien hatte dagegen nur für rund 13% der Unternehmen entscheidend zur Entwicklung neuer Produkte und Fertigungsverfahren beigetragen.

Bezogen auf die **Zukunft** zeigte sich jedoch, daß die Unternehmen den **Ausbau des Informationsaustausches** über technische Entwicklungen (50%) und die **verstärkte kooperative Entwicklung innovativer Technologien** (37%) höher bewerten, als den weiteren Ausbau der internen FuE-Kapazitäten (30%) oder den verstärkten Fremdbezug innovativer Technologien (33%).

Mit dem hier vorgenommenen direkten Vergleich zwischen Eigenentwicklung, Kooperation und Fremdbezug konnte in der vorliegenden Arbeit erstmals eine Einschätzung über die Relevanz dieser Optionen für die Innovationsfähigkeit der Unternehmen aus Sicht der Betroffenen selbst gegeben werden.

4. Welche Determinanten beeinflussen Struktur und Intensität technologieorientierte Außenbeziehungen?

In den bisher vorliegenden Untersuchungen zu diesem Thema wurde kein umfassendes und vollständiges Modell der Determinanten technologieorientierter Außenbeziehungen entwickelt. Die einzelnen Ansätze beschränken sich auf eine Überprüfung von Zusammenhängen zwischen einzelnen Verfelchtungsvariablen und einigen wenigen, sich in nahezu allen Arbeiten wiederholenden Kontextvariablen. Als Untersuchungsinstrument diente in diesen Arbeiten jeweils ein bivariates Analyseverfahren.

Um der dabei bestehenden Gefahr zu begegnen, daß einzelne Korrelationen durch andere Zusammenhänge überlagert, verdrängt oder verstärkt werden, wurde in der vorliegenden Arbeit erstmals ein multivariates Analyseverfahren (Logistische Regression) zur Untersuchung der Determinanten technologieorientierter

Außenbeziehungen eingesetzt. Ziel war es, die in anderen Arbeiten bereits durch bivariate Befunde festgestellten Zusammenhänge zu überprüfen und das so entstehende Modell der Determinanten technologieorientierter Außenbeziehungen um einige wichtige, bisher jedoch kaum beachtete Variablen zu erweitern und zu vervollständigen. Folgende Variablen zeigten einen signifikanten Einfluß auf Struktur und Intensität der technologischen Verflechtung:

- Unternehmen, die eine **technologieorientierte Wettbewerbsstrategie** verfolgen, nutzen externes Know-how intensiver als Unternehmen, die keine technologieorientierte Wettbewerbsstrategie verfolgen. Wichtigste Partner bei FuE-Kooperationen der **Technologieführer** sind deren Zulieferer sowie (Fach-)Hochschulen und Forschungseinrichtungen. **Anpassungsspezialisten** kooperieren überdurchschnittlich häufig mit ihren Kunden und mit Konkurrenten. Wichtigste Kooperationspartner der **Kostenführer** bei der Entwicklung und Verbesserung von Fertigungsanlagen sind Equipment-Zulieferer sowie (Fach-)Hochschulen und Forschungseinrichtungen.

- Die **räumliche Nähe** zu einem (potentiellen) Partner technologieorientierter Außenbeziehungen erwies sich insbesondere dann als wichtig, wenn es sich dabei um **Anbieter von Beratungsdienstleistungen** oder um **Forschungseinrichtungen bzw. (Fach-)Hochschulen** handelte. Jeweils rund die Hälfte der Kontakte (bei Beratern 42%, bei (Fach-)Hochschulen und Forschungseinrichtungen 56%) bestehen hier zu Akteuren aus der unmittelbaren Umgebung der Unternehmen. Keine regionale Konzentration besteht dagegen, wenn es sich bei den Partnern technologieorientierter Außenbeziehungen um Zulieferer oder Kunden der betrachteten Unternehmen handelt. Es ist anzunehmen, daß **bereits bestehende ökonomische Austauschbeziehungen** zwischen zwei Akteuren die bei Aufnahme von technologieorientierten Außenbeziehungen aufzuwendenden **Transaktionskosten verringern**, so daß die räumliche Entfernung zwischen den Partnern an Bedeutung verliert.

- Unternehmen mit einer hohen **internen FuE-Intensität** (Anteil der FuE-Aufwendungen am Umsatz über 5%) nutzen alle hier untersuchten Formen technologieorientierter Außenbeziehungen **intensiver** als Unternehmen mit einer relativ geringeren internen FuE-Intensität. Die externen Know-how-Potentiale werden also überwiegend **komplementär** zu den internen FuE-Ressourcen genutzt.

- **Große Unternehmen** nutzen technologieorientierte Außenbeziehungen intensiver als kleinere Unternehmen. Diese Unterschiede zeigten sich besonders deutlich bei der Durchführung von FuE-Kooperationen mit anderen Unternehmen und bei technologieorientierten Kontakten zu (Fach-)Hochschulen und Forschungseinrichtungen. Eine mögliche Ursache für diesen Befund könnte in der tendenziell besseren personellen Ausstattung von Großunternehmen für Aufbau und Nutzung von Außenbeziehungen zu suchen sein. Weiter hat sich in den begleitend durchgeführten Interviews gezeigt, daß seitens kleinerer Unternehmen nach wie vor "Berührungsängste" mit Hochschulen und Forschungseinrichtungen bestehen (die allerdings nicht immer unbegründet sind).

- Das **Alter** der Unternehmen zeigte nur bei der Durchführung von FuE-Kooperationen mit anderen Unternehmen bzw. mit Forschungseinrichtungen und (Fach-)Hochschulen einen signifikanten Einfluß. Unternehmen, die nicht älter als 20 Jahre sind, kooperieren im Bereich FuE häufiger als andere Unternehmen.

- Entscheidenden Einfluß auf die Nutzung technologieorientierter Außenbeziehungen hat die **Konzernzugehörigkeit**. Konzernabhängige Unternehmen unterhalten signifikant seltener technologieorientierte Außenbeziehungen zu nicht im Konzernverbund stehenden Partnern als unabhängige Unternehmen.

- Deutliche Unterschiede bei der Nutzung technologieorientierter Außenbeziehungen zeigten sich in Abhängigkeit von der **Branchenzugehörigkeit** der Unternehmen. Da diese Unterschiede nicht auf Disparitäten hinsichtlich der Wettbewerbsstrategie-, Größen-, Alters- oder FuE-Intensitäts-Struktur innerhalb der Branchen zurückgeführt werden können, sind möglicherweise staatliche Förderprogramme, die sich an spezifischen Branchen oder Technologiebereichen orientieren und häufig kooperationsfördernde Elemente beinhalten, eine Ursache für diesen Befund.

- Schließlich zeigte die Untersuchung einen **standortspezifischen Einfluß** bei der Nutzung technologieorientierter Außenbeziehungen. Die intensivere Verflechtung der Unternehmen aus einigen Untersuchungsregionen kann teilweise mit einem dichteren Besatz an geeigneten Partnern erklärt werden. Darüber hinaus bestehen jedoch offensichtlich auch nachfragespezifische Unterschiede, deren Ursachen im Rahmen der vorliegenden Untersuchung nicht geklärt werden konnten.

Durch diese multivariaten Befunde konnte der in anderen Untersuchungen bereits festgestellte Einfluß der Variablen **Größe, innerbetriebliche FuE-Intensität, Branchenzugehörigkeit und Standort** auf die Nutzung externer Know-how-Potentiale bestätigt werden. Darüber hinaus wurde das Modell der Determinanten technologiorientierter Außenbeziehungen um die Variablen **Wettbewerbsstrategie, Alter und rechtliche Abhängigkeit** erweitert. Nicht signifikant zeigte sich die in dieser Untersuchung gewählte Operationalisierung der Variable **ökonomische Abhängigkeit**.

5. Sind Unternehmen, die technologieorientierte Außenbeziehungen nutzen, erfolgreicher als vergleichbare Unternehmen ohne technologieorientierte Außenbeziehungen?

Die These, daß Unternehmen, die technologieorientierte Außenbeziehungen nutzen, innovativer und damit auch ökonomisch erfolgreicher sind als vergleichbare Unternehmen ohne entsprechende Außenbeziehungen konnte im Rahmen der wirtschaftswissenschaftlichen Forschung bisher nur anhand einzelner vergleichender Fallstudien belegt werden. Eine Untersuchung, die sich bezüglich dieses Themenbereiches auf eine breite empirische Basis stützen konnte, fehlte jedoch bisher.

In der vorliegenden Arbeit konnte durch eine multivariate Analyse erstmals auf der Grundlage einer relativ umfangreichen schriftlichen Befragung gezeigt werden, daß Unternehmen, die **intensive Informationsbeziehungen zu ihren Kunden** unterhalten, über technologiebezogene **Hochschulkontakte** verfügen oder **FuE-**

Kooperationen mit anderen Unternehmen durchführen, innovativer sind als vergleichbare Unternehmen ohne entsprechende Außenbeziehungen.

Weiterhin wurde in der Arbeit unterstellt, daß die **Qualität** der Außenbeziehungen maßgeblichen Einfluß auf das Innovationsverhalten der Unternehmen haben kann. Dieser Gedanke wird durch den sog. **Netzwerkansatz** unterstützt.

Die Effizienz von Netzwerkbeziehungen basiert auf einer weitgehenden Reduzierung der situationsspezifischen Transaktionskosten zwischen den Beteiligten. Durch die im Zeitverlauf gewonnen Erfahrungen über die Zuverlässigkeit, die Fähigkeiten und Bedürfnisse des Partners, durch wechselseitige Anpassungsprozesse, durch die Entwicklung gemeinsamer Routinen und durch den Aufbau von Vertrauen zwischen den Partnern wächst die Stabilität der Beziehung. Damit sinken die Kosten, die für die Suche nach geeigneten Partnern, für Informationen über Problemstellung oder Problemlösungspotentiale dieses Partners und für die Formulierung und Überwachung von Verträgen aufgewendet werden müssen. Kooperative Innovationsprozesse können damit innerhalb von industriellen Netzwerken schneller und effizienter durchgeführt werden als außerhalb von solchen Beziehungssystemen. Gerade die Stabilität von Netzwerken und die hohe Effizienz kooperativer Innovationsprozesse innerhalb solcher Beziehungssysteme birgt jedoch auch Gefahren. Durch die Konzentration der eigenen Entwicklungstätigkeit auf die Bedürfnisse und Anforderungen innerhalb seines Netzwerkes kann ein Unternehmen im Zeitverlauf die Fähigkeit verlieren, sich neuen Entwicklungen außerhalb seines Netzwerkes zu stellen, neue Produkte für neue Märkte zu entwickeln.

Verändern sich die Rahmenbedingungen, unter denen sich ein Netzwerk gebildet hat, besteht die Gefahr, daß die Unternehmen ihre Fähigkeiten zur Diversifikation verloren haben und in der oft nur kurzen Zeit, die für eine Neuorientierung bleibt, auch nicht mehr aufbauen können.

Für die hier durchgeführte Untersuchung zur Effizienz von Netzwerkbeziehungen wurde jedoch unterstellt, daß die positiven Effekte von technologieorientierten Außenbeziehungen im Rahmen industrieller Netzwerke auf das Innovationsverhalten der Unternehmen dominieren. Durch die empirischen Ergebnisse konnte belegt werden, daß Unternehmen, die ihre Außenbeziehungen im Rahmen **industrieller Netzwerke** unterhalten, **innovativer** sind als Unternehmen, die keine Netzwerkbeziehungen unterhalten.

Schließlich zeigte die Untersuchung, daß **innovative Unternehmen** in den vergangenen Jahren ein **höheres Umsatz- und Beschäftigtenwachstum** realisierten als andere Unternehmen.

Wie nicht zuletzt am Umfang der Zusammenfassung deutlich wird, sollte die vorliegende Arbeit Antworten auf ein breites Spektrum unterschiedlicher Fragestellungen liefern. Es war deshalb nicht möglich, alle in diesem Zusammenhang relevanten Bereiche in der gleichen Tiefe zu behandeln. Gerade hinsichtlich der Effizienzanalysen können die hier referierten Ergebnisse nur ein Ausgangspunkt für weitere vertiefende Untersuchungen sein.

So konzentrierte sich die vorliegende Arbeit stark auf Produktinnovationen, der ebenfalls relevante Bereich der **Prozeßinnovationen** wurde dagegen weitgehend ausgeblendet.

Nur ansatzweise behandelt wurde auch der **Einfluß von Netzwerken** auf die Effizienz von Innovationsprozessen. Hier bieten sich sowohl weitere quantitative Untersuchungen als auch vertiefende qualitative Fallstudien als erfolgversprechende Analysekonzepte an.

Schließlich wurde vor allem bei den persönlichen Gesprächen im Rahmen der Interviews immer wieder deutlich, daß beim Aufbau ebenso wie bei der effizienten Nutzung technologieorientierter Außenbeziehungen der **Mentalität und dem Erfahrungshorizont der handelnden Akteure** entscheidende Bedeutung zukommt. Diese Tatsache sollte in künftigen Arbeiten stärker berücksichtigt werden, als es hier möglich war.

13. Literaturverzeichnis

Abels, H.-W., 1980:
Organisation von Kooperationen kleiner und mittlerer Unternehmen mittels Ausgliederung. Frankfurt.

Adler, U.; Breitenacher, M., 1984:
Bekleidungsgewerbe. IFO-Institut für Wirtschaftsforschung (Hrsg.): Struktur und Wachstum, Reihe Industrie, Heft 37. Berlin.

Akerlof, G. A., 1970:
The Market for "Lemons": Quality Uncertainity and the Market Mechanism. Aus: Quarterly Journal of Economics, 84(1970), S. 488-500.

Albach, H., 1980:
Vertrauen in der ökonomischen Theorie. Aus: Zeitschrift für die gesamte Staatswissenschaft 136/1(1980), S. 2-11.

Albach, H., 1986:
Innovation und Imitation als Produktionsfaktoren. Aus: Bombach, G. et al. (Hrsg.): Technologischer Wandel - Analyse und Fakten. Tübingen. S. 47-63.

Albach, H., 1990:
Innovationen als Fetisch und Notwendigkeit. Aus: Albach, H. (Hrsg.): Innovationsmanagement. Theorie und Praxis im Kulturvergleich, Wiesbaden, S. 97-108.

Alchian, A. A., 1984:
Specifity, Specialization and Coalitions. Aus: Zeitschrift für die gesamte Staatswissenschaft 140(1984), S. 34-49.

Allesch, J.; Brodde, D., 1986:
Praxis des Innovationsmanagements. Planung, Durchführung und Kontrolle technischer Neuerungen in mittelständischen Unternehmen. Berlin.

Arminger, G., 1983:
Multivariate Analyse von qualitativen abhängigen Variablen mit verallgemeinerten linearen Modellen. Aus: Zeitschrift für Soziologie, 12(1983)1, S. 49-64.

Arrow, K. J., 1969:
The Organization of Economic Activity: Issues Pertinent to the Choice of Market Versus Nonmarket Allocations. Aus: The Analysis and Evaluation of Public Expenditures : The PBB-System. Joint Economic Commitee, 91st Congress, 1st Session, Vol. 1, S. 47-64.

Axelsson, B., 1988:
Informal Interfirm Cooperation Patterns - A Network Approach for Understanding Industrial Innovation. Discussion Paper, University of Uppsala.

Axelrod, R., 1987:
Die Evolution der Kooperation. München.

Baaken, T.; Simon, D., 1987:
Abnehmerqualifizierung als Instrument des Technologie-Marketing. Berlin.

Baur, C., 1990:
Make-or-Buy-Entscheidungen in einem Unternehmen der Automobilindustrie - empirische Analyse und Gestaltung der Fertigungstiefe aus transaktionskostentheoretischer Sicht. Dissertation. Ludwig-Maximilians-Universität. München.

Becher, G., et al., 1989:
FuE-Personalkostenzuschüsse: Strukturentwicklung, Beschäftigungswirkungen und Konsequenzen für die Innovationspolitik. FhG-ISI (Hrsg.). Karlsruhe, Berlin.

Becher, G.; Weibert, W., 1990:
Zwischenbilanz der einzelbetrieblichen Technologieförderung für kleine und mittlere Unternehmen in Baden-Württemberg - Endbericht, Teil 2. FhG-ISI (Hrsg.). Karlsruhe.

Beckmann, M. J., 1977:
Strukturwandel und Strukturkonstanz. Aus: Bombach, G./Gahlen, B./Ott, A.E. (Hrsg.): Probleme des Strukturwandels und der Strukturpolitik, S. 105-114, Tübingen.

Bender, D., 1984:
Außenhandel. Aus: Vahlens Kompendium der Wirtschaftstheorie und Wirtschaftspolitik, Bd. 1, 2. Auflage, S. 401ff, München.

Benisch, W., 1973:
Kooperationsfibel. 4. Auflage. Bergisch-Gladbach.

Berger, H., 1990:
Explaining Inter-Firm Cooperation and Innovation: An Embedded Transaction Cost Perspective. Aus: Fiocca, R.; Snehota, I. (Hrsg.): Research Developments In International Industrial Marketing And Purchasing. Proceedings of the 6th I.M.P. Conference. Vol. 1, Universita Bocconi, Mailand. S 123-131.

Berger, M., 1989:
Feinmechanische und optische Industrie - Strukturwandlungen und Entwicklungsperspektiven. IFO-Institut für Wirtschaftsforschung, Reihe Industrie, Heft 44, Berlin, München.

Beutel, P.; Schubö, W., 1983:
Statistik-Programm-System für die Sozialwissenschaften: SPSS 9 - Eine Beschreibung der Programmversionen 8 und 9. 4. Auflage. Stuttgart, New York.

Bidlingmeier, J., 1967:
Begriff und Formen der Kooperation im Handel. Aus: Bidlingmeier, J.; Jacobi, H.; Uherek, E. W. (Hrsg.): Absatzpolitik und Distribution, Wiesbaden.

Binnenbruck, H.-H.; Ibielski, D.; Poeche, J., 1978:
Leistungssteigerung durch Unternehmenskooperation. 2. völlig neue Auflage. Frankfurt.

Blau, P., 1968:
The Hierarchy of Authority in Organization. Aus: American Journal of Sociology, 73(1968), S. 453-467.

Bleicher, K., 1986:
Weltweite Strategien der Unternehmensakquisition und -kooperation zur Bewältigung des Markt- und Technologiewandels. Aus: Belz, Ch. (Hrsg.): Realisierung des Marketing. Band 1, Savosa, St. Gallen, S. 211-228.

BMWI (Hrsg.), 1976:
Kooperationsfibel - Zwischenbetriebliche Zusammenarbeit im Rahmen des Gesetzes gegen Wettbewerbsbeschränkungen. Bonn.

Böhme, J., 1986:
Innovationsförderung durch Kooperation. Berlin.

Bössmann, E., 1981:
Weshalb gibt es Unternehmungen? Der Erklärungsansatz von Ronald H. Coase. Aus: Journal of Institutional and Theoretical Economics. Vol. 137(1981), S. 667-674.

Bössmann, E., 1982:
Volkswirtschaftliche Probleme der Transaktionskosten. Journal of Institutional and Theoretical Economics. Vol. 138, S. 664-679.

Bössmann, E., 1983:
Unternehmungen, Märkte, Transaktionskosten: Die Koordination ökonomischer Aktivitäten. Aus: Wirtschaftswissenschaftliches Studium (WiSt), 3(1983), S. 105-111.

Bräunling, G., 1982:
Datenbankrecherchen als Hilfsmittel bei der Innovationsberatung. Aus: Nachr. f. Dokum., 33(1982), Nr. 4/5, S. 152-157.

Bräunling, G., 1986:
Publicly funded organizations assisting innovation and technology transfer in small and medium sized companies. Paper presented at the TII International Colloquium "How to help SMEs to acquire and integrate new technologies". Frankfurt, March 6-7.

Bräunling, G.; Maas, M., 1988:
Nutzung der Ergebnisse aus öffentlicher Forschung und Entwicklung. FhG-ISI (Hrsg.), Karlsruhe.

Breitenacher, M., 1981:
Textilindustrie. IFO-Instiut für Wirtschaftsforschung (Hrsg.): Struktur und Wachstum, Reihe Industrie, Heft 34. Berlin.

Brockhoff, K., 1987:
Wettbewerbsfähigkeit und Innovation. Aus: Dichtl, E.; Gerke, W.; Kieser, A. (Hrsg.): Innovation und Wettbewerbsfähigkeit. Wiesbaden. S. 53-74.

Brockhoff, K., 1989:
Forschung und Entwicklung. Planung und Kontrolle. 2. Auflage. München, Wien.

Burgess, A. R., 1984:
Vertical Integration in Petrochemicals: Part 3. An Analysis of Ten Companies. Aus: Long Range Planning 1984, S. 54-58.

Burt, D. N., 1990:
Hersteller helfen ihren Lieferanten auf die Sprünge. Aus: Harvard Manager 1(1990); S. 72-79.

Buzzell, R. D., 1983:
Is Vertical Integration Profitable? Aus: HBR, 1(1983), S. 92-102.

Buzzell, R. D.; Gale, B. T., 1989:
Das PIMS-Programm. Wiesbaden.

Cheung, S., 1969:
Transaction Costs, Risc Aversion, and the Choice of Contractual Arrangements.
Aus: Journal of Law and Economics, 12(1969), S. 23-42.

Cheung, S., 1983:
The Contractual Nature of the Firm. Aus: The Journal of Law and Economics,
26(1983), S. 1-21.

Clark, P. A., 1087:
Anglo-American Innovation. Berlin, New York.

Coase, R. H., 1937:
The Nature of the Firm. Aus: Economica N.S. 4, S. 386-405.

Contractor, F. J.; Lorange, P., 1988:
Cooperative Strategies in International Business. Massachusetts, Toronto.

Cooper, R. G., 1975:
Why New Industrial Products Fail. Aus: Industrial Marketing Management,
4(1975), S. 315-326.

Cooper, R. G., 1979:
The Dimensions od Industrial New Product Success and Failure. Aus: Journal of
Marketing, 45(1979), S. 93-103.

Diller, H.; Kusterer, M., 1988:
Beziehungsmanagement - Theoretische Grundlagen und explorative Befunde.
Aus: Marketing ZFP, 3(1988), S.211-220.

DIW (Hrsg.), 1988:
Exportgetriebener Strukturwandel bei schwachem Wachstum, Strukturbericht-
erstattung 1987, Beiträge zur Strukturforschung, Heft 103, Berlin.

Demsetz, H., 1968:
The Cost of Transacting. Aus: Quarterly Journal of Economics, 82(1968), S. 33-
53.

Donges, J. B.; Schmidt, K.-D., 1988:
Mehr Strukturwandel für Wachstum und Beschäftigung - die deutsche Wirt-
schaft im Anpassungsstau, Kieler Studien, Institut für Weltwirtschaft an der
Universität Kiel (Hrsg.). Tübingen.

Dosi, G., 1988:
The nature of the innovative process. Aus: Dosi, G.; Freeman, C.; Nelson, R.; Silverberg, G. (Hrsg.): Technical Change And Economic Theory. London, New York. S. 221-238.

Dosi, G.; Soete, L., 1988:
Technical change and international trade. Aus: Dosi, G.; Freeman, C.; Nelson, R.; Silverberg, G. (Hrsg.): Technical Change And Economic Theory. London, New York. S. 401-431.

Dumbleton, J. H., 1986:
Management of High-Technology Research and Development. Amsterdam, Oxford, New York, Tokyo.

Eickhof, N., 1982:
Strukturkrisenbekämpfung durch Innovation und Kooperation, Tübingen.

Fleischmann, G. et al., 1972:
Theorie und Praxis der Kooperation. Tübingen.

Fombrun, Ch. J., 1982:
Strategies for Network Research in Organizations. Aus: Academy of Management Review, Vol.7(1982), No 2, S. 280-291.

Foxall, G. R., 1984:
Corporate Innovation: Marketing and Strategy. New York.

Foxall, G. R., 1986:
A Conceptual Extension of the Customer-Active Paradigm. Aus: Technovation 4(1986), S. 17-27.

Freeman, C., 1982:
The Economics of Industrial Innovation. Second Edition. London.

Freeman, C.; Clark, J.; Soete, L., 1982:
Unemployment and Technological Innovation. London.

Fryxell, G. E., 1990:
Multiple Outcomes from Product R&D: Profitability Under Different Strategic Orientations. Aus: Journal of Management, 16(1990)3, S. 633-646.

Gemünden, H. G., 1980:
Effiziente Interaktionsstrategien im Investitionsgütermarketing. Aus: Marketing - Zeitschrift für Forschung und Praxis, 2(1980), S. 21-32.

Gemünden, H. G., 1981:
Innovationsmarketing: Interaktionsbeziehungen zwischen Hersteller und Verwender innovativer Investitionsgüter. Tübingen.

Gemünden, H. G., 1985:
Der Interaktionsansatz im Investitionsgütermarketing. Berlin.

Gemünden, H. G., 1988:
Success Factors of Export Marketing - A Meta-Analytic Assessment of the Empirical Studies. Aus: Turnbull, P.; Paliwoda, St. (Hrsg.): Research Developments in International Marketing, Proceedings of the Fourth IMP-Conference in Manchester. Manchester.

Gemünden, H. G., 1989:
Pflege und Unterhaltung von kundennahen Geschäftsbeziehungen. Aus: Albers, S.; Kahle, E.; Perlitz, M. (Hrsg.): Tagungsband zum ersten Lüneburger Mittelstandssymposium. Stuttgart.

Gemünden, H. G., 1990(a):
Innovation by Cooperation. Discussion Paper. Universität Karlsruhe, Institut für Angewandte Betriebswirtschaftslehre und Unternehmensführung.

Gemünden, H. G., 1990(b):
Innovationen in Geschäftsbeziehungen und Netzwerken. Discussion Paper. Universität Karlsruhe, Institut für Angewandte Betriebswirtschaftslehre und Unternehmensführung.

Gemünden, H. G., 1991:
Erfolgsfaktorendes Exportmarketings. Aus: Paliwoda, S. (Hrsg.): New Perspectives In International Marketing. London.

Gemünden, H. G.; Heydebreck, P.; Herden, R., 1990:
Technological Interweavment and Innovation Success. Handout for the 6. IMP Conference. Milano, Sept. 24. - 26.

Gerlach, K.; Schmidt, E. M., 1989:
Unternehmensgröße und Entlohnung. Aus: Mitteilungen aus der Arbeitsmarkt- und Berufsforschung, 3(1989), S. 355-373.

Gerlach, M., 1987:
Business alliances and the strategy in Japanese firm. Aus: California Management Review, 1(1987),S. 126-142.

Gerstenberger, W. et al., 1988:
Wettbewerbsfähige Strukturen gestatten Expansionspolitik - Strukturberichter-
stattung 1987, Kernbericht - Schriftenreihe des Ifo-Instituts für Wirtschaftsforschung (Hrsg.) Nr. 120, Berlin, München.

Gerth, E., 1971:
Zwischenbetriebliche Kooperation. Stuttgart.

Gerybadze, A., 1982:
Innovation, Wettbewerb und Evolution. Tübingen.

GEWOS; GfAH; WSI (Hrsg.), 1988:
Strukturwandel und Beschäftigungsperspektiven der Metallindustrie an der
Ruhr. Ergebnisbericht. Hamburg.

Geyer, H., 1980:
Öffentliche Güter. Aus: Albers, W. et al., (Hrsg.): Handwörterbuch der Wirt-
schaftswissenschaften (HdWW); Fünfter Band, S. 419-432, Stuttgart, New York,
Tübingen, Göttingen, Zürich.

Grabher, G., 1988:
Unternehmensnetzwerke und Innovation. Veränderungen in der Arbeitsteilung
zwischen Groß- und Kleinunternehmen im Zuge der Umstrukturierung der
Stahlindustrie (Ruhrgebiet) und der chemischen Industrie (Rhein/Main). Discussion Paper WZB, ISSN 1011-9523. Berlin.

Grabher, G., 1989:
Zwischen Markt und Hierarchie. Aus: WZB-Mitteilungen, Heft 44 (1989), S. 19-
22.

Grabher, G., 1990(a):
Netzwerke statt Stahlwerke. Der Umbau des Montankomplexes im Ruhrgebiet.
Aus: WZB-Mitteilungen, Heft 47 (1990), S. 3-5.

Grabher, G., 1990(b):
The Weakness of Strong Ties: The Ambivalent Role of Inter-Firm Cooperation
in the Decline and Reorganization of the Ruhr. Discussion Paper presented
WZB-Workshop: "Networks - On the Socio-Economics of Inter-Firm Cooperation" at the WZB 11.-13.6. Berlin.

Granovetter, M. S., 1973:
The Strength of Weak Ties. Aus: American Journal of Sociology, Vol.78(1973)
No 6, S. 1360-1380.

Grefermann, K., 1980:
Druckerei und Vervielfältigungsindustrie. Ifo-Institut für Wirtschaftsforschung (Hrsg.), Struktur und Wachstum, Reihe Industrie, Band 32. Berlin.

Grefermann, K., 1986:
Papier- und Pappeverarbeitung. Ifo-Institut für Wirtschaftsforschung (Hrsg.), Struktur und Wachstum, Reihe Industrie, Band 41. Berlin.

Griesmeier, J., 1961:
Statistische Erhebung. Aus: von Beckerath, E. et. al. (Hrsg.): Handwörterbuch der Sozialwissenschaften. Band 3, S. 300-304. Tübingen, Göttingen.

Grossekettler, H., 1978:
Die volkswirtschaftliche Problematik von Vertriebskooperationen. Aus: Zeitschrift für das gesamte Genossenschaftswesen, 28(1978)1, Göttingen, S. 325-374.

Hägg, I.; Wiedersheim-Paul, F., 1984:
Between Market And Hierarchy. Uppsala.

Härtel, H.-H. et al., 1988:
Analyse der strukturellen Entwicklung der deutschen Wirtschaft - Strukturbericht 1987, Veröffentlichung des HWWA, Hamburg.

H kansson, H., 1982:
International Marketing and Purchasing of Industrial Goods. Chichester.

H kansson, H., 1987:
Industrial Technological Development. Sydney, Dover, New Hampshire.

H kansson, H., 1989:
Corporate Technological Behaviour. Co-Operation and Networks. London, New York.

H kansson, H.; Johanson, J., 1984:
Heterogenity In Industrial Markets And Its Implications For Marketing. Aus: Hägg, I.; Wiedersheim-Paul, F. (Hrsg.): Between Market And Hierarchie. Uppsala, S. 7-14.

H kansson, H.; Johanson, J., 1988:
Formal and Informal Cooperation Strategies in International Industrial Networks. Aus: Contractor, F.J.; Lorange, P. (Hrsg.): Cooperative Strategies in International Business. Lexington.

H kansson, H.; Laage-Hellman, J., 1984:
Developing a Network R+D Strategy. Aus: Journal of Product Innovation Management, Vol.1, No 4, S. 224-237.

Hamfelt, C.; Lindberg, A.-K., 1987:
Technological Development And The Individual's Contact Network. Aus. H-kansson, H. (Hrsg.): Industrial Technological Development - A Network Approach. London, Sydney, Dover, New Hampshire.

Harrigan, K. R., 1986:
Matching Vertical Integration Strategies to Competitive Conditions. Aus: Strategic Management Journal 1986, S. 535-555.

Harrigan, K. R., 1988:
Strategic Alliances and Partner Asymmetries. In: Management Internation Review. MIR Special Issue. S. 53-72.

Hayashi, K., 1988:
The Economies of Networking - Implications for Telecommunications Liberalization. Discussion Paper, Boston.

Hellgren, B.; Stjernberg, T., 1987:
Networks : An Analytical Tool for Understanding Complex Desicion Processes. Aus: International Studies of Management and Organization, Vol.17, No 1, S. 88-100.

Henfling, M., 1981:
Theorie technischer Innovationen in der industriellen Fertigung. Würzburg.

Herden, R., 1990:
Die Bedeutung der zwischen- und überbetrieblichen Zusammenarbeit als Voraussetzung für das Entstehen und die Entwicklung innovativer Produkte und Prozesse. Eine Untersuchung am Beispiel der feinmechanischen und optischen Industrie Baden-Württembergs. FhG-ISI (Hrsg.). Karlsruhe.

Hess, W.; Tschirky, H.; Lang, P. (Hrsg.), 1989:
Make or Buy. Zürich.

Heydebreck, P., 1990:
Seed Capital in Schweden. FhG-ISI (Hrsg.). Karlsruhe.

Hinterhuber, H., 1982:
Wettbewerbsstrategie. Berlin, New York.

Hirschman, A. O., 1970:
Exit, Voice, and Loyalty - Responses to Decline in Firms, Organizations and States. Cambridge, London.

Hirshleifer, J., 1973:
Where Are We in the Theory of Information? Aus: American Economic Review, 63(1973), S. 31-39.

Hübner, T., 1987:
Vertikale Integration in der Automobilindustrie - Anreizsystem und wettbewerbspolitische Beurteilung. Berlin.

Hull, Ch.; Hjern, B., 1987:
Helping Small Firms Grow. London, New York, Sydney.

Jarillo, J. C., 1986:
On Strategic Networks. Documento de Investigacion No 112 - Instituto de Estudios Superiores de la Empresa, Barcelona.

Jarillo, J. C.; Ricart, J. E., 1986:
Sustaining Networks. Documento de Investigacion No 115 - Instituto de Estudios Superiores de la Empresa, Barcelona.

Jewkes, J.; Sawers, D.; Stillerman, R., 1962:
The Sources of Invention. London.

Johanson, J., 1989:
Business Relationships And Industrial Networks. Department of Business Studies Uppsala University (Hrsg.): Reprint Series 7(1989), S. 65-80.

Johanson, J.; Mattsson, L. G., 1985:
Marketing Investments and Market Investments in Industrial Networks. Aus: International Journal of Research and Marketing 2 (1985), S. 185-195.

Johanson, J.; Mattson, L. G., 1987:
Interorganizational Relations in Industrial Systems: A Network Approach Compared with the Transaction-Cost Approach. In: International Studies of Management and Organization, Vol. 17, No. 1, S. 34-48.

Kaluza, B., 1989:
Wettbewerbsstrategien und neue Technologien. Diskussionsbeiträge des Fachbereichs Wirtschaftswissenschaft der Universität - Gesamthochschule - Duisburg, Nr. 122.

Kappich, L., 1989:
Theorie der internationalen Unternehmungstätigkeit. München.

Koehn, G., 1973:
Betriebliche Kooperation. Ittingen b. B.

Kranüchel, R., 1986:
Kooperation auf homogenen und heterogenen Oligopolmärkten. Bergisch Glad-
bach.

Küffner, H.; Wittenberg, R., 1985:
Datenanalysesysteme für statistische Auswertungen. Eine Einführung in SPSS,
BMDP und SAS. Stuttgart, New York.

Kumpe, T.; Bolwijn, P. T., 1988:
Manufacturing: The New Case for Vertical Integration. Aus: HBR 2(1988), S.
75-81.

Kumpe, T.; Bolwijn, P. T., 1989:
Vertikale Integration I: Ein altes Konzept macht wieder Sinn. Aus: Harvard
Manager 1(1989), S. 73-80.

Kunz, H., 1985:
Marktsystem und Information. Tübingen.

Laage-Hellman, J., 1989:
Technological Development In Industrial Networks. Uppsala.

Lachmann, L. M., 1986:
The Market as an Economic Process. Oxford.

Lay, G.; Wengel, J., 1989:
Wirkungsanalyse der indirekt - spezifischen Förderung zur betrieblichen Anwendung von CAD/CAM-Systemen im Rahmen des Programms Fertigungstechnik
1984 - 1988. FhG-ISI (Hrsg.). Karlsruhe.

Lazonick, W., 1981:
Competition, Specialization, and the Industrial Decline. Aus: Journal of Economic History, 41(1981), S. 31-38.

Lundvall, B. A., 1988:
Innovation as an interactive process: from user-producer interaction to the national system of innovation. Aus: Dosi, G.; Freeman, C.; Nelson, R.; Silverberg, G. (Hrsg.): Technical Change And Economic Theory. London, New York. S. 349-369.

Lyles, M. A., 1988:
Learning Among Joint Venture Sophisticated Firms. In: Management International Review. MIR Spezial Issue. S. 85-97.

Maas, C., 1990:
Determinanten betrieblichen Innovationsverhaltens. Theorie und Empirie. Berlin.

Männel, W., 1981:
Die Wahl zwischen Eigenfertigung und Fremdbezug. 2.Auflage. Stuttgart.

Männel, W., 1983:
Wenn Sie zwischen Eigenfertigung oder Fremdbezug entscheiden müssen... Aus: Management Zeitschrift, 10(1983), S. 301-307.

Maizels, A., 1963:
Industrial Growth and World Trade, World Trends in Production, Consumption and Trade in Manufactures, Cambridge.

Malhotra, N. K., 1984:
The Use of Linear Logit Models in Marketing Research. Aus: Journal of Marketing Research, 21(1984), S. 20-31.

Mattsson, L.-G., 1985:
An Application of a Network Approach to Marketing: Defending And Changing Market Positions. Aus: Dholakia, N.; Arndt, J. (Hrsg.): Changing the Course of Marketing: Alternative Paradigms for Widening Marketing Theory. Greenwich, London.

Mensch, G., 1975:
Das technologische Patt. Frankfurt.

Meyerhöfer, W., 1980:
Kooperation im Groß- und Außenhandel - Entwicklungsstand, Problembereiche, Perspektiven. Berlin.

Meyer-Krahmer, F.; Walter, G. H., 1982:
Barriers to international cooperation between firms in the field of industrial research and development. Karlsruhe.

Meyer-Krahmer, F.; Gielow, G.; Kuntze, U. 1984:
Wirkungsanalyse der Zuschüsse für Personal in Forschung und Entwicklung. Karlsruhe.

Meyer-Krahmer, F. et al., 1984:
Erfassung regionaler Innovationsdefizite. Band 54 der Schriftenreihe "Raumordnung" des Bundesministerium für Raumordnung und Städtebau. Bonn.

Ministerium für Wirtschaft, Mittelstand und Technologie (Hrsg.), 1988:
Schwerpunkte künftiger Technologieentwicklungen, Stuttgart.

Michaelis, E., 1985:
Organisation unternehmerischer Aufgaben - Transaktionskosten als Beurteilungskriterium. Frankfurt a.M., Bern, New York.

Miller, D.; Mintzberg, H., 1988:
The Case for Configuration. Aus: Quinn, J. B.; Mintzberg, H.; James, R. M. (Hrsg.): The Strategy Process. Concepts, Contexts, and Cases. Englewood Cliffs. S. 518-523.

Mintzberg, H., 1988:
Strategy-Making in Three Modes. Aus: Quinn, J. B.; Mintzberg, H.; James, R. M. (Hrsg.): The Strategy Process. Concepts, Contexts, and Cases. Englewood Cliffs. S. 82-88.

Mittag, H., 1985:
Technologiemarketing. Bochum.

Morphet, C., 1987:
Research, Development and Innovation in the Segmented Economy - Spatial Implications. Aus: Van der Knaap, B.; Wever, E. (Hrsg.), 1987: New Technology and Regional Development. London.

Mortsiefer, J.; Grans, K., 1981:
Zur Gestaltung und Streuung sachlicher Informationsmittel über leistungssteigernde Maßnahmen für mittelständische Betriebe. Beiträge zur Mittelstandsforschung, Heft 67. Göttingen.

Naujoks, W.; Pausch, R., 1977:
Kooperationsverhalten in der Wirtschaft. Göttingen.

Nelson, P., 1970:
Information and Consumer Behavior. Aus: Journal of Political Economy, 78(1970), S. 311-329.

Nelson, P., 1974:
Advertising as Information. Aus: Journal of Political Economy, 82(1974), S. 729-754.

Nelson, P., 1981:
Consumer Information and Advertising. Aus: Galatin, M.; Leiter, R. D. (Hrsg.), Economics of Information. Boston.

Nelson, R.; Winter, S. G., 1983:
An Evolutionary Theory of Economic Change. Cambridge, London.

North, D. C.; Thomas, R. P., 1973:
The Rise of the Western World. A New Economic History. Cambridge University Press. Cambridge.

OECD (Hrsg.), 1976:
The Measurement of Scientific And Technical Activities - "Frascati Manual". Paris.

Oppenländer, K. H., 1983:
Schrumpfende, stagnierende und expandierende Branchen der deutschen Industrie. Aus: IfO-Schnelldienst Nr. 12, S. 5-11.

o.V., 1990:
Junge Unternehmer zum Spannungsfeld zwischen Mittelstand und Großunternehmen. Aus: Magazin Wirtschaft, 4(1990), S. 44.

Pennings, J. M., 1980:
Environmentals Influences on the Creation Process. Aus: Kimberley, J. R. et al. (Hrsg.): The Organizational Life Cyrcle. San Francisco.

Penzkofer, H.; Schmalholz, H., 1990:
Zwanzig Jahre Innovationsforschung im Ifo-Institut und zehn Jahre Ifo-Innovationstest. Aus: Ifo-Institut für Wirtschaftsforschung (Hrsg.): Ifo-Schnelldienst 14(1990), S. 14-22.

Pfeiffer, W.; Dögl, R., 1986:
Das Technologie-Portfolio-Konzept zur Beherrschung der Schnittstelle Technik und Unternehmensstrategie. Aus: V. Hahn, D.; Taylor, R. (Hrsg.): Strategische Unternehmensplanung - Stand und Entwicklungstendenzen, 4. Auflage. Heidelberg, Wien, S. 149-177.

Pfeiffer, W.; Weiss, E. (Hrsg.), 1990:
Technologiemanagement. Göttingen.

Picot, A., 1982:
Transaktionskostenansatz in der Organisationstheorie: Stand der Diskussion und Aussagewert. Aus: Die Betriebswirtschaft, 42(1982), S. 267-284.

Picot, A.; Reichwald, H.; Schönecker, H., 1985a und 1985b:
Eigenerstellung oder Fremdbezug von Organisationsleistungen - Ein Problem der Unternehmensführung. Aus: Office Management, 9(1985) und 10(1985), S. 818-821 und S. 1029-1034.

Picot, A.; Laub, U.-D.; Schneider, D., 1989:
Innovative Unternehmensgründungen. Berlin, Heidelberg, New York, London, Paris, Tokyo.

Pieper, A., 1986:
Produktionskraft Information. Aus: Beiträge zur Gesellschaft und Bildungspolitik 119, Institut der deutschen Wirtschaft (Hrsg.). Köln.

Piore, M. J.; Sabel, C. F., 1985:
Das Ende der Massenproduktion. Berlin.

Porter, M. E., 1985:
Wettbewerbsstrategie. 3. Auflage. Frankfurt.

Porter, M. E., 1986:
Wettbewerbsvorteile. Frankfurt.

Porter, M. E./Fuller, M. B., 1986:
Coalitions and Global Strategy. Aus: Porter, M. E. (Hrsg.): Competition in Global Industries. Boston.

Rammert, W., 1988:
Das Innovationsdilemma. Opladen.

Rapp, F., 1981.
Analytikal Philosophy of Technology. Dordrecht.

Reinhard, E., 1990:
Die internationale Wettbewerbsfähigkeit einer Volkswirtschaft. Aus: Hochschulnachrichten aus der Wissenschaftlichen Hochschule für Unternehmensführung Koblenz, 5(1990)13, S. 10-15.

Richardson, G. B., 1972:
The Organisation of Industry. Aus: Economic Journal, 82(1972), S. 883-896.

Richter, R., 1987:
Geldtheorie, Kap. 3, Berlin, Heidelberg.

Robra, R., 1976:
Möglichkeiten und Grenzen vertikaler Kooperationen - Dargestellt an der absatzwirtschaftlichen Zusammenarbeit zwischen Industrie und Handel im Markenartikel-Konsumgüterbereich. Karlsruhe.

Rogers, E. M.; Shoemaker, F. F., 1971:
Communication of Innovations, A Cross-Cultural Approach. 2.Auflage. New York, London.

Rogers, E. M.; Kincaid, D. L., 1981:
Communication Networks. New York, London.

Rohe, C., 1980:
Technologietransfer durch Industrie-Lizenzen. Berlin.

Rotering, C., 1990:
Forschungs- und Entwicklungskooperationen zwischen Unternehmen. Stuttgart.

Rothwell, R., 1974:
Sappho Updated: Project Sappho Phase II. Aus: Research Policy 3(1974).

Rothwell, R., 1976:
Innovation in the UK Textile Machinery Industry: The Results of a Postal Questionaire Survey. Aus: R & D Management 6(1976), S. 131-138.

Rothwell, R., 1987:
External Information, Interfirm Linkages And Innovation In Small And Medium-Sized-Firms. Discussion Paper, University of Sussex.

Rothwell, R.; Beesley, W., 1988:
Patterns of External Linkages of Innovative Small and Medium-Sized-Firms in the United Kingdom. In: Small Business, Piccola Impreso, 2(1988), S. 15-31.

258

Rühle v. Lilienstern, H., 1974:
Konkurrenzfähiger durch bessere Informationen, Grundlagen zur Entscheidungspraxis in der Unternehmung. Berlin.

RWI (Hrsg.), 1987:
Analyse der strukturellen Entwicklung der deutschen Wirtschaft. Strukturbericht 1987. Band 1: Gesamtdarstellung. Essen.

Sabel, C. F. et al., 1986:
Regional Prosperities Compared: Massachusetts and Baden-Württemberg in the 1980's. Discussion Paper, IIM/LMP 87-10b, Wissenschaftszentrum Berlin für Sozialforschung (Hrsg.).

Schedl, H., 1980:
Die feinmechanische und optische Industrie aus der Sicht der siebziger Jahre. IFO-Institut für Wirtschaftsforschung, Reihe Industrie Heft 31, Berlin/München.

Schmalholz, H.; Scholz, L., 1986:
Innovationsdynamik der deutschen Industrie in den achtziger Jahren. IFO-Institut für Wirtschaftsforschung (Hrsg.), München.

Schmid, G.; Deutschmann, Ch.; Grabher, G., 1988:
Die neue institutionelle Ökonomie. Komentare aus politologischer und historischer Perspektive institutioneller Arbeitsmarkttheorie. Discussion Paper WZB, ISSN 1011-9523. Berlin.

Schmidt, R., 1987:
The Broker Always Rings Twice. Aus: Cogito, 3(1987), S. 56-60.

Schmidt, R., 1988:
Der Modellversuch Informationsvermittlung. Erwartungen, Ergebnisse, Erfahrungen. Aus: Strohl-Goebel, H. (Hrsg.): Von der Information zum Wissen - vom Wissen zur Information: traditionelle Informationssysteme für Wissenschaft und Praxis. Deutscher Dokumentartag 1987, Bad Dürkheim.

Schneider, D., 1973:
Unternehmungsziele und Unternehmungskooperation. Wiesbaden.

Schneider, D., 1989:
Strategische Aspekte für das Controlling von Eigenfertigung und Fremdbezug. Aus: Controller Magazin, 1989, S. 153-155.

Schumpeter, J. A., 1928:
Unternehmer. Aus. Handwörterbuch der Staatswissenschaften 8, 4.Auflage, Jena, S. 476-487.

Schumpeter, J. A., 1942:
Capitalism, Socialism and Democracy. New York.

Science Policy Research Unit (Hrsg.), 1972:
Success and Failure in Industrial Innovation. London.

Science Policy Research Unit (Hrsg.), 1976:
Innovation in Textile Machinery. Sussex.

Semlinger, K., 1989:
Fremdleistungsbezug als Flexibilitätsreservoir. Unternehmenspolitische und arbeitspolitische Risiken in der Zulieferindustrie. Aus: WSI Mitteilungen 9(1989), s. 517-525.

Semlinger, K., 1990:
New Developments In Subcontracting - Mixing Market And Hierarchy. Paper prepared for the EAEPE conference "Rethinking Economics: Theory and Policy for Europe in the 21th Century", 15th-17th November 1990, Florence, Italy.

Servatius, H.-G., 1985:
Methodik des strategischen Technologie-Managements. Grundlagen für erfolgreiche Innovation. Berlin.

Sölter, A., 1966:
Grundzüge industrieller Kooperationspolitik. Aus: Wirtschaft und Wettbewerb, 3(1966), S. 223-262.

Spiller, P. T.; Teubal, H., 1977:
Analysis of R&D Failure. Aus: Research Policy 6(1977).

Statistisches Bundesamt (Hrsg.), 1981 bis 1988:
Beschäftigung, Umsatz und Energieversorgung der Unternehmen und Betriebe im Bergbau und im Verarbeitenden Gewerbe, Produzierendes Gewerbe, Fachserie 4, Stuttgart/Mainz.

Statistisches Landesamt (Hrsg.), 1981 bis 1988:
Statistik von Baden-Württemberg, Verarbeitendes Gewerbe, Stuttgart.

Staub, K., 1976:
Die Unternehmenskooperation für Produktinnovationen. Schriftenreiche des Instituts für betriebswirtschaftliche Forschung an der Universität Zürich. Band 15. Bern. Stuttgart.

Staudt, E., 1989:
Innovationsforschung 1989. Berichte aus der Angewandten Innovationsforschung. Nr. 71. Bochum.

Straube, M., 1972:
Zwischenbetriebliche Kooperation. Wiesbaden.

Strothmann, K.-H., 1984:
Anwendung der Mirkoelektronik in kleinen und mittleren Unternehmen. Ergebnisse einer Primärerhebung. Würzburg.

Täger, C., 1988:
Technologie- und wettbewerbspolitische Wirkungen von Forschungs- und Entwicklungs-(FuE-)Kooperationen - Eine empirische Darstellung und Analyse. IFO-Institut für Wirtschaftsforschung (Hrsg.), München.

Taylor, M., 1987:
Enterprise and the Produkt-Cycle Model: Conceptual Ambiguities. Aus: Van der Knaap, B.; Wever, E. (Hrsg.), 1987: New Technology and Regional Development. London.

Taylor, M.; Thrift, N., 1983:
Business Organization, Segmentation and Location. Aus: Regional Studies, 17(1983)6, S. 445-465.

Tödtling, F., 1990:
Räumliche Differenzierung betrieblicher Innovation. Erklärungsansätze und empirische Befunde für österreichische Regionen. Berlin.

Trommsdorff, V. (Hrsg.), 1990:
Innovationsmanagement. München.

Uhlmann, L., 1978:
Der Innovationsprozeß in westeuropäischen Industrieländern, Band 2: Der Ablauf industrieller Innovationsprozesse. Berlin, München.

Urban, S.; Vendemini, S., 1986:
Entreprises allemandes et coop ration industrielle l' chelle europ enne. Etudes et recherches du Plan, No 2, la Documentation Francaise. Paris.

Urban, S.; Vendemini, S., 1988:
Les entreprises industrielles italiennes et la coop ration internationale. CESAG,
Universit Robert Schuman (Hrsg.), Straßburg.

Utterback, J., 1971:
The Process of Innovation: A Study of the Origination and Development of
Ideas for New Scientific Instruments. Aus: IEEE Transactions on Engineering
Management, 18(1971), S. 124-131.

Utterback, J. M. et al., 1977:
The Process of Innovation in Five Industries in Europe and Japan. Aus: Stro-
etmann, K. (Hrsg.): Innovation, Economic Change and Technology Policies,
Basel, S. 251-265.

Vanberg, V., 1976:
Unternehmenskooperation - Ergebnisse einer Befragung. Münster.

van Wyk, R., 1988:
Management of Technology: New Frameworks. Aus: Technovation, 7(1988), S.
341-351.

von Hippel, E., 1976:
The dominant role of users in the scientific instrument innovation process. Aus:
Research Policy 5 (1976), S. 212-239.

von Hippel, E., 1977(a):
The dominant role of the user in semiconductor and electronic subassembly
process innovation. Aus: IEEE Transaction on Engineering Management
2(1977), S. 60-71.

von Hippel, E., 1977(b):
Transfering process equipment innovations from user - innovation to equipment
firms. Aus: R&D Management 8(1977) 1, S. 13-22.

von Hippel, E., 1978(a):
A customer-active paradigm for industrial idea generation. Aus: Research Policy
7 (1978), S. 240-266.

von Hippel, E., 1978(b):
Successful industrial products from customer ideas. Aus: Journal of Marketing
(January 1978), S. 39-49.

von Hippel, E., 1980:
The user's role in industrial innovation. Aus: TIMS Studies in the Management Sciences 15 (1980), S. 53-65.

von Hippel, E., 1982(a):
Get new products from customers. Aus: Harvard Business Review 60(1982), S. 117-122.

von Hippel, E., 1982(b):
Appropriability of innovation benefit as a predictor of the source of innovation. Aus: Research Policy 11(1982), S. 92-115.

von Hippel, E., 1986:
Lead users: A source of novel product concepts. Aus: Management Science 32(1986) 7, S. 791-805.

von Hippel, E., 1988:
The sources of innovation. New York.

Wallis, J. J.; North, D. C., 1986:
Measuring the Transaction Sector in the American Economy 1870 - 1970. Aus: Engermann, St. L.; Gallman, R. E. (Hrsg.), Long-Term Factors in American Economic Growth. Chicargo, London.

Weder, R., 1990:
Internationale Unternehmungskooperation: Stabilitätsbedingungen von Jonit Ventures. Aus: Aussenwirtschaft, 45(1990), Heft II, S. 267-291.

Wegehenkel, L., 1980:
Transaktionskosten. Wirtschaftssystem und Unternehmertum. Tübingen.

Wegehenkel, L., 1981:
Gleichgewicht, Transaktionskosten und Evolution. Tübingen.

Weitzel, G., 1987:
Kooperation Wissenschaft - mittelständische Unternehmen. Selbsthilfe der Unternehmen auf regionaler Basis meist noch ohne operationales Konzept. Aus: IFO-Schnelldienst, 10-11/1987, S. 20-29.

Williamson, O. E., 1974:
Economics of Discretionary Behaviour: Managerial Objectives in a Theory of the Firm. London.

Williamson, O. E., 1975:
Markets and Hierarchies: Analysis and Antitrust Implications. A Study in the Economics of Internal Organization. London, New York.

Williamson, O. E., 1979:
Transaction-Cost Economies: The Governance of Contractual Relations. Aus: Journal of Law and Economics, 22(1979), S. 233-261.

Williamson, O. E., 1981:
The Economics of Organization: The Transaction-Cost Approach. Aus: American Journal of Sociology, 87(1981), S. 548-577.

Williamson, O. E., 1985:
The Economic Institutions of Capitalism. London, New York.

Williamson, O. E., 1986:
Economic Organization. Brighton.

Wilson, J. A., 1980:
Adaption to Uncertainty and Small Numbers Exchange: The New England Fresh Fish Market. Aus: Bell Journal of Economics, 11(1980), S. 491-504.

Witte, E., 1988:
Innovationsfähige Organisation. Aus: Witte, E. et al. (Hrsg.): Innovative Entscheidungsprozesse. Die Ergebnisse des Projektes "Columbus", Tübingen, S. 144-161.

Zörgiebel, W., 1983:
Technologie in der Wettbewerbsstrategie. Strategische Auswirkungen technologischer Entscheidungen untersucht am Beispiel der Werkzeugmaschinenindustrie. Berlin.

Anhang

Überblick über die Gütemaße der mit Hilfe der logistischen Regression entwickelten Modelle:

Abhängige Variable	Chi-Quadrat	Freiheitsgrade	Signifikanz
"Beschäftigtenwachstum"	126.267	10	.0000
"Umsatzwachstum"	54.504	8	.0000
"Technische Innovationsrate"	149.425	19	.0000
"Ökonomische Innovationsrate"	216.256	8	.0000
"Informationsbeziehungen"	173.628	16	.0000
"Informationsbeziehungen mit Zulieferern"	126.303	13	.0000
"Informationsbeziehungen mit Kunden"	115.804	15	.0000
"Informationsbeziehungen mit Konkurrenten"	68.091	8	.0000
"Hochschulkontakte"	261.525	16	.0000
"Auftragsforschung an Hochschulen"	139.419	10	.0000
"FuE-Kooperationen mit Hochschulen"	162.616	17	.0000
"FuE-Kooperationen mit anderen Unternehmen"	89.871	14	.0000
"FuE-Kooperationen mit Zulieferern"	81.250	12	.0000
"FuE-Kooperationen mit Kunden"	61.833	13	.0000
"FuE-Kooperationen mit Konkurrenten"	65.632	14	.0000
"Beratung im Bereich P./T."	126.267	4	.0000

Matrix der Korrelationskoeffizienzen

	Strategie	PuE-Intensität	Größe	Alter	Branche	Konzern-zugehö-rigkeit	Abh. Kunde	Abh. Zulie-ferer	ökonom. Innova-tions-erfolg	Informa-tionsbez. zu Kun-den	techn. Innova-tions-erfolg	Hoch-schul-kontakte	PuE-Koopera-tionen
Strategie	1.0000	.0851*	.2126**	.0575*	-.0125	-.0846**	-.0229	-.0031	.0890**	.1142**	.1538**	.1509**	.0789**
PuE-Intensität	.0851*	1.0000	.2365**	-.0357	.0117	-.1631**	-.0996*	-.1841**	.3131**	.1778**	.3461**	.2828**	.1957**
Größe	.2126**	.2365**	1.0000	.3555**	.0786**	-.3312**	-.1467**	-.1877**	.0811**	.2137**	.1992**	.4058**	.2158**
Alter	.0575*	-.0357	.3555**	1.0000	.1670**	-.0427	-.1577**	-.1059**	-.1222**	.0071	-.1565**	.1180**	-.0199
Branche	-.0125	.0117	.0786**	.1670**	1.0000	-.0519	-.1199**	-.0876**	-.0317	-.0326	-.0891*	.0364	-.0451
Konzernzuge-hörigkeit	-.0846**	-.1631**	-.3312**	-.0427	-.0519	1.0000	.0342	.0253	-.0239	-.1080**	-.0789*	-.2624**	-.1899**
Abh. Kunde	-.0229	-.0996*	-.1467**	-.1577**	-.1199**	.0342	1.0000	.3347**	.0606*	.0087	.0491	-.0689*	.0119
Abh.Zulieferer	-.0031	-.1841**	-.1877**	-.1059**	-.0876**	.0253	.3347**	1.0000	-.0082	-.0535	-.0642	-.1009**	-.0307
ökonomischer Innovations-erfolg	.0890**	.3131**	.0811**	-.1222**	-.0317	-.0239	.0606*	-.0082	1.0000	.1258**	.4364**	.1313**	.1489**
Informations-beziehung zu Kunden	.1142**	.1778**	.2137**	.0071	-.0326	-.1080**	.0087	-.0535	.1258**	1.0000	.1990**	.1738**	.1465**
Technischer Innovations-erfolg	.1538**	.3461**	.1992**	-.1565**	-.0891*	-.0789*	.0491	-.0642	.4364**	.1990**	1.0000	.3054**	.2475**
Hochschulkon-takte	.1509**	.2828**	.4058**	.1180**	.0364	-.2624**	-.0689*	-.1009**	.1313**	.1738**	.3054**	1.0000	.3051**
PuE-Koopera-tionen	.0789**	.1957**	.2158**	-.0199	-.0451	-.1899**	.0119	-.0307	.1489**	.1465**	.2475**	.3051**	1.0000

* - Signif. LE .05
** - Signif. LE .01

Wirtschaftswissenschaftliche Beiträge

Band 28: Ingo Heinz und
Renate Klaaßen-Mielke
**Krankheitskosten durch
Luftverschmutzung**
1990. 147 Seiten. Brosch. DM 55,-
ISBN 3-7908-0471-1

Band 29: Brigitte Kalkofen
**Gleichgewichtsauswahl in
strategischen Spielen**
1990. 214 Seiten. Brosch. DM 65,-
ISBN 3-7908-0473-8

Band 30: Klaus G. Grunert
**Kognitive Strukturen in der
Konsumforschung**
1990. 290 Seiten. Brosch. DM 75,-
ISBN 3-7908-0480-0

Band 31: Stefan Felder
**Eine neo-österreichische
Theorie des Vermögens**
1990. 118 Seiten. Brosch. DM 49,-
ISBN 3-7908-0484-3

Band 32: Götz Uebe (Hrsg.)
Zwei Festreden Joseph Langs
1990. 116 Seiten. Brosch. DM 55,-
ISBN 3-7908-0487-8

Band 33: Uwe Cantner
**Technischer Fortschritt, neue Güter
und internationaler Handel**
1990. 289 Seiten. Brosch. DM 75,-
ISBN 3-7908-0488-6

Band 34: Wolfgang Rosenthal
**Der erweiterte Maskengenerator
eines Software-Entwicklungs-
Systems**
1990. 275 Seiten. Brosch. DM 75,-
ISBN 3-7908-0492-4

Band 35: Ursula Nessmayr
Die Kapitalsituation im Handwerk
1990. 177 Seiten. Brosch. DM 59,-
ISBN 3-7908-0495-9

Band 36: Henning Wüster
**Die sektorale Allokation von Arbeits-
kräften bei strukturellem Wandel**
1990. 148 Seiten. Brosch. DM 55,-
ISBN 3-7908-0497-5

Band 37: Rudolf Hammerschmid
**Entwicklung technisch-wirtschaftlich
optimierter regionaler Entsorgungs-
alternativen**
1990. 239 Seiten. Brosch. DM 68,-
ISBN 3-7908-0499-1

Band 38: Peter Mitter /
Andreas Wörgötter (Hrsg.)
Austro-Keynesianismus
1990. 102 Seiten. Brosch. DM 55,-
ISBN 3-7908-0514-9

Band 39: Alfred Katterl/
Kurt Kratena
**Reale Input-Output Tabelle
und ökologischer Kreislauf**
1990. 114 Seiten. Brosch. DM 55,-
ISBN 3-7908-0515-7

Band 40: Anette Gehrig
**Strategischer Handel und seine
Implikationen für Zollunion**
1990. 174 Seiten. Brosch. DM 65,-
ISBN 3-7908-0519-X

Band 41: Gholamreza
Nakhaeizadeh/
Karl-Heinz Vollmer (Hrsg.)
**Anwendungsaspekte von
Prognoseverfahren**
1990. 169 Seiten. Brosch. DM 59,-
ISBN 3-7908-0519-X

Band 42: Claudia Fantapié
Altobelli
**Die Diffusion neuer Kommuni-
kationstechniken in der
Bundesrepublik Deutschland**
1991. 319 Seiten. Brosch. DM 79,-
ISBN 3-7908-0525-4

Band 43: Josef Richter
**Aktualisierung und Prognose tech-
nischer Koeffizienten in gesamtwirtschaftlichen Input-Output Modellen**
1991. 376 Seiten. Brosch. DM 89,-
ISBN 3-7908-0529-7

Band 44: Elmar Spranger
Expertensystem für Bilanzpolitik
1991. 228 Seiten. Brosch. DM 69,-
ISBN 3-7908-0532-7

Band 45: Frank Schneider
**Corporate-Identity-orientierte
Unternehmenspolitik**
1991. 295 Seiten. Brosch. DM 79,-
ISBN 3-7908-0533-5

Band 46: Beat Gygi
**Internationale Organisationen
aus der Sicht der Neuen Politischen
Ökonomie**
1991. 258 Seiten. Brosch. DM 75,-
ISBN 3-7908-0537-8

Band 47: Ludwig Hennicke
**Wissensbasierte Erweiterung
der Netzplantechnik**
1991. 194 Seiten. Brosch. DM 55,-
ISBN 3-7908-0544-0

Band 48: Torsten Knappe
**DV-Konzepte operativer
Früherkennungssysteme**
1991. 176 Seiten. Brosch. DM 55,-
ISBN 3-7908-0545-9

Band 49: Peter Welzel
Strategische Handelspolitik
1991. 207 Seiten. Brosch. DM 69,-
ISBN 3-7908-0546-7

Band 50: Hartmut Wiethoff
**Risk Management auf
spekulativen Märkten**
1991. 202 Seiten. Brosch. DM 69,-
ISBN 3-7908-0549-1

Band 51: Rainer Riedl
**Strategische Planung von
Informationssystemen**
1991. 227 Seiten. Brosch. DM 75,-
ISBN 3-7908-0548-3

Band 52: Klaus Sandmann
**Arbitrage und die Bewertung
von Zinssatzoptionen**
1991. 172 Seiten. Brosch. DM 65,-
ISBN 3-7908-0551-3

Band 53: Peter Engelke
**Integration von Forschung und
Entwicklung in die unternehmeri-
sche Planung und Steuerung**
1991. 351 Seiten. Brosch. DM 98,-
ISBN 3-7908-0556-4

Band 54: Frank Blumberg
**Wissensbasierte Systeme in
Produktionsplanung und
-steuerung**
1991. 268 Seiten. Brosch. DM 79,-
ISBN 3-7908-0557-2

Band 55: Pay Uwe Paulsen
**Sichtweisen der Wechselkursbe-
stimmung**
1991. 264 Seiten. Brosch. DM 75,-
ISBN 3-7908-0561-0

Band 56: Barbara Sporn
Universitätskultur
1991. 213 Seiten. Brosch. ca. DM 75,-
ISBN 3-7908-0563-7

Wirtschaftswissenschaftliche Beiträge

Band 57: Arnis Vilks
Neoklassik, Gleichgewicht und
Realität
1991. 112 Seiten. Brosch. DM 59,-
ISBN 3-7908-0569-6

Band 58: Mathias Erlei
Unvollkommene Märkte in der
keynesianischen Theorie
1991. 267 Seiten. Brosch. DM 79,-
ISBN 3-7908-0571-8

Band 59: Doris Ostrusska
Systemdynamik nichtlinearer
Marktreaktionsmodelle
1992. 178 Seiten. Brosch. DM 68,-
ISBN 3-7908-0582-3

Band 60: Georg Bol/Gholamreza
Nakhaeizadeh/Karl-Heinz Vollmer (Hrsg.)
Ökonometrie und Monetärer Sektor
1992. 238 Seiten. Brosch. DM 75,-
ISBN 3-7908-0588-2

Band 61: Switgard Feuerstein
Studien zur Wechselkursunion
1992. 132 Seiten. Brosch. DM 65,-
ISBN 3-7908-0590-4

Band 62: Hubert Fratzl
Ein- und mehrstufige Lagerhaltung
1992. 190 Seiten. Brosch. DM 69,-
ISBN 3-7908-0602-1

Band 63: Peter Heimerl-Wagner
Strategische Organisations-Entwicklung
1992. 231 Seiten. Brosch. DM 75,-
ISBN 3-7908-0603-X

Band 64: Gerhard Untiedt
Das Erwerbsverhalten verheirateter
Frauen in der Bundesrepublik Deutschland
1992. 197 Seiten. Brosch. DM 75,-
ISBN 3-7908-0609-9